새 교육과정 반영

바빠

바쁜 친구들이 즐거워지는
빠른 학습법

KB276006

교과서
연산

5-1

작은 발걸음 방식 문제 배치, 전문가의 연산 꿀팁 가득!

이지스에듀

지은이 | 징검다리 교육연구소

징검다리 교육연구소는 바쁜 친구들을 위한 빠른 학습법을 연구하는 이지스에듀의 공부 연구소입니다.
아이들이 기계적으로 공부하지 않도록, 두뇌가 활성화되는 과학적 학습 설계가 적용된 책을 만듭니다.

바빠 교과서 연산 시리즈(개정판)

바빠 교과서 연산 5-1

(이 책은 2019년 6월에 출간한 '바쁜 5학년을 위한 빠른 교과서 연산 5-1'을 새 교육과정에 맞춰 개정했습니다.)

초판 인쇄 2026년 1월 20일
초판 2쇄 2026년 2월 20일
지은이 징검다리 교육연구소
발행인 이지연   **펴낸곳** 이지스퍼블리싱(주)
출판사 등록번호 제313-2010-123호   **제조국명** 대한민국
주소 서울시 마포구 잔다리로 109 이지스 빌딩 5층(우편번호 04003)
대표전화 02-325-1722   **팩스** 02-326-1723
이지스퍼블리싱 홈페이지 www.easyspub.com   **이지스에듀 카페** www.easysedu.co.kr
바빠 아지트 블로그 blog.naver.com/easyspub   **인스타그램** @easys_edu
페이스북 www.facebook.com/easyspub2014   **이메일** service@easyspub.co.kr

기획 및 책임 편집 김현주 | 박지연, 김경진, 이지혜   **표지 및 내지 디자인** 손한나, 김세리
일러스트 김학수, 이츠북스   **전산편집** 이츠북스   **인쇄** js프린팅   **독자 지원** 박애림, 이세진, 김수경
영업 및 문의 이주동, 김요한(support@easyspub.co.kr)   **마케팅** 라혜주

ISBN 979-11-6303-806-1
ISBN 979-11-6303-581-7(세트)
가격 11,000원

• **이지스에듀**는 이지스퍼블리싱(주)의 교육 브랜드입니다.
  (이지스에듀는 학생들을 탈락시키지 않고 모두 목적지까지 데려가는 책을 만듭니다!)

공부 습관을 만드는 첫 번째 연산 책!
이번 학기에 필요한 연산은 이 책으로 완성!

 ### 이번 학기 연산, 작은 발걸음 배치로 막힘없이 풀 수 있어요!

'바빠 교과서 연산'은 이번 학기에 필요한 연산만 모아 똑똑한 방식으로 훈련하는 '학교 진도 맞춤 연산 책'이에요. 실제 학교에서 배우는 방식으로 설명하고, 작은 발걸음 방식(small-step)으로 문제가 배치되어 막힘없이 풀게 돼요. 여기에 이해를 돕고 실수를 줄여 주는 꿀팁까지! 수학 전문학원 원장님에게나 들을 수 있던 '바빠 꿀팁'과 책 곳곳에서 알려주는 빠독이의 힌트로 쉽게 이해하고 문제를 풀 수 있답니다.

 ### 산만해지는 주의력을 잡아 주는 이 책의 똑똑한 장치들!

이 책에서는 자릿수가 중요한 연산 문제는 모눈 위에서 정확하게 계산하도록 편집했어요. 또 5학년 친구들이 자주 틀린 문제는 '앗! 실수' 코너로 한 번 더 짚어 주어 더 빠르고 완벽하게 학습할 수 있답니다.

그리고 각 쪽마다 집중 시간이 적힌 목표 시계가 있어요. 이 시계는 속도를 독촉하기 위한 게 아니에요. 제시된 시간은 딴짓하지 않고 풀면 5학년 어린이가 충분히 풀 수 있는 시간입니다. 공부할 때 산만해지지 않도록 시간을 측정해 보세요. 집중하는 재미와 성취감을 동시에 맛보게 될 거예요.

 ### 엄마들이 감동한 책 – '우리 아이가 처음으로 끝까지 푼 문제집이에요!'

이 책은 아직 공부 습관이 잡히지 않은 친구들에게도 딱이에요! 지난 5년간 '바빠 교과서 연산'을 경험한 학부모님들의 후기를 보면, '아이가 직접 고른 문제집이에요.', '처음으로 끝까지 다 푼 책이에요!', '연산을 싫어하던 아이가 이 책은 재밌다며 또 풀고 싶대요!' 등 아이들의 공부 습관을 꽉 잡아 준 책이라는 감동적인 서평이 가득합니다.

이 책을 푼 후, 학교에 가면 수학 교과서를 미리 푼 효과로 수업 시간에도, 단원평가에도 자신감이 생길 거예요. 새 교육과정에 맞춘 연산 훈련으로 수학 실력이 '쑤욱' 오르는 기쁨을 만나 보세요!

1단계　필수 개념 정리

수학 교과서 핵심 개념만 쏙쏙 골라 담았어요!

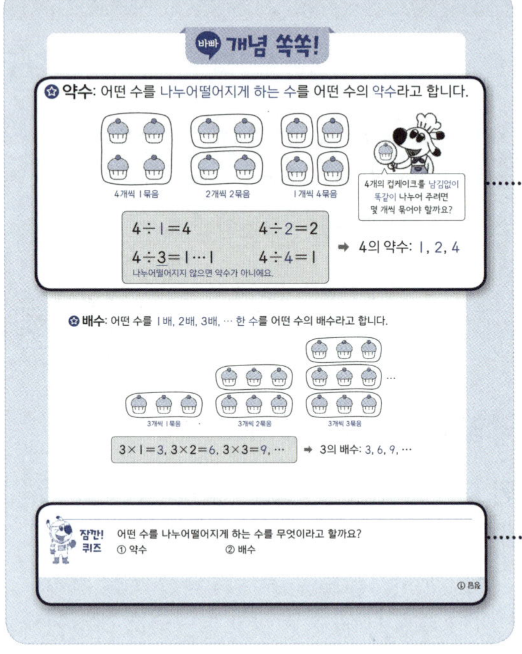

● 마당마다 꼭 알아야 할 **핵심 개념**을 확인하고 시작해요.

● 개념을 바르게 이해했는지 **'잠깐! 퀴즈'**로 확인할 수 있어요.

2단계　체계적인 연산 훈련

작은 발걸음 방식(small step)으로 차근차근 실력을 쌓아요.

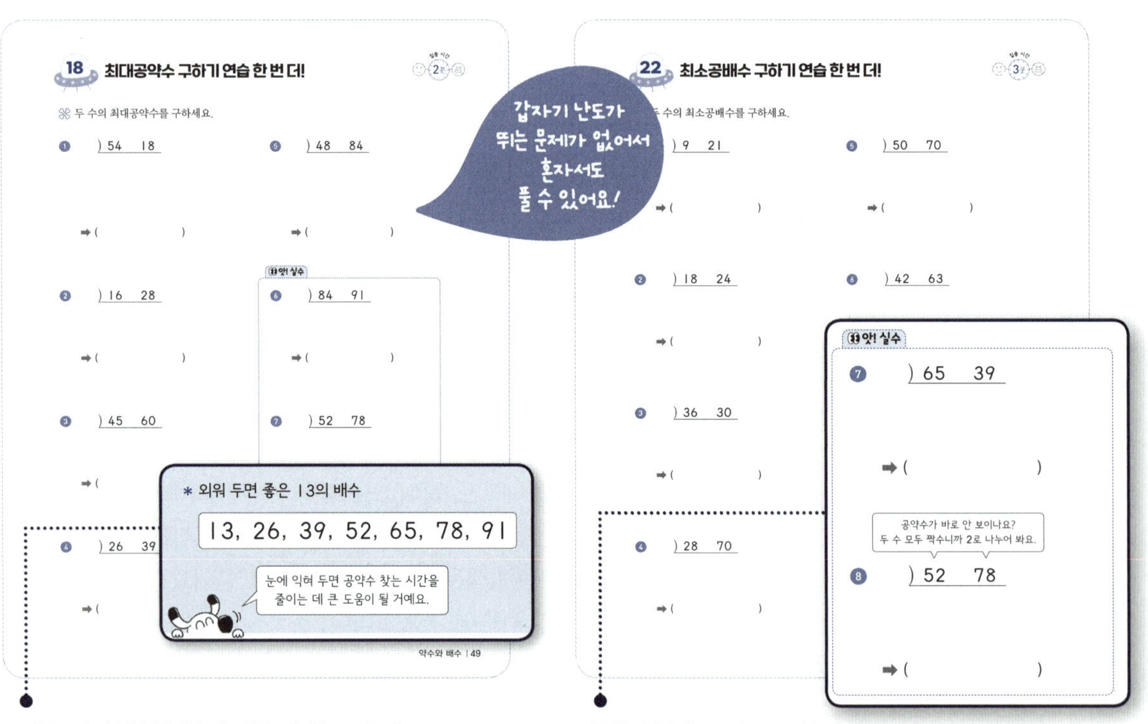

전국 수학학원 원장님들에게 모아 온 **'연산 꿀팁!'**으로 막힘없이 술술~ 풀 수 있어요.

'앗! 실수' 코너로 5학년 친구들이 자주 틀린 문제를 한 번 더 풀고 넘어가요.

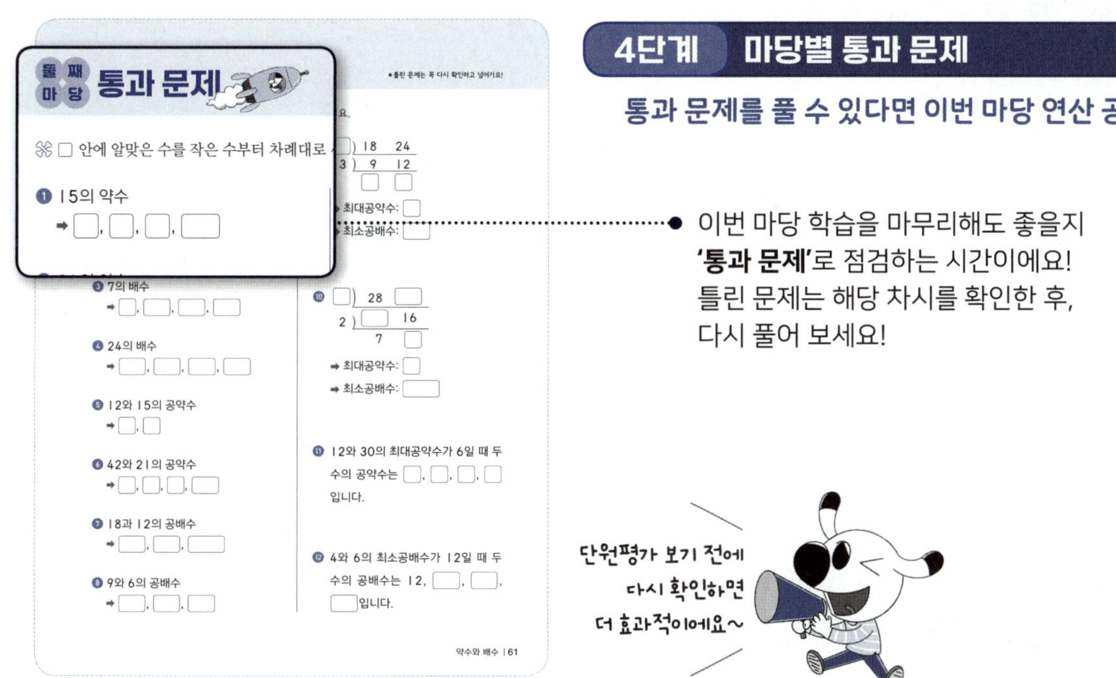

'생활 속 기초 문장제'로 서술형의 기초를 다져요.

그림 그리기, 선 잇기 등 '재미있는 연산 활동' 으로 **수 응용력**과 **사고력**을 키워요.

통과 문제를 풀 수 있다면 이번 마당 연산 공부 끝!

이번 마당 학습을 마무리해도 좋을지 **'통과 문제'**로 점검하는 시간이에요! 틀린 문제는 해당 차시를 확인한 후, 다시 풀어 보세요!

교과서 **자연수의 혼합 계산**
· 덧셈과 뺄셈이 섞여 있는 식
· 곱셈과 나눗셈이 섞여 있는 식
· 덧셈, 뺄셈, 곱셈이 섞여 있는 식
· 덧셈, 뺄셈, 나눗셈이 섞여 있는 식
· 덧셈, 뺄셈, 곱셈, 나눗셈이 섞여 있는 식

지도 길잡이 5학년 1학기의 첫 단원에서는 자연수의 혼합 계산을 배웁니다. 혼합 계산 순서를 정확히 아는 것이 가장 중요합니다. 계산 순서를 먼저 표시한 다음 풀도록 지도해 주세요.

교과서 **약수와 배수**
· 약수 알아보기
· 배수 알아보기
· 공약수와 최대공약수 알아보기
· 공배수와 최소공배수 알아보기

지도 길잡이 공약수와 최대공약수는 다음 마당에서 배우게 될 약분의 기초가 되고, 공배수와 최소공배수는 통분의 기초가 됩니다. 용어와 개념을 정확히 이해하고 구할 수 있도록 지도해 주세요.

교과서 **약분과 통분**
· 크기가 같은 분수 알아보기
· 크기가 같은 분수 만들기
· 분수의 크기를 간단하게 나타내기
· 분모가 같은 분수로 나타내기
· 분수의 크기 비교하기
· 분수와 소수의 크기 비교하기

넷째 마당 🪐 **분수의 덧셈과 뺄셈** `88`

다섯째 마당 🪐 **다각형의 둘레와 넓이** `124`

지도 길잡이 기약분수로 나타낼 때 최대공약수로 한 번에 나누는 것이 편리하다는 것을 알려주세요. 통분은 두 분모의 곱을 이용하거나 두 분모의 최소공배수를 이용하는 방법 두 가지 모두 충분히 연습해야 합니다.

교과서 분수의 덧셈과 뺄셈
· 진분수의 덧셈
· 대분수의 덧셈
· 진분수의 뺄셈
· 대분수의 뺄셈

지도 길잡이 분모가 다른 분수의 덧셈과 뺄셈은 바로 계산할 수 없기 때문에 통분이 꼭 필요합니다. 분모의 최소공배수로 통분하면 수가 간단해져서 계산이 편리하다는 것을 알려주세요.

교과서 다각형의 둘레와 넓이
· 정다각형의 둘레 구하기
· 사각형의 둘레 구하기
· 직사각형의 넓이 구하기
· 평행사변형의 넓이 구하기
· 삼각형의 넓이 구하기
· 마름모의 넓이 구하기
· 사다리꼴의 넓이 구하기

지도 길잡이 다각형의 둘레와 넓이를 구하는 공식은 외워서 바로 떠오르게 연습해야 시간을 단축할 수 있습니다. 반드시 공식을 외우고 풀도록 지도해 주세요.

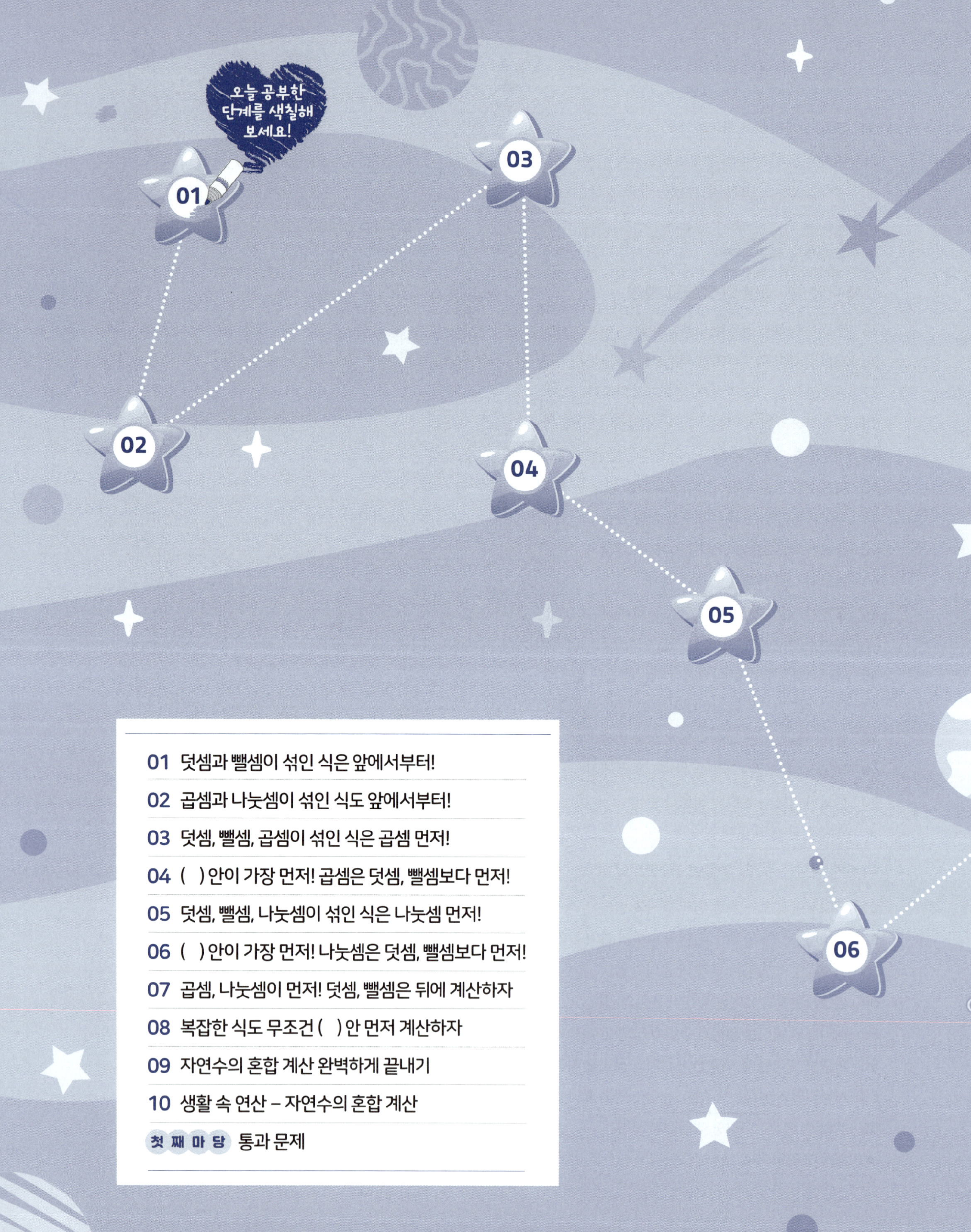

오늘 공부한
단계를 색칠해
보세요!
01
02
03
04
05
06

자연수의 혼합 계산

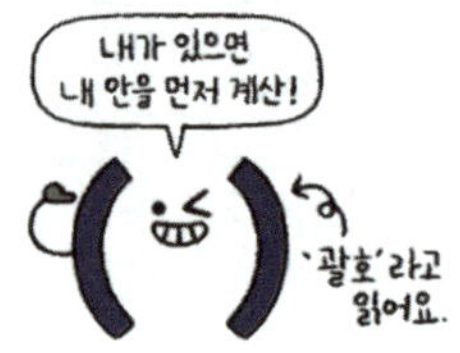

☆ **덧셈과 뺄셈이 섞여 있는 식**은 앞에서부터 차례대로 계산하고,
식에 ( )가 있으면 ( ) 안을 먼저 계산합니다.

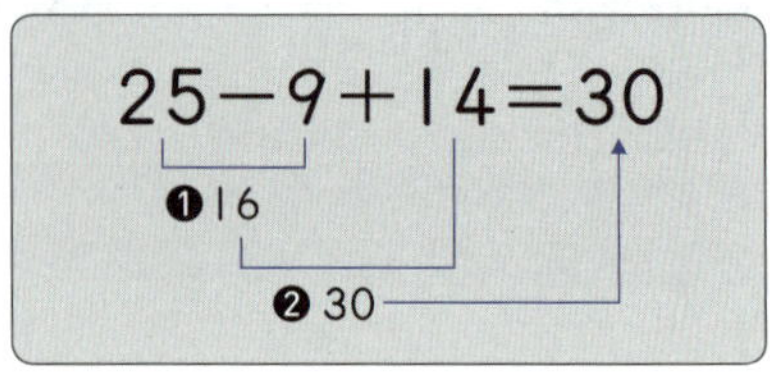

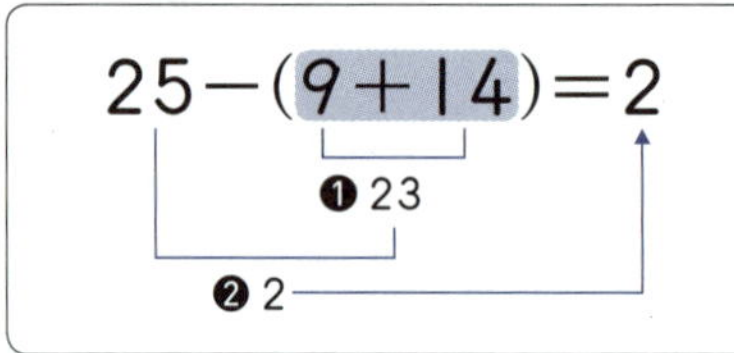

☆ **곱셈과 나눗셈이 섞여 있는 식**도 앞에서부터 차례대로 계산하고,
식에 ( )가 있으면 ( ) 안을 먼저 계산합니다.

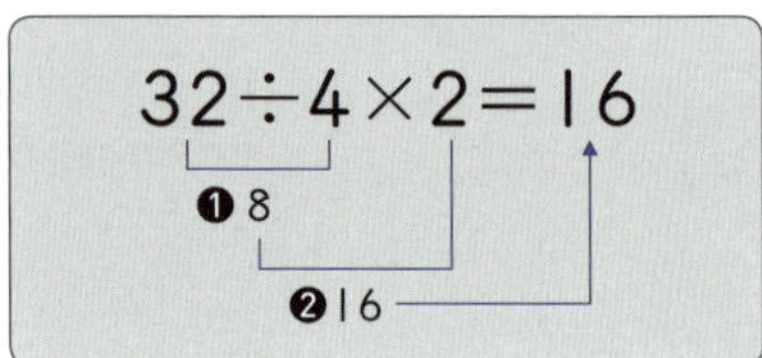

☆ **덧셈, 뺄셈, 곱셈, 나눗셈이 섞여 있는 식**은 곱셈과 나눗셈을 먼저 계산하고,
식에 ( )가 있으면 ( ) 안을 가장 먼저 계산합니다.

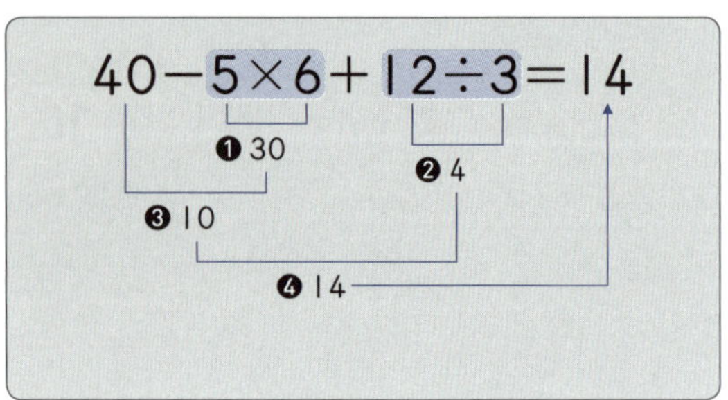

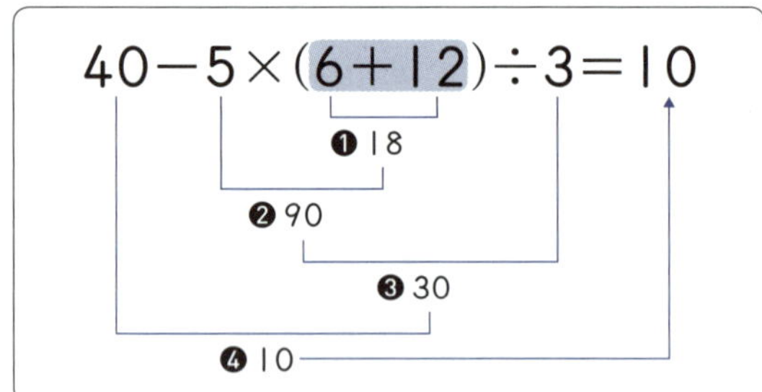

01  덧셈과 뺄셈이 섞인 식은 앞에서부터!

계산하세요.

① 16−7+12=

② 23+29−16=

③ 30−13+25=

④ 36+14−21=

⑤ 45−29+17=

⑥ 35+7−13=

⑦ 61−32+14=

⑧ 43+28−34=

⑨ 54−37+12=

⑩ 72+19−29=

⑪ 80−54+35=

계산하세요.

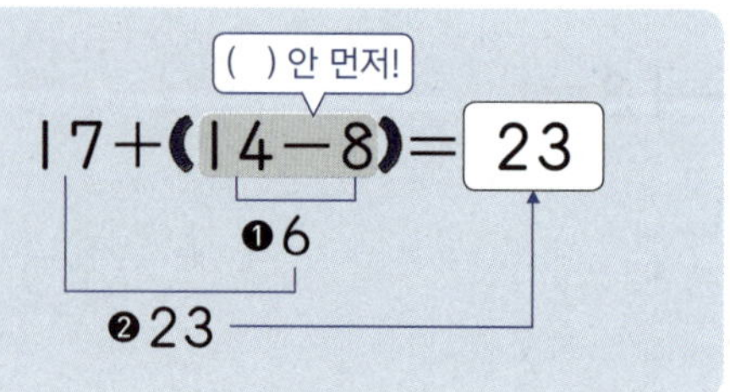

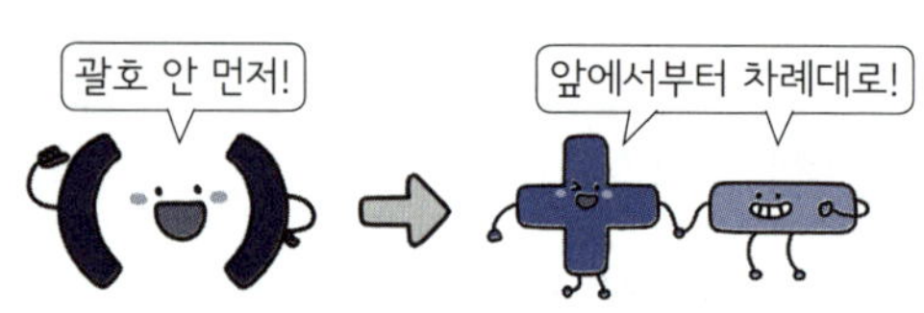

1 $30-(5+19)=$

2 $32+(23-15)=$

계산 순서를 식 아래에 표시한 다음
계산하면 실수를 줄일 수 있어요.

3 $52-(16+27)=$

4 $43+(26-18)=$

5 $70-(35+29)=$

6 $25+(24-7)=$

7 $61-(25+9)=$

8 $13+(50-12)=$

9 $80-(17+34)=$

10 $48+(63-45)=$

11 $76-(29+19)=$

02 곱셈과 나눗셈이 섞인 식도 앞에서부터!

✂ 계산하세요.

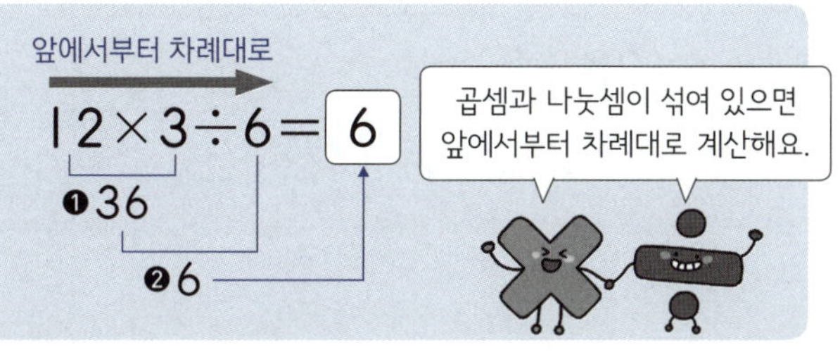

❶ $24 \div 8 \times 13 =$

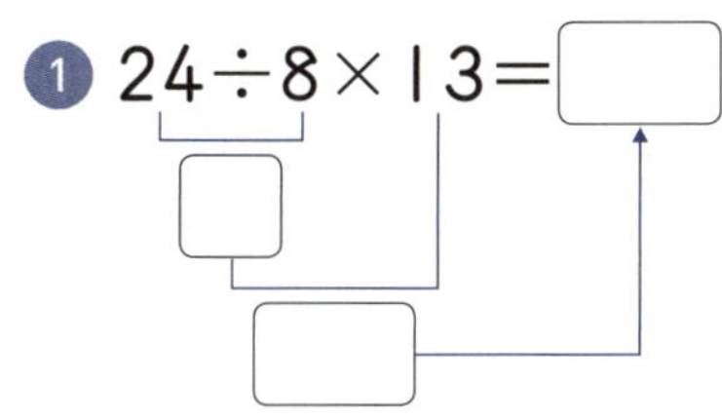

❷ $15 \times 4 \div 3 =$

❸ $35 \div 5 \times 8 =$

❹ $24 \times 3 \div 2 =$

❺ $42 \div 6 \times 10 =$

❻ $12 \times 7 \div 4 =$

❼ $48 \div 3 \times 6 =$

❽ $33 \times 3 \div 9 =$

❾ $88 \div 11 \times 7 =$

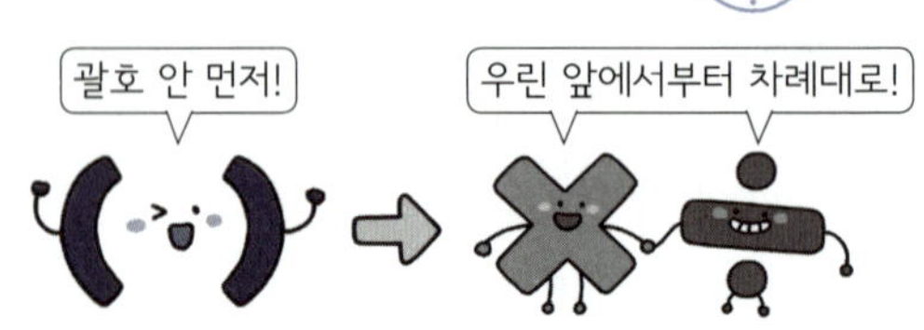

집중 시간
2분

❀ 계산하세요.

( ) 안 먼저!

$8 \times (28 \div 7) = \boxed{32}$

❶ 4
❷ 32

1 $56 \div (2 \times 7) = \boxed{}$

2 $5 \times (54 \div 6) =$

계산 순서를 식 아래에 표시한 다음
계산하면 실수를 줄일 수 있어요.

3 $45 \div (5 \times 3) =$

4 $7 \times (18 \div 2) =$

5 $72 \div (3 \times 6) =$

6 $14 \times (28 \div 7) =$

7 $84 \div (7 \times 3) =$

8 $3 \times (60 \div 4) =$

9 $96 \div (4 \times 8) =$

10 $4 \times (65 \div 5) =$

11 $120 \div (5 \times 4) =$

 **03 덧셈, 뺄셈, 곱셈이 섞인 식은 곱셈 먼저!**

❀ 계산하세요.

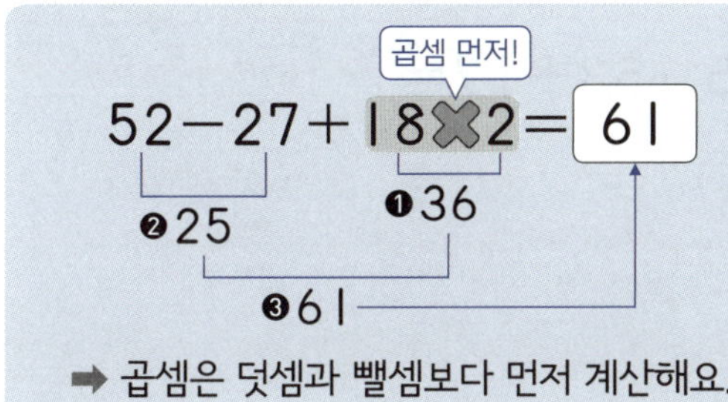

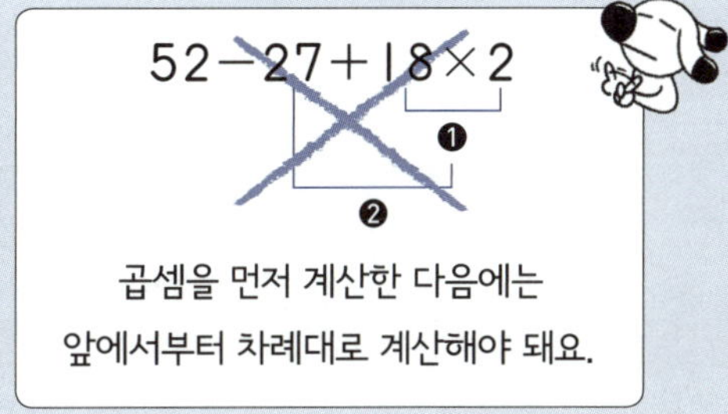

① $12 \times 3 - 17 + 25 =$ ☐

❶ ☐
❷ ☐
❸ ☐

⑤ $13 \times 5 - 19 + 9 =$

② $35 - 8 + 8 \times 7 =$ ☐

❷ ☐   ❶ ☐
❸ ☐

⑥ $28 + 4 \times 6 - 15 =$

③ $34 + 36 - 11 \times 3 =$

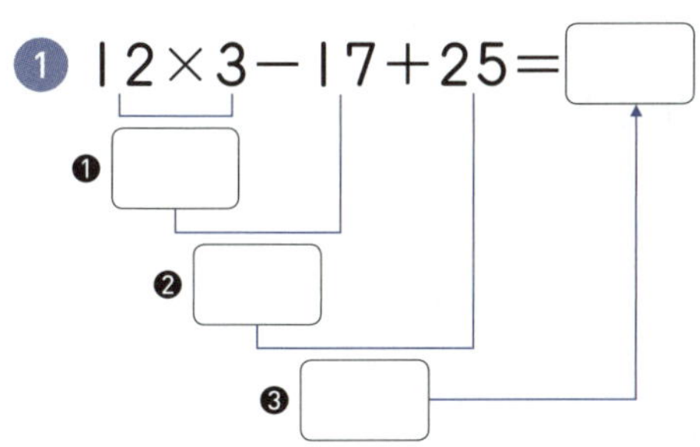

⑦ $46 - 14 \times 2 + 27 =$

④ $41 - 3 \times 9 + 16 =$

⑧ $26 + 5 \times 3 - 14 =$

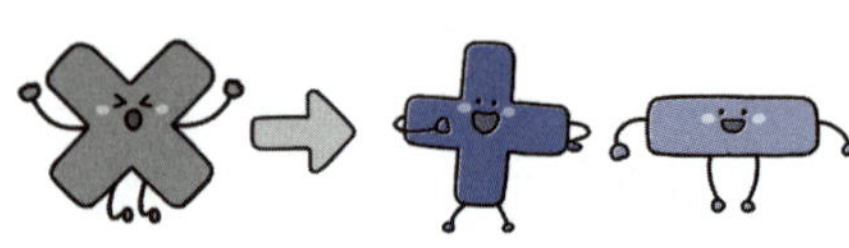

🎀 계산하세요.

1 $5 \times 9 + 16 - 13 =$

2 $38 + 7 \times 2 - 25 =$

3 $20 - 4 + 3 \times 6 =$

4 $50 - 14 \times 3 + 15 =$

5 $47 + 34 - 8 \times 2 =$

6 $12 \times 5 - 53 + 17 =$

7 $31 - 12 + 16 \times 2 =$

8 $26 + 9 \times 4 - 13 =$

앗! 실수

9 $39 + 43 - 17 \times 2 =$

10 $58 + 64 - 19 \times 3 =$

04 ( ) 안이 가장 먼저! 곱셈은 덧셈, 뺄셈보다 먼저!

집중 시간 3분

✂ 계산하세요.

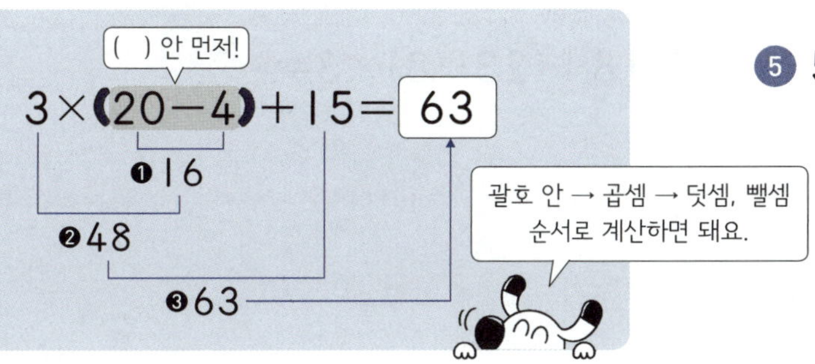

① $(16+9) \times 2 - 23 = \boxed{}$

❶ ❷ ❸

② $23 + 4 \times (12-5) = \boxed{}$

❶ ❷ ❸

③ $12 + (40-28) \times 4 =$

④ $35 + 2 \times (31-13) =$

⑤ $5 \times (8+6) - 45 =$

⑥ $(17+18) \times 2 - 29 =$

⑦ $22 + 4 \times (23-6) =$

⑧ $70 - (12+9) \times 3 =$

⑨ $90 - 2 \times (23+14) =$

✂ 계산하세요.

1 $(5+8)\times4-41=$

2 $6+3\times(20-14)=$

3 $3\times(4+9)-15=$

4 $16+(35-8)\times2=$

5 $70-4\times(6+7)=$

6 $18+(23-8)\times3=$

7 $50-2\times(17+4)=$

8 $7+(35-19)\times4=$

9 $12+8\times(44-38)=$

10 $3\times(13+17)-52=$

05 덧셈, 뺄셈, 나눗셈이 섞인 식은 나눗셈 먼저!

❈ 계산하세요.

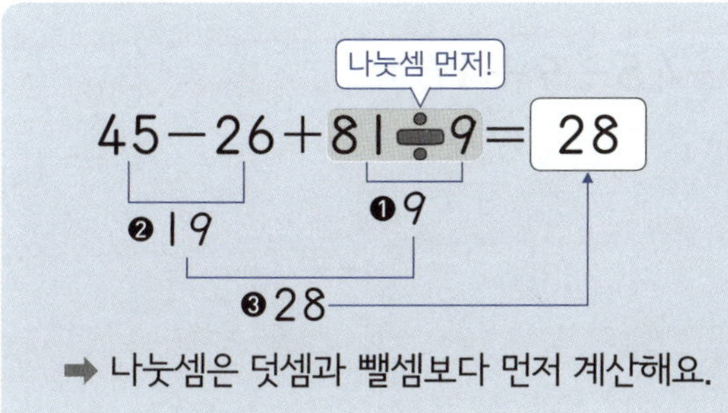

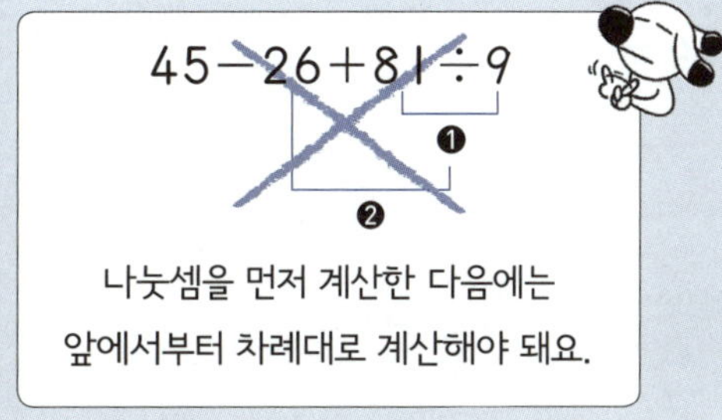

❶ $64\div2-16+7=$ ☐

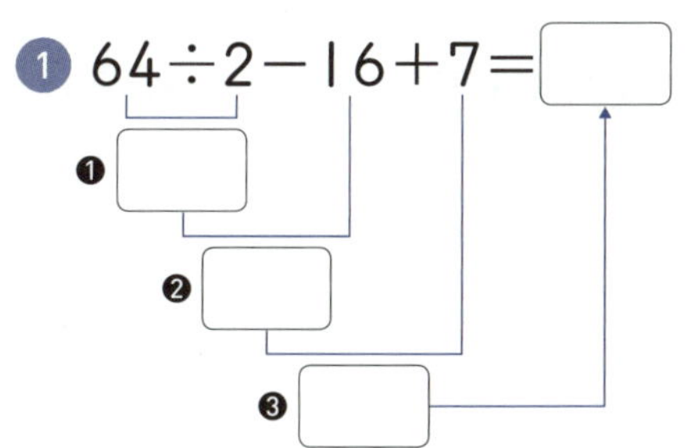

❷ $51-12+36\div4=$ ☐

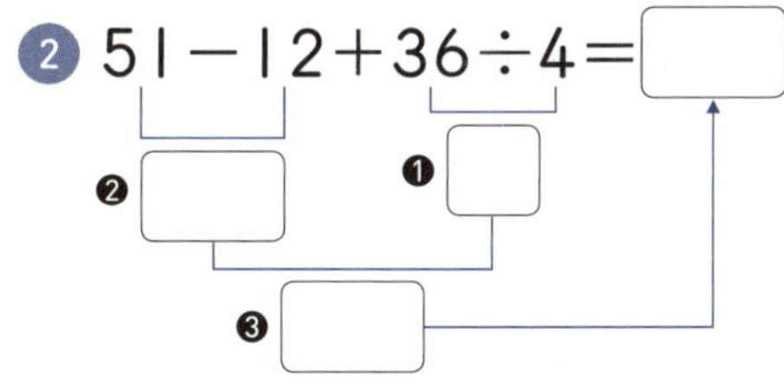

❸ $20-60\div5+32=$

❹ $33+17-28\div2=$

❺ $24-51\div3+13=$

❻ $35+76\div4-16=$

❼ $30\div2-8+27=$

❽ $25+30\div5-8=$

✂ 계산하세요.

❶ $15+32÷4-7=$

❻ $23-45÷9+16=$

❷ $26-9+56÷8=$

❼ $49+33÷3-14=$

❸ $42÷2-14+36=$

❽ $54÷2+25-18=$

❹ $50-93÷3+22=$

앗! 실수

❾ $45+37-69÷3=$

❺ $17+36-48÷12=$

❿ $65-58÷2+32=$

06 ( )안이 가장 먼저! 나눗셈은 덧셈, 뺄셈보다 먼저!

✂️ 계산하세요.

❶ 23+(19+13)÷4=

❷ 54÷(30−24)+25=

❸ 32−60÷(3+9)=

❹ 28+(44−5)÷3=

❺ 14−(46+17)÷9=

❻ 15+(62−6)÷8=

❼ (43+27)÷2−19=

❽ 52+38÷(26−7)=

❾ 60−72÷(9+15)=

✼ 계산하세요.

( ) ⇒ ÷ ⇒ ＋, ━

1 $14+(84-28)\div7=$

2 $33\div(4+7)-3=$

3 $(29+16)\div3-8=$

4 $65\div(21-8)+36=$

5 $26+(67-19)\div3=$

6 $84\div(3+9)-2=$

7 $(17+25)\div3-5=$

8 $24-(45+35)\div5=$

9 $57+78\div(32-6)=$

10 $90-95\div(12+7)=$

07 곱셈, 나눗셈이 먼저! 덧셈, 뺄셈은 뒤에 계산하자

✂ 계산하세요.

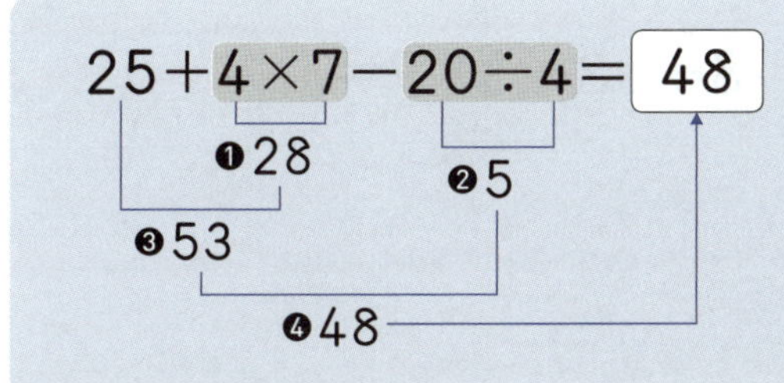

$$25 + 4 \times 7 - 20 \div 4 = \boxed{48}$$

❶28 ❷5
❸53
❹48

1 $40 - 39 \div 3 \times 2 + 8 = \boxed{}$

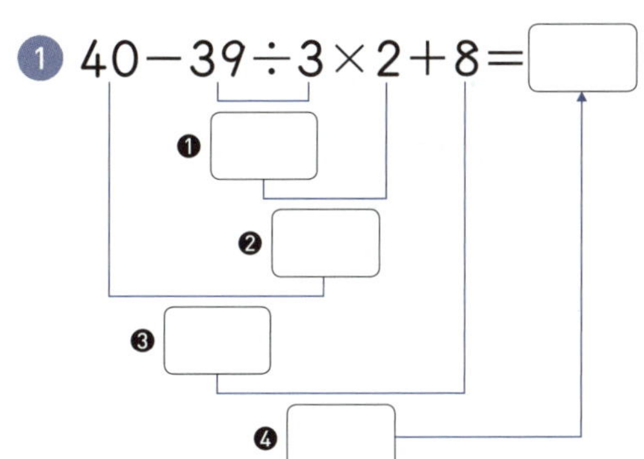

2 $30 \div 5 + 9 \times 4 - 29 = \boxed{}$

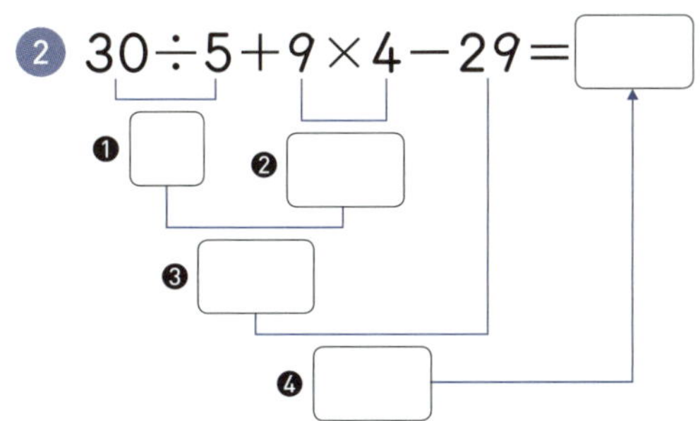

3 $20 + 60 \div 5 \times 3 - 8 =$

4 $20 \times 3 - 58 + 36 \div 3 =$

5 $46 + 84 \div 7 - 2 \times 9 =$

6 $23 - 15 + 4 \times 9 \div 6 =$

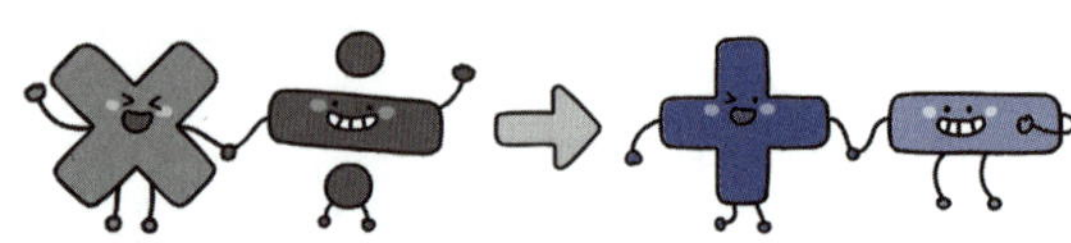

집중 시간 4분

계산하세요.

❶ $15+2\times18-51\div3=$

❷ $30\div6+9\times4-29=$

❸ $45-8\times5\div2+16=$

❹ $28+4\times12\div8-15=$

❺ $70-9\times6+64\div8=$

❻ $50+78\div13-3\times9=$

❼ $36\div9\times7-16+34=$

❽ $61-8\times4\div16+5=$

앗! 실수

❾ $28+36-24\div4\times3=$

❿ $41-12+4\times36\div6=$

08 복잡한 식도 무조건 ( ) 안 먼저 계산하자

계산하세요.

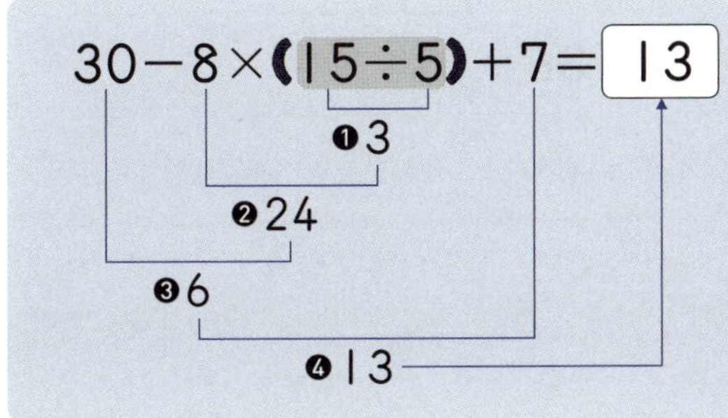

❶ $56÷(13−6)+6×8=$

❹ $19+3×(32−18)÷2=$

❷ $21−(15+25)×2÷16=$

❺ $100−(27+6)÷3×8=$

❸ $17+65÷13×(53−45)=$

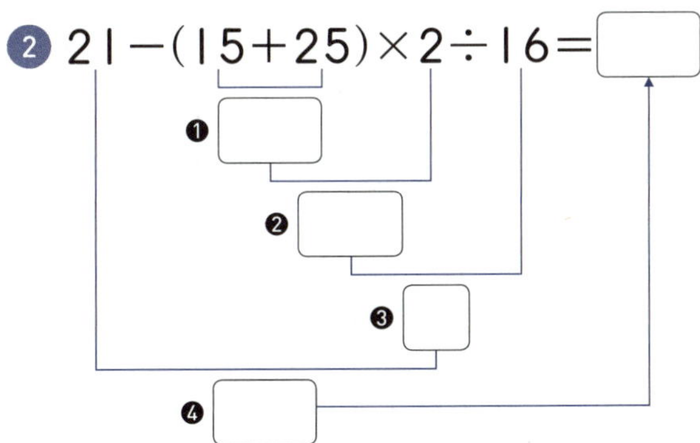

❻ $60÷(23−18)+17×4=$

😺 계산하세요.

1 $45 \div (21-16) + 13 \times 4 =$

6 $50 - 2 \times (36 \div 3) + 9 =$

2 $(4+5) \times 3 - 72 \div 12 =$

7 $15 + 54 \div 6 \times (22-17) =$

3 $(37+26) \div 9 \times 3 - 14 =$

8 $18 \times (23-18) \div 3 + 38 =$

4 $25 + 3 \times (14-8) \div 2 =$

9 $(53-17) \div 18 + 13 \times 6 =$

5 $60 - (36+24) \div 15 \times 7 =$

10 $64 + 46 \div (32-9) \times 3 =$

09 자연수의 혼합 계산 완벽하게 끝내기

✂ 계산하세요.

❶ $3 \times 18 \div 6 =$

❷ $38 \div 2 + 7 - 8 =$

❸ $6 + 15 - 9 \times 4 \div 12 =$

❹ $25 + 2 \times 28 - 36 \div 9 =$

❺ $(44 - 16) \div 4 + 8 \times 7 =$

❻ $96 \div (16 \times 3) =$

❼ $29 + 2 \times (11 - 4) =$

❽ $32 - (25 + 15) \div 5 =$

❾ $72 \div (6 + 2) \times 5 - 8 =$

❿ $6 + (21 - 5) \times 4 \div 8 =$

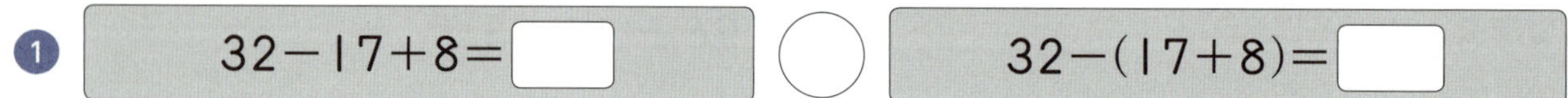

계산을 하고, 계산 결과를 비교하여 ○ 안에 >, =, <를 알맞게 써넣으세요.

1 $32 - 17 + 8 = \boxed{}$ ○ $32 - (17 + 8) = \boxed{}$

2 $60 \div 3 \times 4 = \boxed{}$ ○ $60 \div (3 \times 4) = \boxed{}$

3 $41 + 9 - 5 \times 2 = \boxed{}$ ○ $41 + (9 - 5) \times 2 = \boxed{}$

4 $56 + 28 \div 7 - 9 = \boxed{}$ ○ $(56 + 28) \div 7 - 9 = \boxed{}$

5 $8 + 3 \times 20 - 12 \div 6 = \boxed{}$ ○ $8 + 3 \times (20 - 12) \div 6 = \boxed{}$

10 생활 속 연산 – 자연수의 혼합 계산

😺 그림을 보고 ☐ 안에 알맞은 수를 써넣으세요.

①

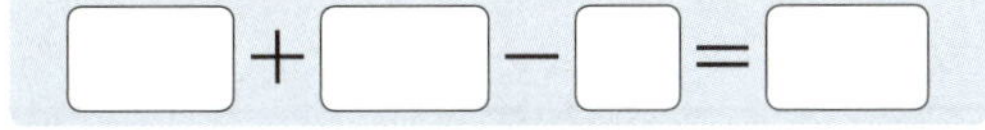

☐ + ☐ − ☐ = ☐

우리 반은 남학생이 16명, 여학생이 15명입니다.

이 중 안경을 쓴 학생은 7명이고, 안경을 쓰지 않은

학생은 ☐명입니다.

②

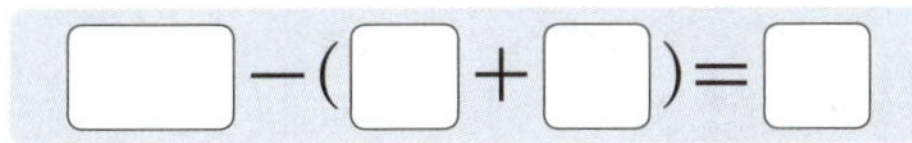

☐ − (☐ + ☐) = ☐

마카롱이 24개 있었습니다. 그중에서 초코맛 마카롱

9개와 딸기맛 마카롱 6개를 상자에 담아 선물했다면

남은 마카롱은 ☐개입니다.

③

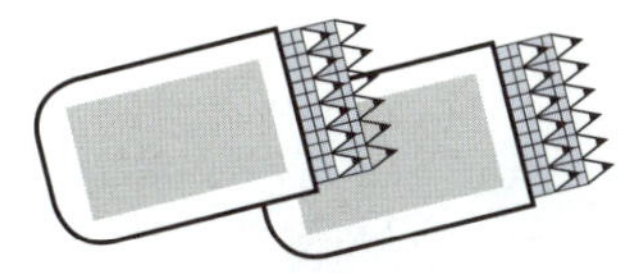

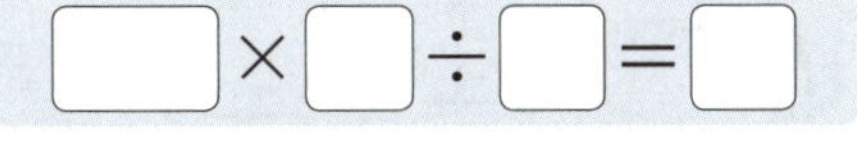

☐ × ☐ ÷ ☐ = ☐

연필 한 타는 12자루입니다. 연필 2타를 3명에게

똑같이 나누어 준다면 한 사람에게 ☐자루씩 나누어

줄 수 있습니다.

④

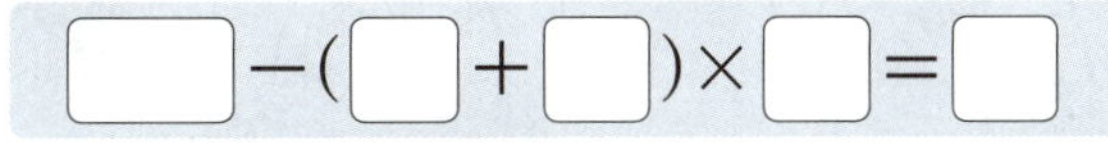

☐ − (☐ + ☐) × ☐ = ☐

귤 30개를 남학생 6명과 여학생 8명에게 각각 2개씩

나누어 주면 남은 귤은 ☐개입니다.

집중 시간 3분

※ 숫자 4개와 수학 기호를 이용해 짝수가 나오는 식을 만들었어요. ○ 안에 +, −, ×, ÷ 중 알맞은 기호를 써넣어 식을 완성하세요.

포 포즈(four fours) 게임

숫자 4개와 수학 기호를 이용하여 0과 자연수를 만들어 가는 게임

❶ $(44-4)\bigcirc4=10$

❷ $(4+4)\div4\bigcirc4=6$

❸ $4\times(4\bigcirc4)+4=4$

❹ $4\times4\bigcirc(4+4)=2$

❺ $4\times(4+4)\bigcirc4=8$

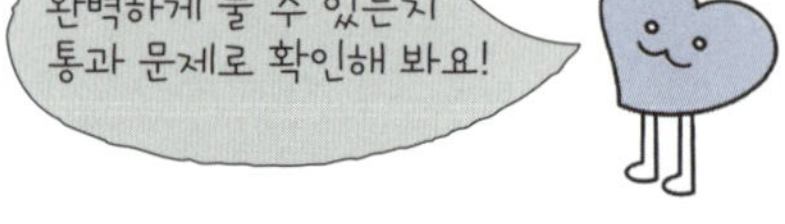

*틀린 문제는 꼭 다시 확인하고 넘어가요!

✂ □ 안에 알맞은 수를 써넣으세요.

1 $26+5-19=$ ☐
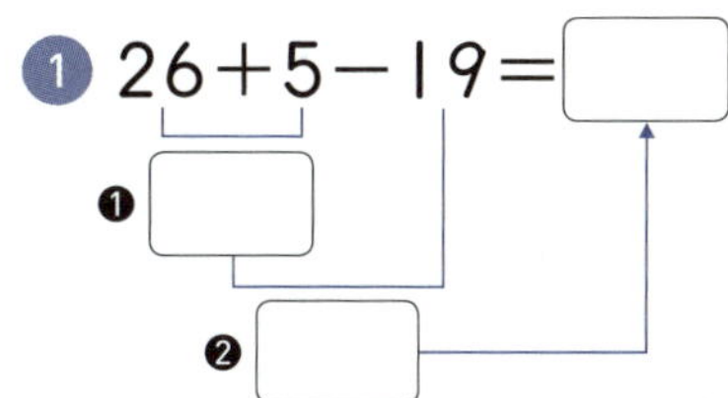

2 $20÷5×3=$ ☐
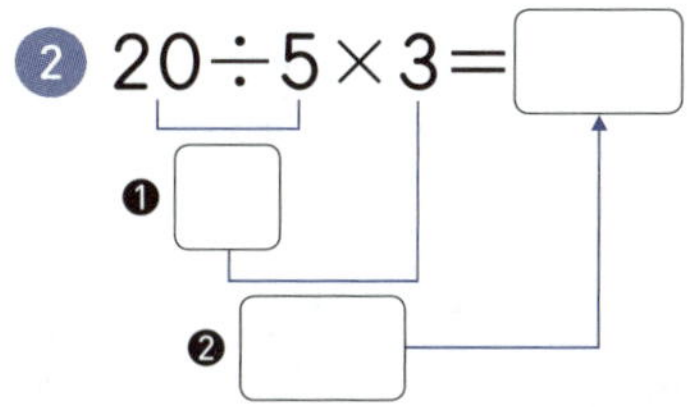

3 $16+3×5-8=$ ☐
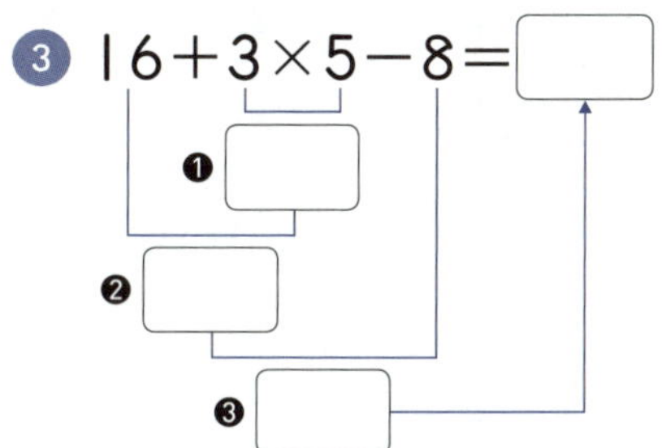

4 $27+33÷(8-5)=$ ☐

5 $5×12-(77+8)÷5=$ ☐

6 $100-45+22=$ ☐

7 $8×9÷(3×4)=$ ☐

8 $35-16+6×9=$ ☐

9 $4×(12-8)+5=$ ☐

10 $81÷3-14+5=$ ☐

11 $63-13×6÷2+18=$ ☐

12 $(38-20)÷3+4×6=$ ☐

13 한 봉지에 14개씩 들어 있는 귤 6봉지가 있습니다. 그중에서 15개를 먹고 8개를 더 사 왔다면 지금 있는 귤은 ☐ 개입니다.

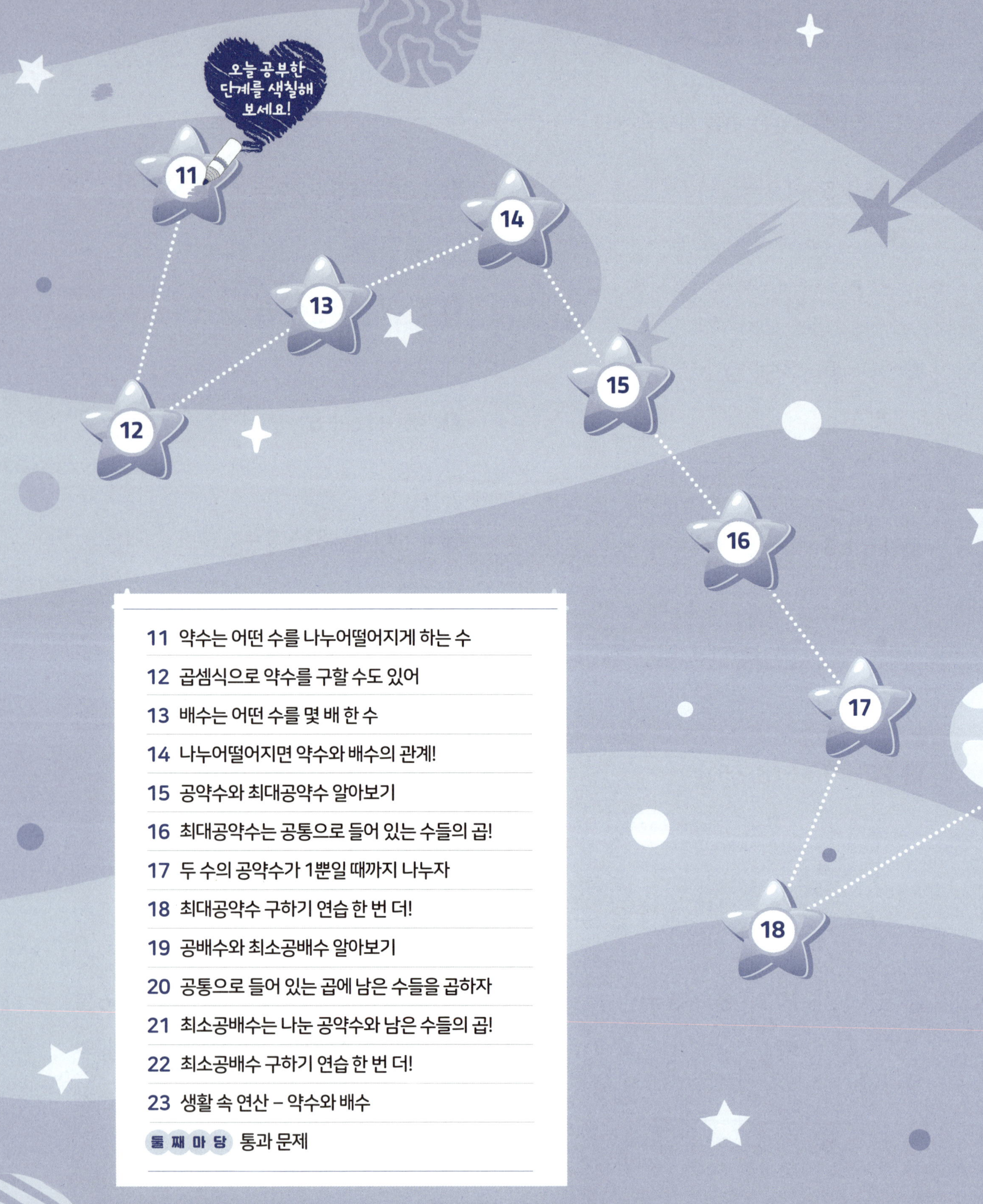

오늘 공부한
단계를 색칠해
보세요!
11
14
13
15
12
16
17
18

약수와 배수

☆ **약수**: 어떤 수를 나누어떨어지게 하는 수를 어떤 수의 약수라고 합니다.

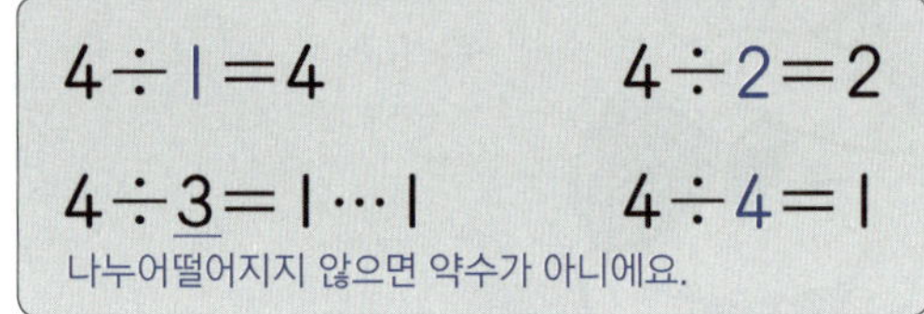

➡ 4의 약수: 1, 2, 4

☆ **배수**: 어떤 수를 1배, 2배, 3배, … 한 수를 어떤 수의 배수라고 합니다.

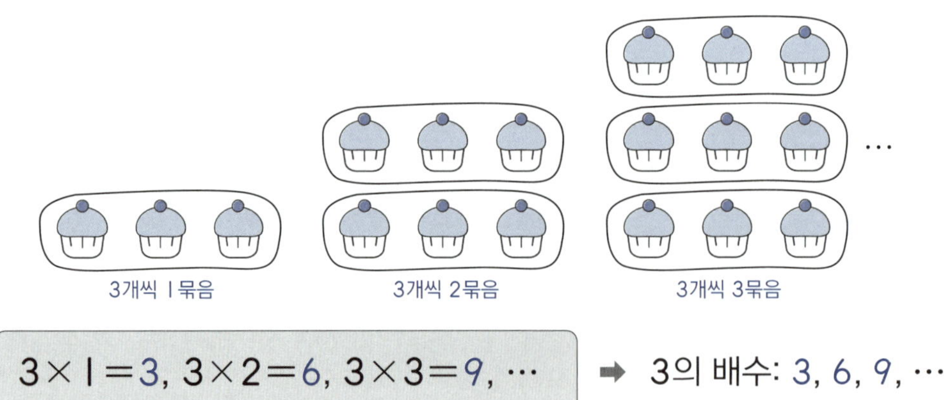

$$3 \times 1 = 3, \ 3 \times 2 = 6, \ 3 \times 3 = 9, \cdots$$

➡ 3의 배수: 3, 6, 9, …

잠깐! 퀴즈 어떤 수를 나누어떨어지게 하는 수를 무엇이라고 할까요?

① 약수   ② 배수

11 약수는 어떤 수를 나누어떨어지게 하는 수

안에 알맞은 수를 써넣고, 약수를 구하세요.

$6 \div 1 = 6$
$6 \div 2 = 3$
$6 \div 3 = 2$
$6 \div 4 = 1 \cdots 2$
$6 \div 5 = 1 \cdots 1$
$6 \div 6 = 1$

➡ 6의 약수: 1, 2, 3, 6

③ $10 \div \boxed{} = 10$

$10 \div \boxed{} = 5$

$10 \div \boxed{} = 2$

$10 \div \boxed{} = 1$

➡ 10의 약수:

① $5 \div 1 = \boxed{}$

$5 \div 2 = \boxed{} \cdots \boxed{}$

$5 \div 3 = \boxed{} \cdots \boxed{}$

$5 \div 4 = \boxed{} \cdots \boxed{}$

$5 \div 5 = \boxed{}$

➡ 5의 약수:

④ $16 \div \boxed{} = 16$

$16 \div \boxed{} = 8$

$16 \div \boxed{} = 4$

$16 \div \boxed{} = 2$

$16 \div \boxed{} = 1$

➡ 16의 약수:

② $8 \div \boxed{} = 8$

$8 \div \boxed{} = 4$

$8 \div \boxed{} = 2$

$8 \div \boxed{} = 1$

➡ 8의 약수:

⑤ $21 \div \boxed{} = 21$

$21 \div \boxed{} = 7$

$21 \div \boxed{} = 3$

$21 \div \boxed{} = 1$

➡ 21의 약수:

※ 나눗셈을 이용하여 약수를 모두 구하세요.

1 12의 약수
➡ ___________________

2 14의 약수
➡ ___________________

3 18의 약수
➡ ___________________

4 22의 약수
➡ ___________________

5 24의 약수
➡ ___________________

6 26의 약수
➡ ___________________

7 32의 약수
➡ ___________________

8 35의 약수
➡ ___________________

9 49의 약수
➡ ___________________

10 55의 약수
➡ ___________________

 **12 곱셈식으로 약수를 구할 수도 있어**

✂ ☐ 안에 알맞은 수를 써넣고, 약수를 구하세요.

∗ 곱셈식에서 약수 구하기: 곱해진 두 수가 곱의 약수

나눗셈식
$6 \div 1 = 6$
$6 \div 2 = 3$
$6 \div 3 = 2$
$6 \div 6 = 1$

➡

곱셈식
$1 \times 6 = 6$
$2 \times 3 = 6$
$3 \times 2 = 6$
$6 \times 1 = 6$

➡ 6의 약수: 1, 2, 3, 6

∗ 약수를 쉽게 구하는 방법 l

두 자연수를 곱으로 나타낸 다음 두 수를 ↰↑ 순서대로 써요.

$1 \times 6 = 6$
$2 \times 3 = 6$

➡ 6의 약수: l, 2, 3, 6

곱해서 6이 되는 두 수는 6의 약수

l에 곱하는 식부터 차례로 쓰다가 수가 중복되면 멈춰요. 이때 $4 \times 4 = 16$과 같이 같은 두 수의 곱은 한 번만 써요.

---

1 $1 \times \boxed{} = 9$

$3 \times \boxed{} = 9$

➡ 9의 약수:

2 $1 \times \boxed{} = 28$

$2 \times \boxed{} = 28$

$4 \times \boxed{} = 28$

➡ 28의 약수:

3 $1 \times \boxed{} = 30$

$2 \times \boxed{} = 30$

$3 \times \boxed{} = 30$

$5 \times \boxed{} = 30$

➡ 30의 약수:

4 $1 \times \boxed{} = 39$

$3 \times \boxed{} = 39$

➡ 39의 약수:

5 $1 \times \boxed{} = 81$

$3 \times \boxed{} = 81$

$9 \times \boxed{} = 81$

➡ 81의 약수:

6 $1 \times \boxed{} = 42$

$2 \times \boxed{} = 42$

$3 \times \boxed{} = 42$

$6 \times \boxed{} = 42$

➡ 42의 약수:

집중 시간 3분

약수를 모두 구하세요.

* 약수를 쉽게 구하는 방법 2
  1부터 곱해서 어떤 수가 되는 두 수를 모두 찾아 써요.

6의 약수: 1, 2, 3, 6
(1×6=6) (2×3=6, 3×2=6) (6×1=6)

4의 약수: 1, 2, 4
(1×4=4) (4×1=4)
2×2=4! 난 한 번만 쓰면 돼!

1. 20의 약수 ➡

2. 30의 약수 ➡

3. 48의 약수 ➡

4. 52의 약수 ➡

앗! 실수

5. 36의 약수 ➡

6. 64의 약수 ➡

7. 100의 약수 ➡

13 배수는 어떤 수를 몇 배 한 수

❖ 배수를 가장 작은 수부터 차례대로 4개 쓰세요.

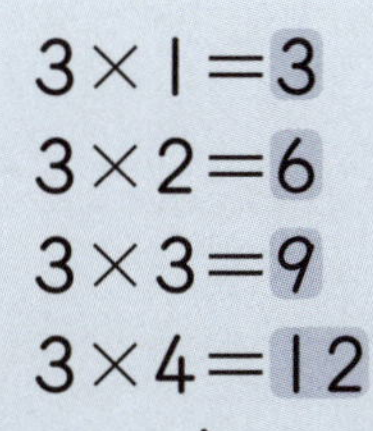

$3 \times 1 = 3$
$3 \times 2 = 6$
$3 \times 3 = 9$
$3 \times 4 = 12$
⋮

➡ 3의 배수: 3, 6, 9, 12, …

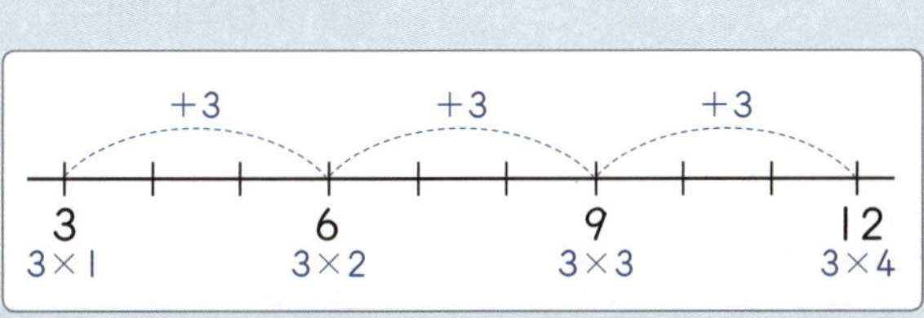

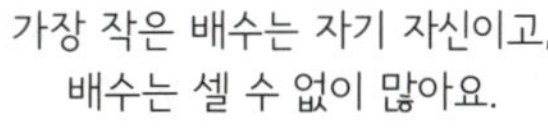

1 5의 배수
➡ _______________________

5 13의 배수
➡ _______________________

2 6의 배수
➡ _______________________

6 14의 배수
➡ _______________________

3 8의 배수
➡ _______________________

7 25의 배수
➡ _______________________

4 9의 배수
➡ _______________________

8 30의 배수
➡ _______________________

✼ 배수를 가장 작은 수부터 차례대로 5개 쓰세요.

① 3의 배수
➡ 3

> 배수를 구할 때 자기 자신을 빠뜨리는 경우가 있어요.
> 꼭 어떤 수의 1배인 자기 자신부터 써요.

② 4의 배수
➡

③ 7의 배수
➡

④ 12의 배수
➡

⑤ 15의 배수
➡

⑥ 16의 배수
➡

⑦ 20의 배수
➡

⑧ 24의 배수
➡

앗! 실수

⑨ 27의 배수
➡

⑩ 35의 배수
➡

14 나누어떨어지면 약수와 배수의 관계!

두 수가 약수와 배수의 관계이면 ○표, 아니면 ✕표 하세요.

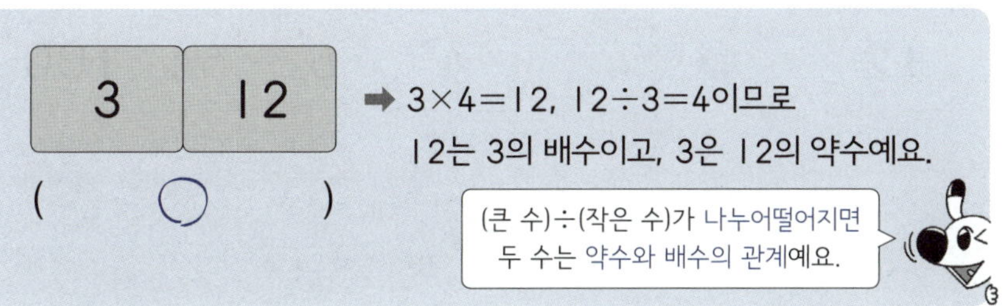

7 | 11 | 31 |
( )

1 | 2 | 15 |
( )

4 | 7 | 21 |
( )

8 | 15 | 60 |
( )

2 | 4 | 28 |
( )

5 | 10 | 45 |
( )

9 | 13 | 39 |
( )

3 | 5 | 35 |
( )

6 | 12 | 48 |
( )

10 | 20 | 50 |
( )

✻ 왼쪽 수와 약수와 배수의 관계에 있는 수를 모두 찾아 ◯표 하세요.

① 2 — 3 4 7 12

⑥ 4 — 4 6 64 100

② 3 — 9 14 16 21

⑦ 9 — 16 27 55 63

③ 5 — 11 20 26 30

⑧ 24 — 6 8 42 48

④ 12 — 5 6 24 32

⑨ 48 — 4 14 36 96

⑤ 36 — 6 10 15 18

> ✻ 배수인지 바로 알 수 있는 방법!
> - 2의 배수 ➡ 짝수
> - 3의 배수 ➡ 각 자리 숫자의 합이 3의 배수
> - 4의 배수 ➡ 오른쪽 끝의 두 자리 수가 00이거나 4의 배수
> - 5의 배수 ➡ 일의 자리 숫자가 0 또는 5인 수
> - 9의 배수 ➡ 각 자리 숫자의 합이 9의 배수

15 공약수와 최대공약수 알아보기

두 수의 '공'통인 '약수'

✂ 두 수의 약수를 각각 쓰고, 공약수를 구하세요.

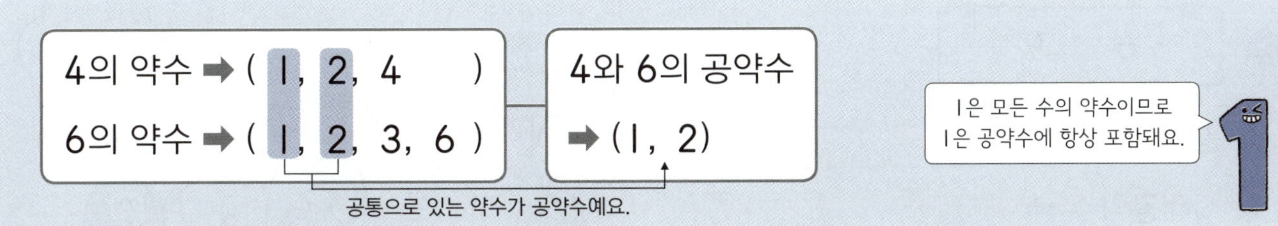

1

8의 약수 ➡ ( )　8과 12의 공약수

12의 약수 ➡ ( )　➡ ( )

2

10의 약수 ➡ ( )　10과 15의 공약수

15의 약수 ➡ ( )　➡ ( )

3

16의 약수 ➡ ( )　16과 24의 공약수

24의 약수 ➡ ( )　➡ ( )

4

27의 약수 ➡ ( )　27과 45의 공약수

45의 약수 ➡ ( )　➡ ( )

5

40의 약수 ➡ ( )　40과 50의 공약수

50의 약수 ➡ ( )　➡ ( )

✂ 두 수의 공약수와 최대공약수를 구하세요.

최 '대' 공약수의 '대' 는 큰 대(大). 그러니까 가장 큰 공약수예요.

①

6　9

공약수 ➡ 　1, 3

최대공약수 ➡ 　3

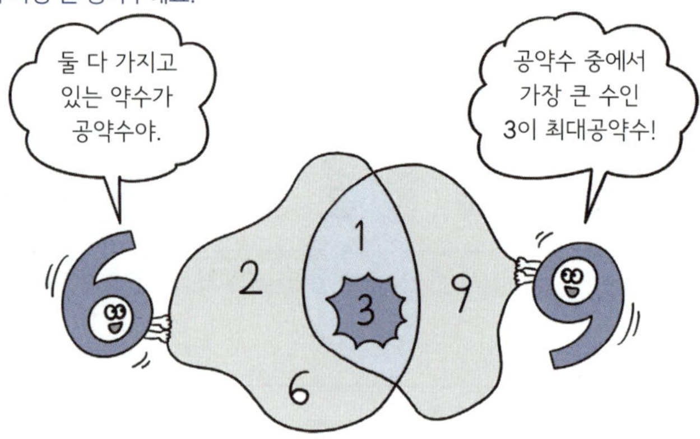

②

8　20

공약수 ➡

최대공약수 ➡

⑤

18　27

공약수 ➡

최대공약수 ➡

③

24　40

공약수 ➡

최대공약수 ➡

⑥

16　48

공약수 ➡

최대공약수 ➡

④

20　28

공약수 ➡

최대공약수 ➡

⑦

30　45

공약수 ➡

최대공약수 ➡

 **16** ## 최대공약수는 공통으로 들어 있는 수들의 곱!

✥ 두 수의 최대공약수를 구하세요.

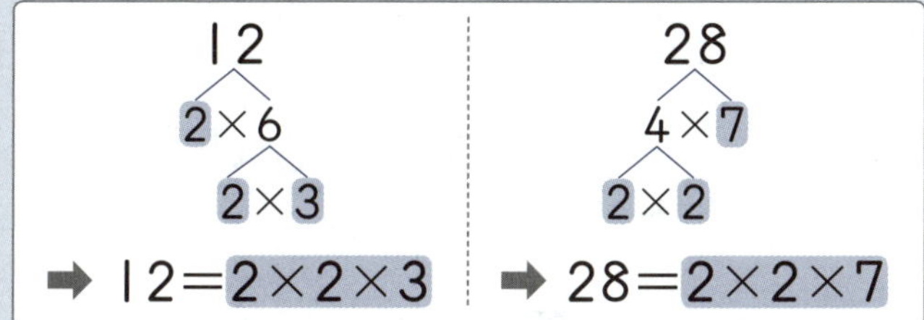

1
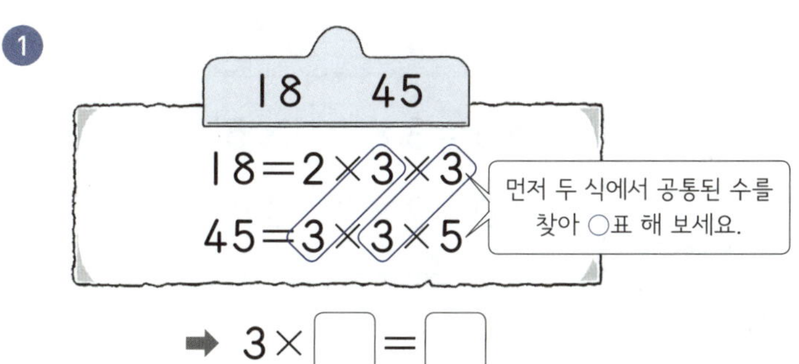

➡ 3× ☐ = ☐

4
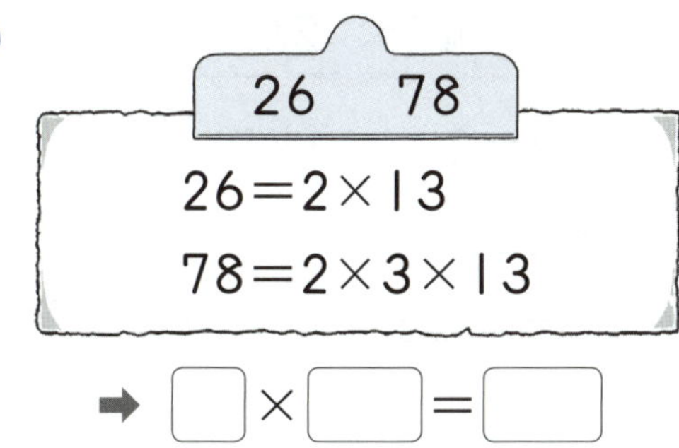

➡ ☐ × ☐ = ☐

2
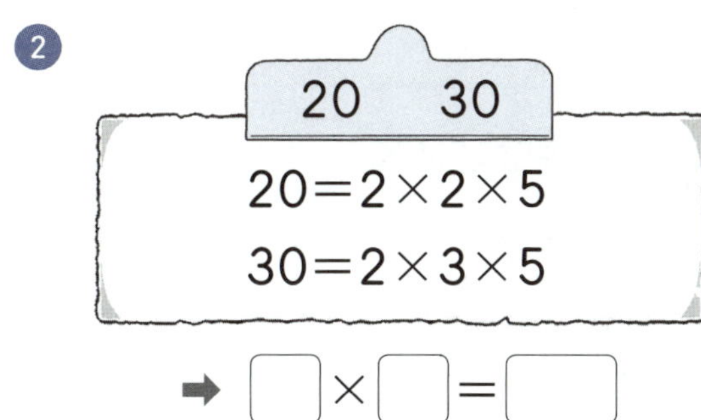

➡ ☐ × ☐ = ☐

5
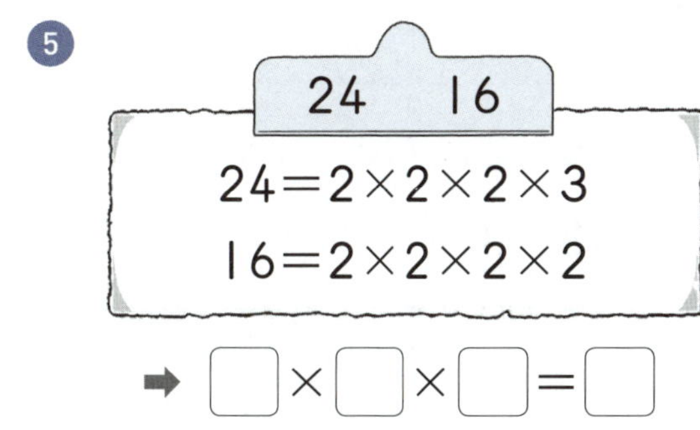

➡ ☐ × ☐ × ☐ = ☐

3
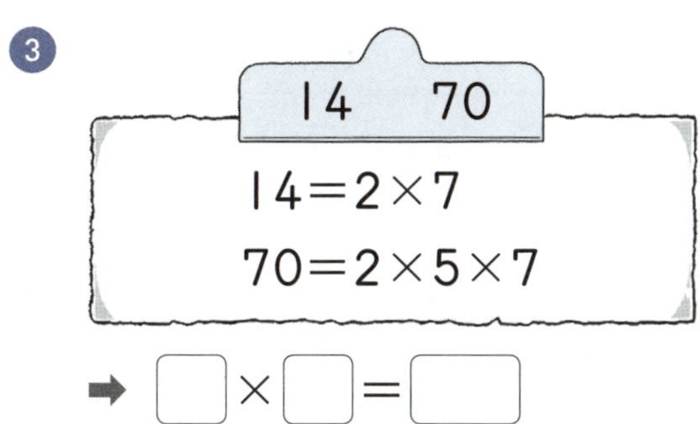

➡ ☐ × ☐ = ☐

6
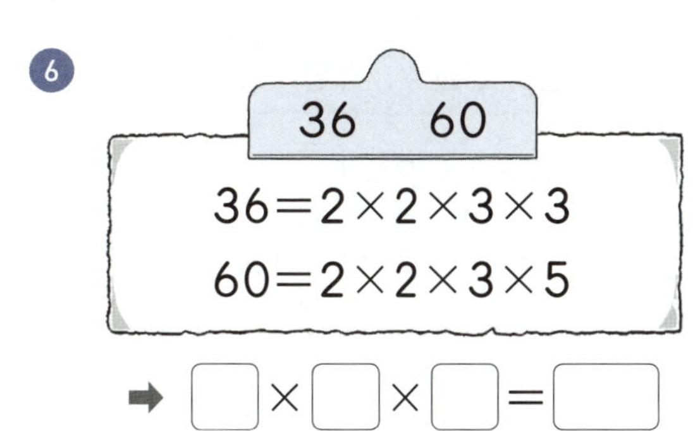

➡ ☐ × ☐ × ☐ = ☐

✂ 두 수의 최대공약수를 구하세요.

①

| 20 | 12 |

$20 = 2 \times 2 \times \boxed{}$

$12 = 2 \times 2 \times \boxed{}$

➡ (   )

②

| 42 | 24 |

$42 = 2 \times \boxed{} \times 7$

$24 = 2 \times 2 \times 2 \times \boxed{}$

➡ (   )

③

| 36 | 63 |

$36 = 2 \times 2 \times \boxed{} \times 3$

$63 = 3 \times \boxed{} \times 7$

➡ (   )

④

| 30 | 40 |

$30 = 2 \times 3 \times \boxed{}$

$40 = 2 \times 2 \times \boxed{} \times 5$

➡ (   )

⑤

| 28 | 70 |

$28 = 2 \times 2 \times \boxed{}$

$70 = 2 \times 5 \times \boxed{}$

➡ (   )

⑥

| 45 | 60 |

$45 = 3 \times \boxed{} \times 5$

$60 = 2 \times 2 \times 3 \times \boxed{}$

➡ (   )

⑦

| 28 | 56 |

$28 = 2 \times 2 \times \boxed{}$

$56 = 2 \times 2 \times \boxed{} \times \boxed{}$

➡ (   )

⑧

| 44 | 66 |

$44 = 2 \times 2 \times \boxed{}$

$66 = 2 \times \boxed{} \times \boxed{}$

➡ (   )

17 두 수의 공약수가 1뿐일 때까지 나누자

✂ 두 수의 최대공약수를 구하세요.

*** 나눗셈 거꾸로 쓰기**

$$2\overline{)\,8} \quad\Rightarrow\quad 2\overline{)\,8} \atop 4$$

나눗셈을 거꾸로 쓰고,
나누는 수는 $\overline{)}$ 의 왼쪽에,
몫은 $\overline{)}$ 의 아래에 써요.

*** 거꾸로 쓰는 나눗셈식으로 8과 12의 최대공약수 구하기**

두 수를 1이 아닌 공약수로 나누고, 1이 아닌 공약수가 없을 때까지 나눠요.

$$2\overline{)\,8 \quad 12} \atop 4 \quad 06$$

8과 12의 공약수

공약수 2로 나누었을 때의 몫

$$2\overline{)\,8 \quad 12} \atop 2\overline{)\,4 \quad 6} \atop 2 \quad 3$$

➡ 최대공약수: $2 \times 2 = 4$

---

1 $3\overline{)\,15 \quad 24}$

➡ ☐

4 $2\overline{)\,50 \quad 20}$

➡ $2 \times ☐ = ☐$

2 $3\overline{)\,27 \quad 36}$

➡ $3 \times ☐ = ☐$

5 $2\overline{)\,28 \quad 42}$

➡ $☐ \times ☐ = ☐$

3 $2\overline{)\,18 \quad 30}$

➡ $2 \times ☐ = ☐$

6 $2\overline{)\,54 \quad 24}$

➡ $☐ \times ☐ = ☐$

집중 시간 3분

두 수의 최대공약수를 구하세요.

1   ) 18   24

➡ (   )

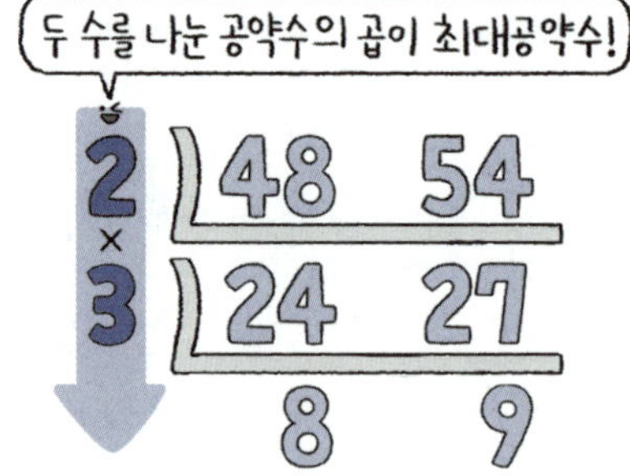

2   ) 30   12

➡ (   )

두 수가 약수와 배수의 관계이면 더 작은 수가 최대공약수가 돼요.

3   ) 15   45

➡ (   )

4   ) 56   24

➡ (   )

5   ) 45   75

➡ (   )

6   ) 42   70

➡ (   )

7   ) 64   72

➡ (   )

18 최대공약수 구하기 연습 한 번 더!

두 수의 최대공약수를 구하세요.

①) 54　18

➡ (　　　　　　)

②) 16　28

➡ (　　　　　　)

③) 45　60

➡ (　　　　　　)

④) 26　39

➡ (　　　　　　)

⑤) 48　84

➡ (　　　　　　)

앗! 실수

⑥) 84　91

➡ (　　　　　　)

⑦) 52　78

➡ (　　　　　　)

* 외워 두면 좋은 13의 배수

13, 26, 39, 52, 65, 78, 91

두 수의 최대공약수를 구하세요.

공약수가 1뿐일 때까지 나누어 봐요.

 **19 공배수와 최소공배수 알아보기**

※ 두 수의 배수를 가장 작은 수부터 차례대로 각각 6개씩 쓰고, 공배수를 구하세요.

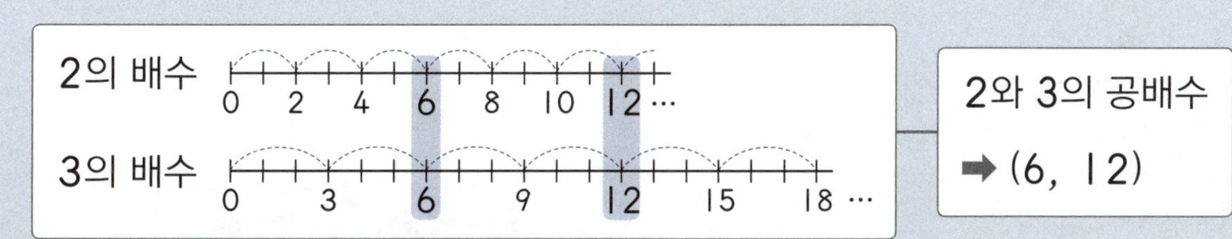

1

4의 배수 ➡ (   )

5의 배수 ➡ (   )

4와 5의 공배수

➡ (   )

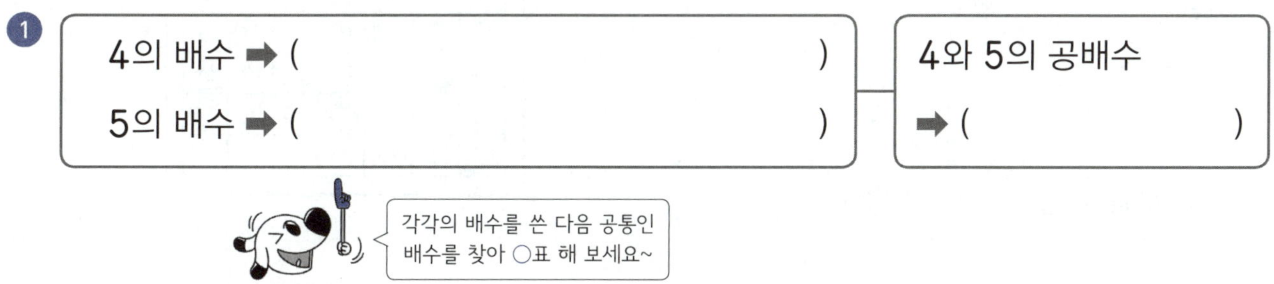

2

6의 배수 ➡ (   )

10의 배수 ➡ (   )

6과 10의 공배수

➡ (   )

3

8의 배수 ➡ (   )

12의 배수 ➡ (   )

8과 12의 공배수

➡ (   )

4

9의 배수 ➡ (   )

15의 배수 ➡ (   )

9와 15의 공배수

➡ (   )

✂ 두 수의 공배수를 가장 작은 수부터 **2**개 쓰고, 최소공배수를 구하세요.

최'소'공배수의 '소'는 작을 소(小).
즉, 가장 작은 공배수예요.

1 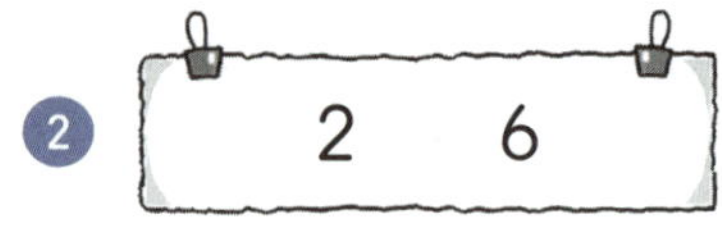

3　4

공배수 ➡ ______________

최소공배수 ➡ ______________

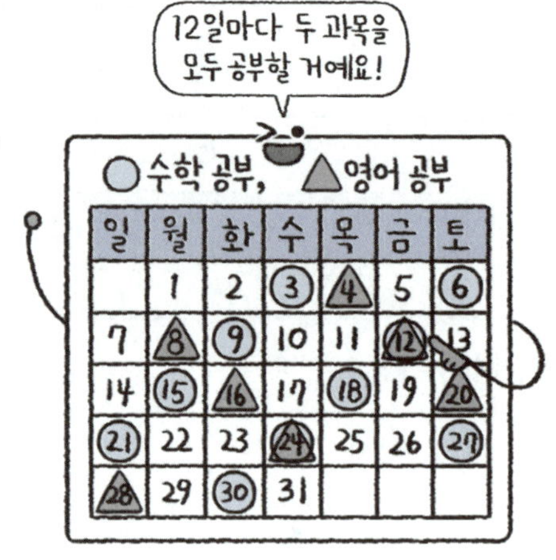

2 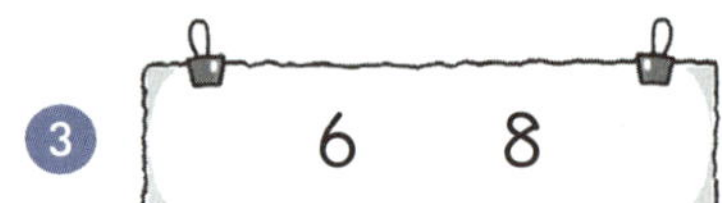

2　6

공배수 ➡ ______________

최소공배수 ➡ ______________

3 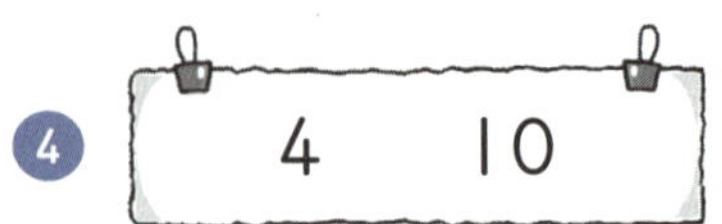

6　8

공배수 ➡ ______________

최소공배수 ➡ ______________

6

18　4

공배수 ➡ ______________

최소공배수 ➡ ______________

4 

4　10

공배수 ➡ ______________

최소공배수 ➡ ______________

7 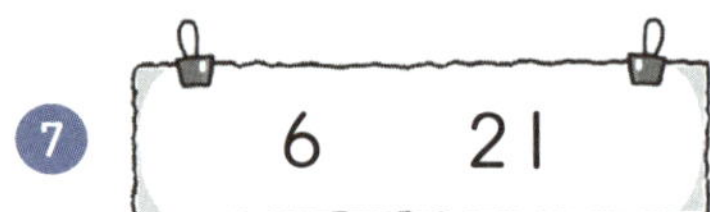

6　21

공배수 ➡ ______________

최소공배수 ➡ ______________

5

12　15

공배수 ➡ ______________

최소공배수 ➡ ______________

8 

27　18

공배수 ➡ ______________

최소공배수 ➡ ______________

 **20** 공통으로 들어 있는 곱에 남은 수들을 곱하자

❀ 두 수의 최소공배수를 구하세요.

---

* 4와 6의 최소공배수 구하는 방법

① 가장 작은 수들의 곱으로 나타내기

$$4$$
$$2 \times 2$$
$$\Rightarrow 4 = 2 \times 2$$

$$6$$
$$2 \times 3$$
$$\Rightarrow 6 = 2 \times 3$$

② 공통으로 들어 있는 곱과 남은 수들의 곱으로 최소공배수 구하기

$$4 = 2 \times 2$$
$$6 = 2 \times 3$$
$$\Rightarrow$$ 최소공배수:
$$2 \times 2 \times 3 = 12$$

1

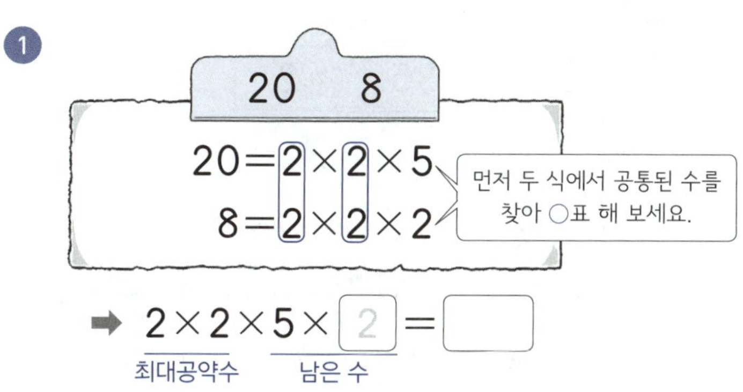

| 20 | 8 |

$$20 = 2 \times 2 \times 5$$
$$8 = 2 \times 2 \times 2$$

$$\Rightarrow \underset{\text{최대공약수}}{2 \times 2 \times 5} \times \underset{\text{남은 수}}{\boxed{2}} = \boxed{}$$

4

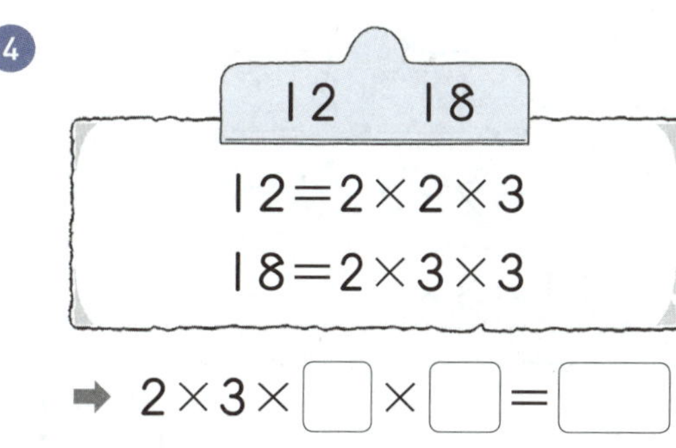

| 12 | 18 |

$$12 = 2 \times 2 \times 3$$
$$18 = 2 \times 3 \times 3$$

$$\Rightarrow 2 \times 3 \times \boxed{} \times \boxed{} = \boxed{}$$

2

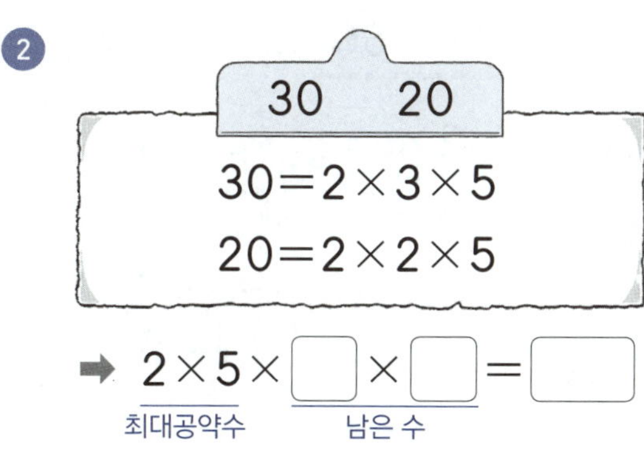

| 30 | 20 |

$$30 = 2 \times 3 \times 5$$
$$20 = 2 \times 2 \times 5$$

$$\Rightarrow \underset{\text{최대공약수}}{2 \times 5} \times \underset{\text{남은 수}}{\boxed{}} \times \boxed{} = \boxed{}$$

5

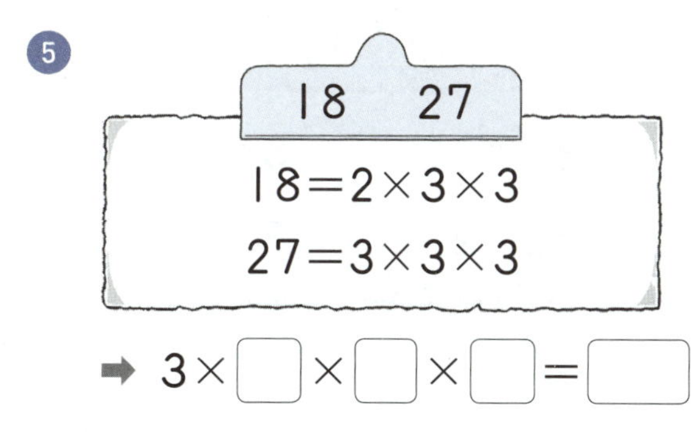

| 18 | 27 |

$$18 = 2 \times 3 \times 3$$
$$27 = 3 \times 3 \times 3$$

$$\Rightarrow 3 \times \boxed{} \times \boxed{} \times \boxed{} = \boxed{}$$

3

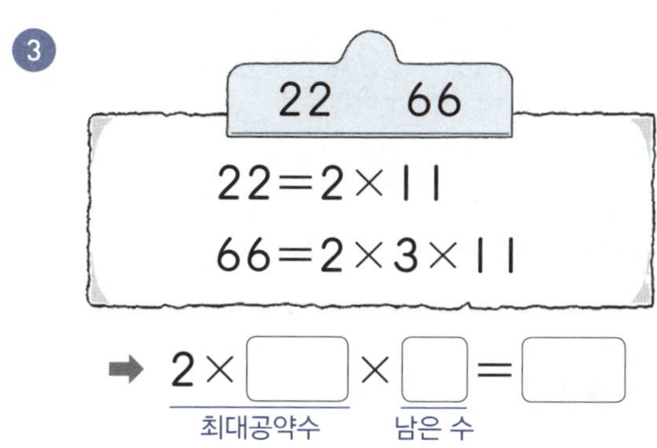

| 22 | 66 |

$$22 = 2 \times 11$$
$$66 = 2 \times 3 \times 11$$

$$\Rightarrow 2 \times \underset{\text{최대공약수}}{\boxed{}} \times \underset{\text{남은 수}}{\boxed{}} = \boxed{}$$

6

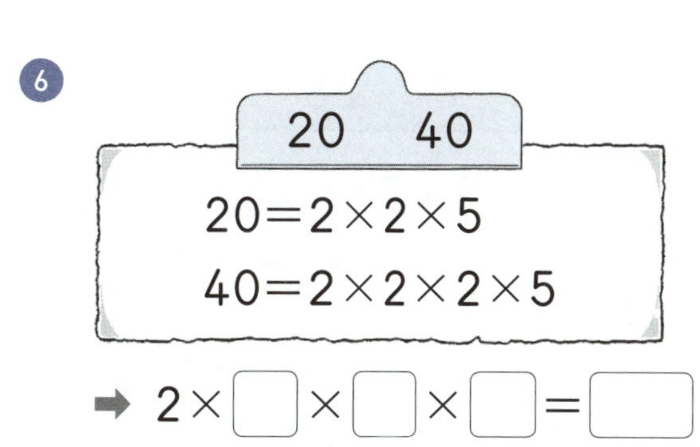

| 20 | 40 |

$$20 = 2 \times 2 \times 5$$
$$40 = 2 \times 2 \times 2 \times 5$$

$$\Rightarrow 2 \times \boxed{} \times \boxed{} \times \boxed{} = \boxed{}$$

20

집중 시간 3분

※ 두 수의 최소공배수를 구하세요.

❶ 12 10

$12=2\times2\times\square$

$10=2\times\square$

더 이상 쪼개지지 않을 때까지 나눠요.

➡ (   )

❷ 18 21

$18=2\times3\times\square$

$21=3\times\square$

➡ (   )

❸ 30 12

$30=2\times\square\times5$

$12=2\times\square\times3$

➡ (   )

❹ 8 28

$8=2\times2\times\square$

$28=2\times\square\times7$

➡ (   )

❺ 6 26

$6=2\times\square$

$26=2\times\square$

➡ (   )

❻ 35 42

$35=5\times\square$

$42=2\times\square\times7$

➡ (   )

❼ 20 60

$20=2\times2\times\square$

$60=2\times2\times\square\times\square$

➡ (   )

❽ 16 24

$16=2\times2\times2\times\square$

$24=2\times2\times\square\times\square$

➡ (   )

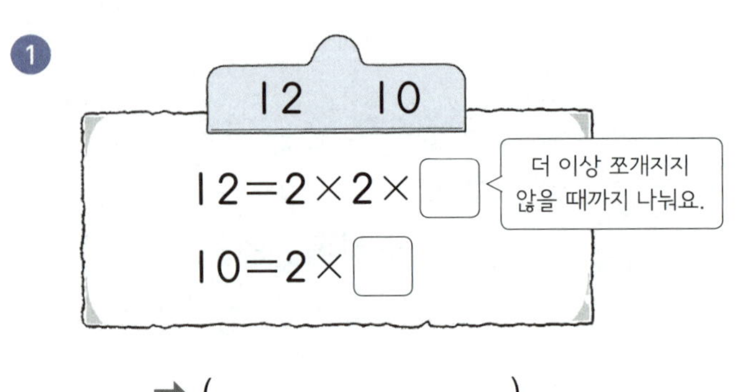

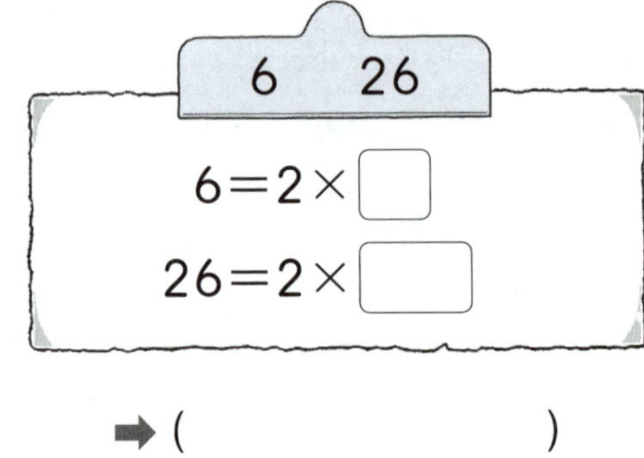

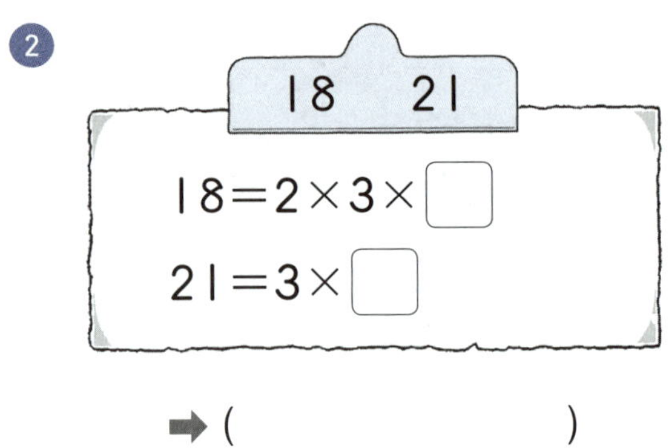

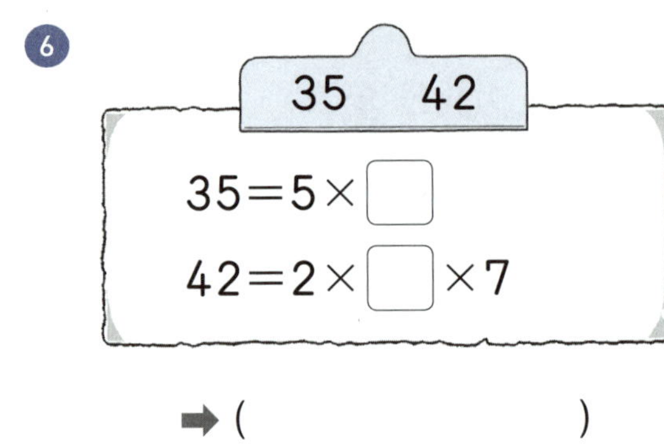

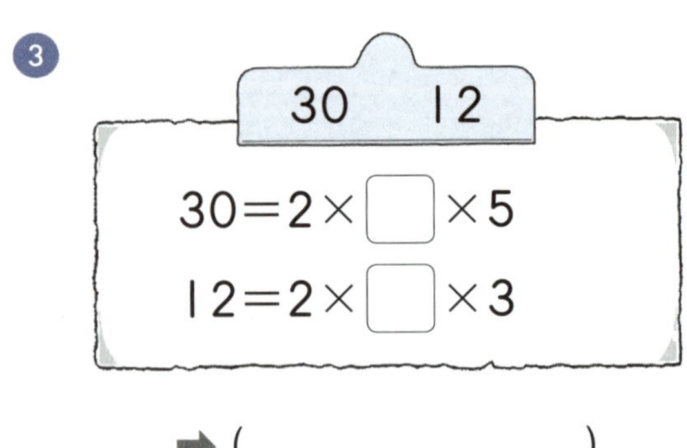

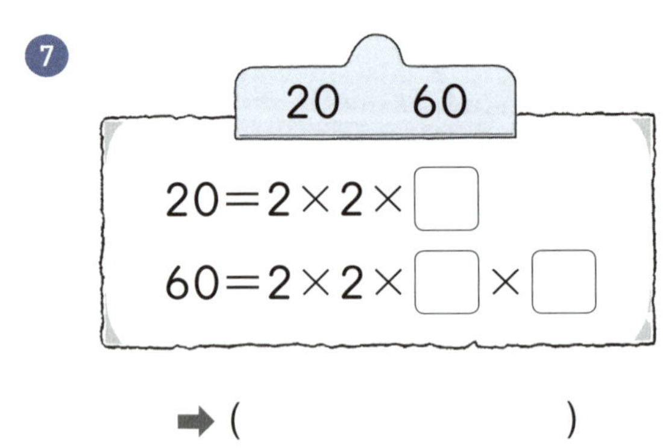

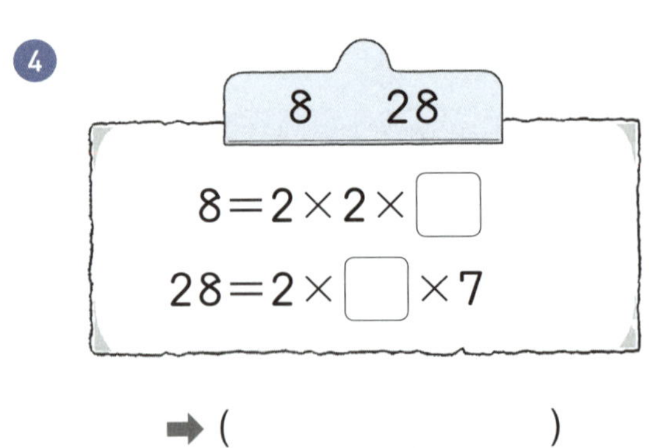

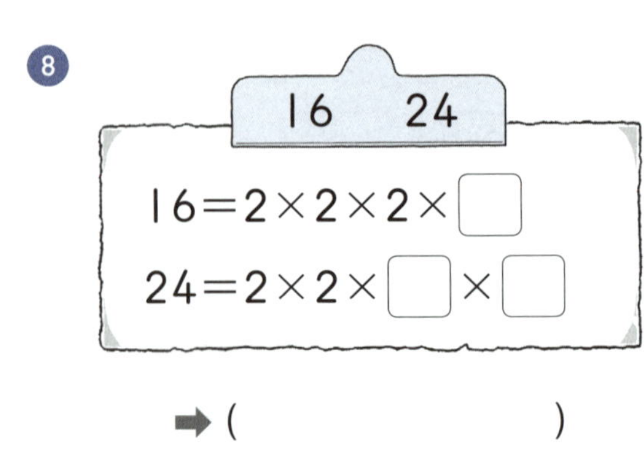

21 최소공배수는 나눈 공약수와 남은 수들의 곱!

두 수의 최소공배수를 구하세요.

＊16과 20의 최소공배수

```
2 ) 16   20
2 )  8   10
     4    5
```

➡ 2×2×4×5=80

---

①
```
3 ) 6   9
    2   3
```


➡ 3×2× 3 = ☐

---

②
```
5 ) 10   35
```

➡ 5×☐×☐=☐

---

③
```
2 ) 12   18
  )
```

➡ 2×☐×☐×☐=☐

---

④
```
2 ) 14   70
  )
```

➡ 2×☐×☐×☐=☐

---

⑤
```
3 ) 30   45
  )
```

➡ 3×☐×☐×☐=☐

---

⑥
```
5 ) 75   25
  )
```

➡ ☐×☐×☐×☐=☐

---

⑦
```
2 ) 28   42
  )
```

➡ ☐×☐×☐×☐=☐

✕ 두 수의 최소공배수를 구하세요. < 공약수가 1이 될 때까지 나눠요.

①) 14　35

➡ (　　　　　)

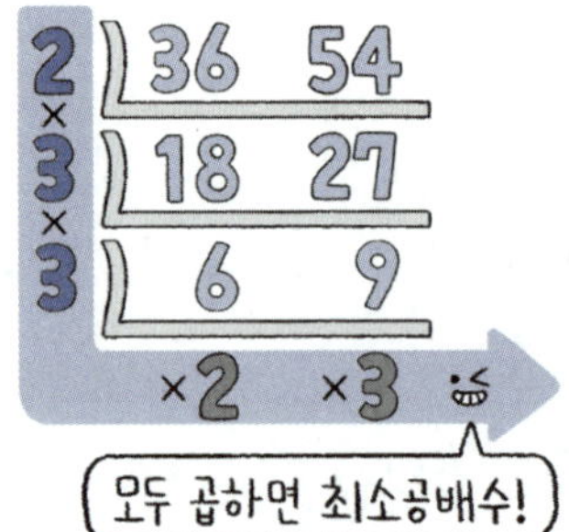

②) 33　66

➡ (　　　　　)

⑤) 12　42

➡ (　　　　　)

③) 18　30

➡ (　　　　　)

⑥) 45　60

➡ (　　　　　)

④) 20　28

➡ (　　　　　)

⑦) 32　48

➡ (　　　　　)

22 최소공배수 구하기 연습 한 번 더!

✂ 두 수의 최소공배수를 구하세요.

①) 9 21

➡ (　　　　　)

②) 18 24

➡ (　　　　　)

③) 36 30

➡ (　　　　　)

④) 28 70

➡ (　　　　　)

⑤) 50 70

➡ (　　　　　)

⑥) 42 63

➡ (　　　　　)

앗! 실수

⑦) 65 39

➡ (　　　　　)

공약수가 바로 안 보이나요?
두 수 모두 짝수니까 2로 나누어 봐요.

⑧) 52 78

➡ (　　　　　)

❀ 두 수의 최소공배수를 구하세요. 〈 공약수가 1뿐일 때까지 나누어 봐요.

① 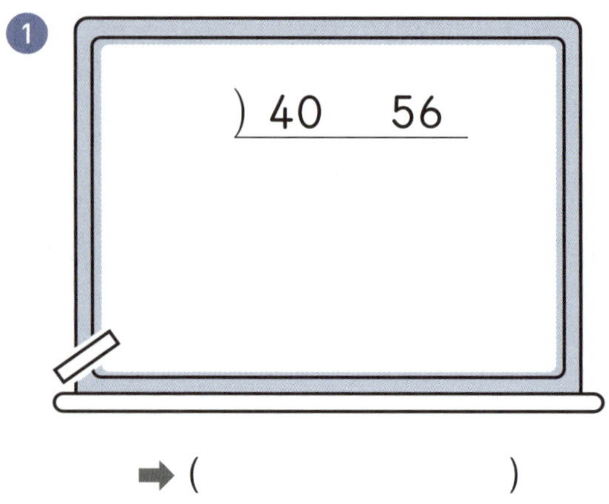

$$) \; 40 \quad 56$$

➡ (   )

④ 

$$) \; 44 \quad 88$$

➡ (   )

② 

$$) \; 27 \quad 36$$

➡ (   )

⑤ 

$$) \; 96 \quad 60$$

➡ (   )

③ 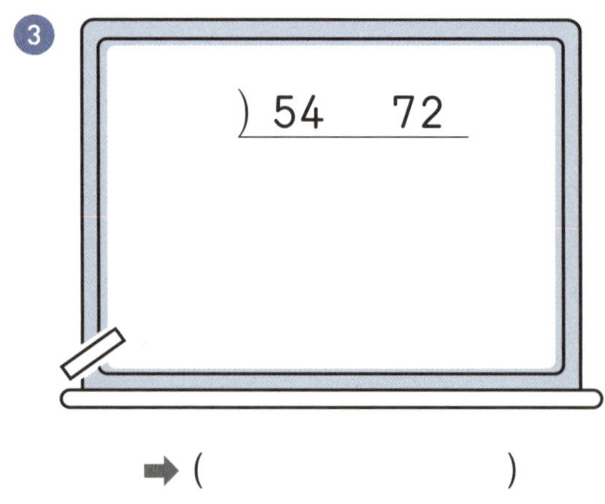

$$) \; 54 \quad 72$$

➡ (   )

⑥ 

$$) \; 56 \quad 84$$

➡ (   )

23 생활 속 연산 – 약수와 배수

🦴 그림을 보고 □ 안에 알맞은 수를 써넣으세요.

1 

공책 16권을 남김없이 똑같이 나누어 주려고 합니다.
남김없이 나누어 줄 수 있는 사람 수는 1명, □명,
□명, □명, 16명입니다.

2 

최대공약수를 구하는 문제예요.

사탕 24개, 초콜릿 30개를 최대한 많은 친구들에게
똑같이 나누어 주려고 합니다. 최대 □명에게 나누어
줄 수 있습니다.

3 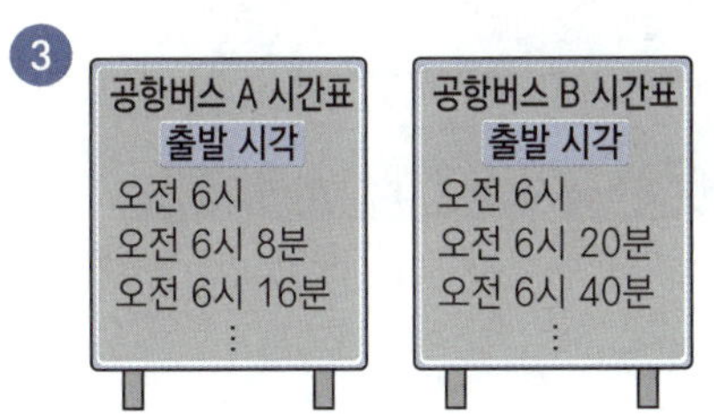

공항으로 가는 버스가 오전 6시부터 A 버스는 8분 간격
으로, B 버스는 20분 간격으로 출발합니다. 오전 6시
에 두 버스가 동시에 출발했다면 다음번에 두 버스가
동시에 출발하는 시각은 □시 □분입니다.

4 

진아는 4일마다, 서준이는 6일마다 수영장에 옵니다.
오늘 두 사람이 수영장에서 만났다면 다음번에 다시
수영장에서 만나는 날은 오늘부터 □일 후입니다.

최소공배수를 구하는 문제예요.

🔹 주연이의 노트북을 켜려면 비밀번호를 알아야 합니다. 화면에 적힌 답을 순서대로 이어 쓰면 비밀번호를 알 수 있어요. 빈칸에 알맞은 수를 써넣어 비밀번호를 구하세요.

*틀린 문제는 꼭 다시 확인하고 넘어가요!

✤ □ 안에 알맞은 수를 작은 수부터 차례대로 써넣으세요.

1 15의 약수

→ □, □, □, □

2 36의 약수

→ □, □, □, □, □, □, □, □, □

3 7의 배수

→ □, □, □, □

4 24의 배수

→ □, □, □, □

5 12와 15의 공약수

→ □, □

6 42와 21의 공약수

→ □, □, □, □

7 18과 12의 공배수

→ □, □, □

8 9와 6의 공배수

→ □, □, □

9

```
  □ ) 18   24
  3 )  9   12
       □    □
```

→ 최대공약수: □

→ 최소공배수: □

10

```
  □ ) 28   □
  2 )  □   16
       7    □
```

→ 최대공약수: □

→ 최소공배수: □

11 12와 30의 최대공약수가 6일 때 두 수의 공약수는 □, □, □, □ 입니다.

12 4와 6의 최소공배수가 12일 때 두 수의 공배수는 12, □, □, □ 입니다.

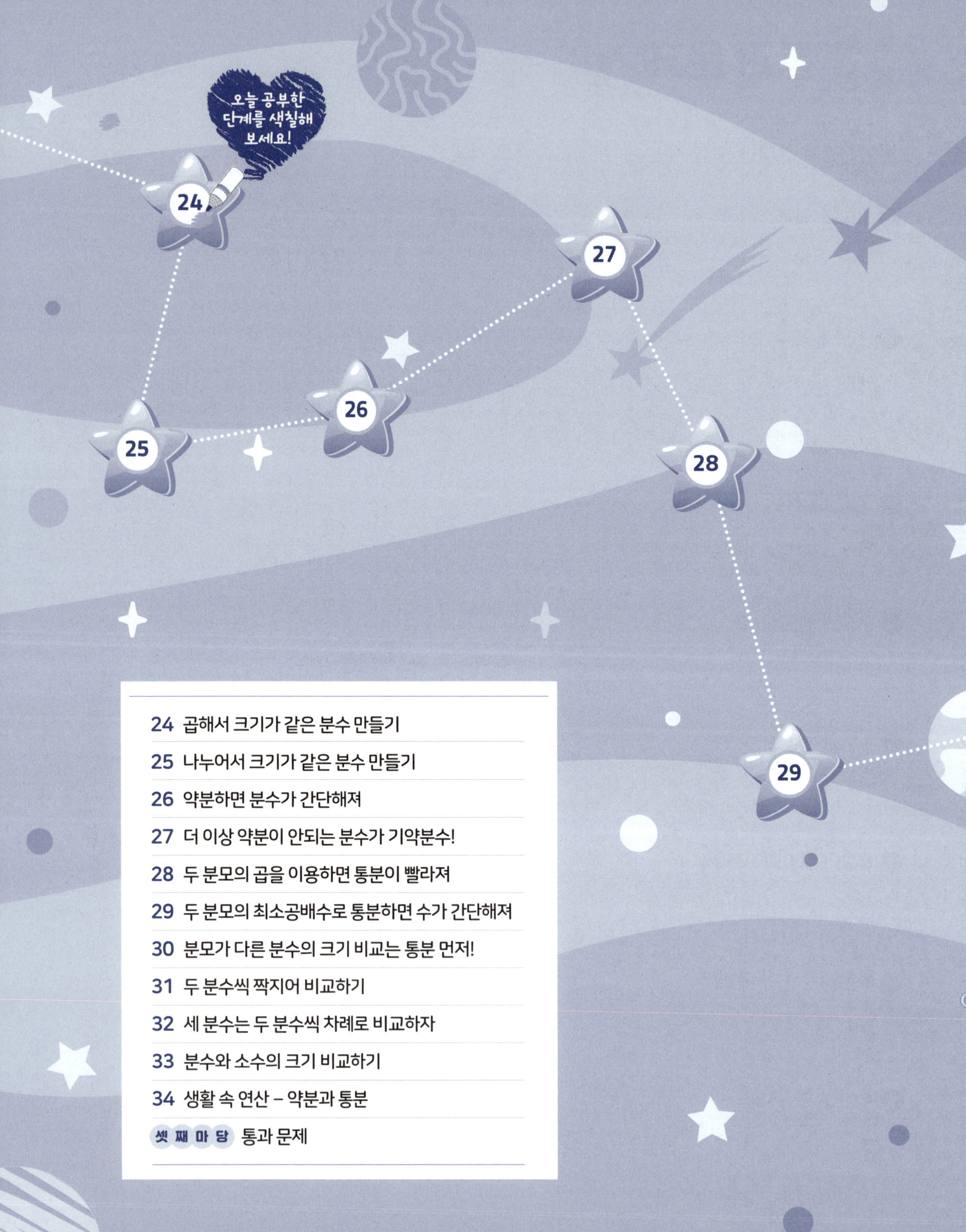

오늘 공부한
단계를 색칠해
보세요!
24
25
26
27
28
29

약분과 통분

30
31
32
33
34

✪ 크기가 같은 분수 만들기

① 분모와 분자에 각각 0이 아닌 같은 수를 곱합니다.

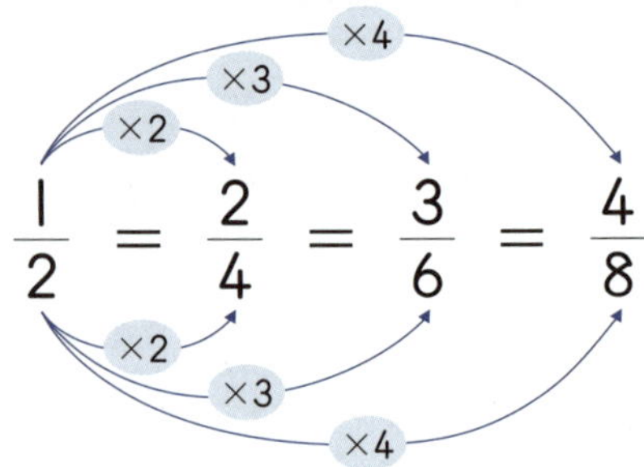

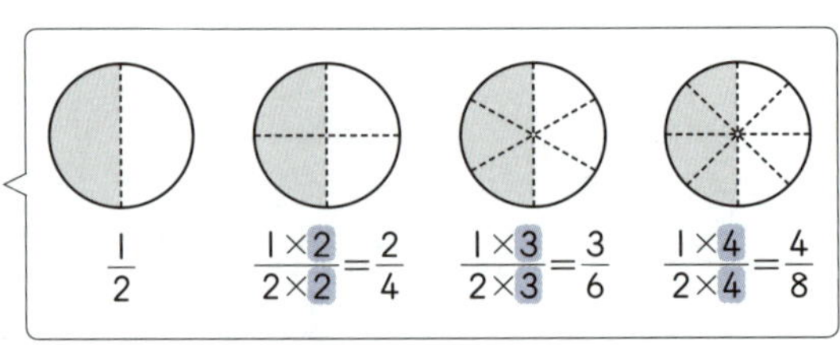

② 분모와 분자를 각각 0이 아닌 같은 수로 나눕니다.

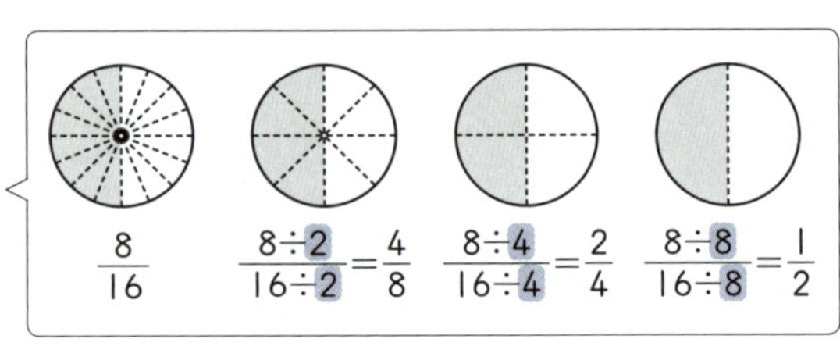

✪ 약분: 분모와 분자를 공약수로 나누어 간단히 하는 것

$$\dfrac{4}{12}=\dfrac{4\div2}{12\div2}=\dfrac{2}{6},\ \dfrac{4}{12}=\dfrac{4\div4}{12\div4}=\dfrac{1}{3}$$

분모와 분자의 공약수가 1뿐인 분수를 기약분수라고 해요.

✪ 통분: 분수의 분모를 같게 하는 것

$$\dfrac{1}{2}=\dfrac{2}{4}=\dfrac{3}{6}=\dfrac{4}{8}=\dfrac{5}{10}=\dfrac{6}{12}\cdots$$
$$\dfrac{2}{3}=\dfrac{4}{6}=\dfrac{6}{9}=\dfrac{8}{12}\cdots$$

$$\Rightarrow \left(\dfrac{1}{2},\ \dfrac{2}{3}\right)\xrightarrow{\text{통분}}\left(\dfrac{3}{6},\ \dfrac{4}{6}\right),\left(\dfrac{6}{12},\ \dfrac{8}{12}\right),\ \cdots$$

 **24** ## 곱해서 크기가 같은 분수 만들기

□ 안에 알맞은 수를 써넣어 크기가 같은 분수를 만드세요.

1 $\dfrac{1}{3}$

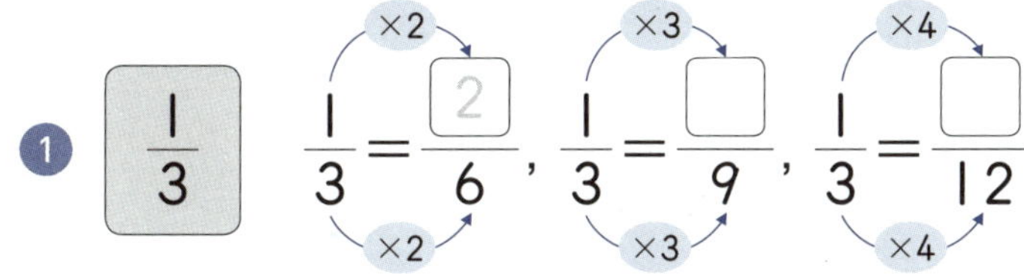

$$\dfrac{1}{3}=\dfrac{2}{6}\,,\quad \dfrac{1}{3}=\dfrac{\square}{9}\,,\quad \dfrac{1}{3}=\dfrac{\square}{12}$$

* 곱셈으로 크기가 같은 분수 만드는 방법

$$\dfrac{\bullet}{\blacksquare}=\dfrac{\bullet\times\blacktriangle}{\blacksquare\times\blacktriangle}$$

➡ 분모와 분자에 0이 아닌 같은 수를 곱해요.

2 $\dfrac{3}{4}$

$$\dfrac{3}{4}=\dfrac{\square}{8}\,,\quad \dfrac{3}{4}=\dfrac{\square}{12}\,,\quad \dfrac{3}{4}=\dfrac{\square}{16}\,,\quad \dfrac{3}{4}=\dfrac{\square}{20}$$

3 $\dfrac{5}{6}$

$$\dfrac{5}{6}=\dfrac{10}{\square}\,,\quad \dfrac{5}{6}=\dfrac{15}{\square}\,,\quad \dfrac{5}{6}=\dfrac{20}{\square}\,,\quad \dfrac{5}{6}=\dfrac{25}{\square}$$

4 $\dfrac{4}{7}$

$$\dfrac{4}{7}=\dfrac{\square}{14}\,,\quad \dfrac{4}{7}=\dfrac{\square}{21}\,,\quad \dfrac{4}{7}=\dfrac{\square}{28}\,,\quad \dfrac{4}{7}=\dfrac{\square}{35}$$

5 $\dfrac{3}{8}$

$$\dfrac{3}{8}=\dfrac{6}{\square}\,,\quad \dfrac{3}{8}=\dfrac{9}{\square}\,,\quad \dfrac{3}{8}=\dfrac{12}{\square}\,,\quad \dfrac{3}{8}=\dfrac{15}{\square}$$

6 $\dfrac{2}{9}$

$$\dfrac{2}{9}=\dfrac{4}{\square}\,,\quad \dfrac{2}{9}=\dfrac{6}{\square}\,,\quad \dfrac{2}{9}=\dfrac{8}{\square}\,,\quad \dfrac{2}{9}=\dfrac{10}{\square}$$

집중 시간 3분

✂ 크기가 같은 분수를 분모가 작은 것부터 차례대로 3개 쓰세요.

분모와 분자에 반드시
0이 아닌 같은 수를 곱해야 해요.

① $\dfrac{2}{3}$ ➡ $\dfrac{\square}{6}$, $\dfrac{\square}{9}$, $\dfrac{\square}{12}$

$\dfrac{2\times2}{3\times2}$ $\dfrac{2\times3}{3\times3}$ $\dfrac{2\times4}{3\times4}$

② $\dfrac{1}{4}$ ➡ $\dfrac{\square}{8}$, $\dfrac{\square}{12}$, $\dfrac{\square}{\square}$

③ $\dfrac{3}{5}$ ➡ _______________

④ $\dfrac{6}{7}$ ➡ _______________

⑤ $\dfrac{5}{8}$ ➡ _______________

⑥ $\dfrac{4}{9}$ ➡ _______________

⑦ $\dfrac{7}{10}$ ➡ _______________

⑧ $\dfrac{6}{11}$ ➡ _______________

⑨ $\dfrac{5}{12}$ ➡ _______________

⑩ $\dfrac{4}{13}$ ➡ _______________

⑪ $\dfrac{9}{14}$ ➡ _______________

⑫ $\dfrac{7}{15}$ ➡ _______________

25 나누어서 크기가 같은 분수 만들기

✂ □ 안에 알맞은 수를 써넣어 크기가 같은 분수를 만드세요.

1 $\dfrac{8}{12}$

$\div 2$ $\div 4$

$\dfrac{8}{12} = \dfrac{4}{\square}$, $\dfrac{8}{12} = \dfrac{2}{\square}$

$\div 2$ $\div 4$

> ＊ 나눗셈으로 크기가 같은 분수 만드는 방법
>
> $\dfrac{▲}{●} = \dfrac{●\div★}{●\div★}$
>
> ➡ 분모와 분자를 0이 아닌 같은 수로 나눠요.
> ↳ 분모와 분자의 공약수

2 $\dfrac{6}{18}$

$\dfrac{6}{18} = \dfrac{3}{\square}$, $\dfrac{6}{18} = \dfrac{2}{\square}$, $\dfrac{6}{18} = \dfrac{1}{\square}$

> 6과 18의 공약수 중 1을 제외한
> 2, 3, 6으로 분모와 분자를 각각 나눠요.

3 $\dfrac{15}{30}$

$\dfrac{15}{30} = \dfrac{\square}{10}$, $\dfrac{15}{30} = \dfrac{\square}{6}$, $\dfrac{15}{30} = \dfrac{\square}{2}$

4 $\dfrac{20}{36}$

$\dfrac{20}{36} = \dfrac{10}{\square}$, $\dfrac{20}{36} = \dfrac{5}{\square}$

5 $\dfrac{24}{42}$

$\dfrac{24}{42} = \dfrac{12}{\square}$, $\dfrac{24}{42} = \dfrac{8}{\square}$, $\dfrac{24}{42} = \dfrac{4}{\square}$

6 $\dfrac{16}{48}$

$\dfrac{16}{48} = \dfrac{\square}{24}$, $\dfrac{16}{48} = \dfrac{\square}{12}$, $\dfrac{16}{48} = \dfrac{\square}{6}$, $\dfrac{16}{48} = \dfrac{\square}{3}$

✂ 분모와 분자를 공약수로 나누어 크기가 같은 분수를 분모가 큰 것부터 차례대로 2개 쓰세요.

1 $\dfrac{4}{12}$ ➡ $\dfrac{\square}{6}$, $\dfrac{\square}{3}$

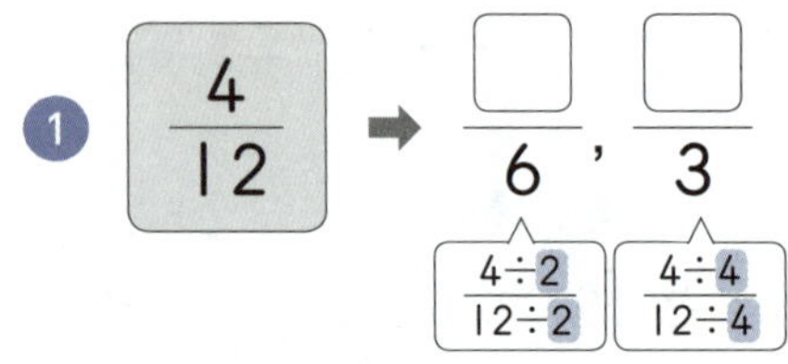

2 $\dfrac{12}{18}$ ➡ $\dfrac{\square}{9}$, $\dfrac{\square}{\square}$

3 $\dfrac{8}{20}$ ➡

4 $\dfrac{9}{27}$ ➡

5 $\dfrac{12}{30}$ ➡

이건 꿀팁!
두 수가 모두 짝수이면 공약수에는
무조건 2가 포함되어 있어요.

6 $\dfrac{16}{32}$ ➡

7 $\dfrac{6}{36}$ ➡

8 $\dfrac{16}{40}$ ➡

9 $\dfrac{32}{48}$ ➡

10 $\dfrac{24}{54}$ ➡

11 $\dfrac{45}{60}$ ➡

12 $\dfrac{14}{70}$ ➡

26 약분하면 분수가 간단해져

✂ 분수를 약분하여 ☐ 안에 알맞은 수를 써넣으세요.

---

* 분모와 분자의 공약수로 나누어 약분하기

$\dfrac{4}{20}$ 공약수: 1, 2, 4 ➡

• 공약수 2로 나누기

$$\dfrac{4}{20} = \dfrac{4 \div 2}{20 \div 2} = \dfrac{2}{10}$$

• 공약수 4로 나누기

$$\dfrac{4}{20} = \dfrac{4 \div 4}{20 \div 4} = \dfrac{1}{5}$$

➡ $\dfrac{4}{20}$ 를 분모와 분자의 공약수인 2와 4로 약분하면 각각 $\dfrac{2}{10}$, $\dfrac{1}{5}$ 입니다.

---

1 $\dfrac{6}{12}$ ➡ $\dfrac{\square}{6}$, $\dfrac{\square}{4}$, $\dfrac{\square}{2}$

2 $\dfrac{8}{16}$ ➡ $\dfrac{\square}{8}$, $\dfrac{\square}{4}$, $\dfrac{\square}{2}$

3 $\dfrac{16}{24}$ ➡ $\dfrac{\square}{12}$, $\dfrac{\square}{6}$, $\dfrac{\square}{3}$

4 $\dfrac{20}{30}$ ➡ $\dfrac{\square}{15}$, $\dfrac{\square}{6}$, $\dfrac{\square}{3}$

5 $\dfrac{9}{36}$ ➡ $\dfrac{\square}{12}$, $\dfrac{\square}{4}$

6 $\dfrac{14}{42}$ ➡ $\dfrac{7}{\square}$, $\dfrac{2}{\square}$, $\dfrac{1}{\square}$

7 $\dfrac{30}{54}$ ➡ $\dfrac{15}{\square}$, $\dfrac{10}{\square}$, $\dfrac{5}{\square}$

8 $\dfrac{32}{56}$ ➡ $\dfrac{16}{\square}$, $\dfrac{8}{\square}$, $\dfrac{4}{\square}$

9 $\dfrac{21}{63}$ ➡ $\dfrac{7}{\square}$, $\dfrac{3}{\square}$, $\dfrac{1}{\square}$

10 $\dfrac{45}{75}$ ➡ $\dfrac{15}{\square}$, $\dfrac{9}{\square}$, $\dfrac{3}{\square}$

❀ 약분한 분수를 모두 쓰세요.

***** 분모와 분자를 /표시로 지워 바로 약분하기

• 2로 나누기 | • 4로 나누기

$$\frac{12}{16} \Rightarrow \frac{\cancel{12}^{6}}{\cancel{16}_{8}} {\scriptstyle\div 2 \atop \div 2} = \frac{6}{8} \quad \Big| \quad \frac{\cancel{12}^{3}}{\cancel{16}_{4}} {\scriptstyle\div 4 \atop \div 4} = \frac{3}{4} \quad \Rightarrow \quad \frac{12}{16} = \frac{6}{8} = \frac{3}{4}$$

---

1 $\dfrac{16}{20}$ ➡ $\dfrac{\square}{10}$, $\dfrac{\square}{5}$

2 $\dfrac{4}{24}$ ➡ $\dfrac{\square}{12}$, $\dfrac{\square}{\square}$

3 $\dfrac{12}{30}$ ➡ _______________

4 $\dfrac{27}{36}$ ➡ _______________

5 $\dfrac{36}{45}$ ➡ _______________

6 $\dfrac{40}{50}$ ➡ _______________

7 $\dfrac{28}{70}$ ➡ _______________

8 $\dfrac{70}{100}$ ➡ _______________

❀ 앗! 실수

9 $\dfrac{32}{48}$ ➡ _______________

10 $\dfrac{54}{72}$ ➡ _______________

더 이상 약분이 안되는 분수가 기약분수!

기약분수로 나타내세요.
분모와 분자의 공약수가 1뿐인 분수예요.

---

* 기약분수로 나타내기

방법 1 분모와 분자의 공약수로
더 이상 나누어지지 않을 때까지 나누기

$$\frac{6}{12} = \frac{3}{6} = \frac{1}{2}$$

방법 2 분모와 분자의 최대공약수로 한번에 나누기

바로 기약분수!

$$\frac{6}{12} \quad \text{최대공약수: 6} \quad \Rightarrow \quad \frac{6}{12} = \frac{1}{2}$$

---

1. $\dfrac{9}{15}$ ➡ __________

2. $\dfrac{18}{24}$ ➡ __________

3. $\dfrac{16}{28}$ ➡ __________

4. $\dfrac{24}{30}$ ➡ __________

5. $\dfrac{22}{44}$ ➡ __________

6. $\dfrac{36}{45}$ ➡ __________

7. $\dfrac{26}{52}$ ➡ __________

8. $\dfrac{16}{56}$ ➡ __________

9. $\dfrac{27}{81}$ ➡ __________

10. $\dfrac{25}{100}$ ➡ __________

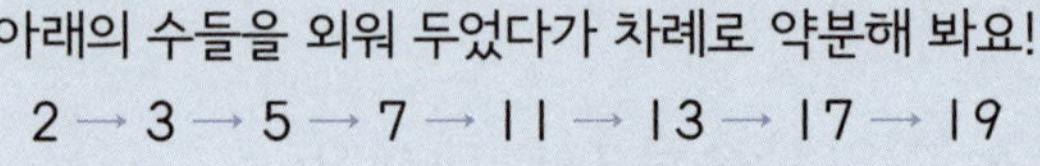

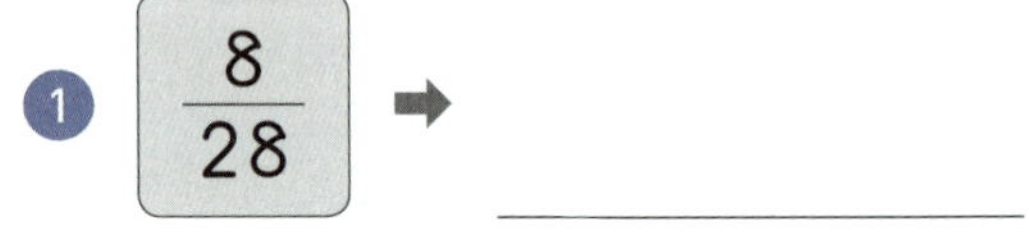

기약분수로 나타내세요.

1 $\dfrac{8}{28}$ ➡ ___________

2 $\dfrac{20}{32}$ ➡ ___________

3 $\dfrac{18}{36}$ ➡ ___________

4 $\dfrac{16}{40}$ ➡ ___________

5 $\dfrac{12}{52}$ ➡ ___________

6 $\dfrac{12}{54}$ ➡ ___________

7 $\dfrac{28}{56}$ ➡ ___________

8 $\dfrac{27}{63}$ ➡ ___________

9 $\dfrac{16}{80}$ ➡ ___________

10 $\dfrac{24}{72}$ ➡ ___________

앗! 실수

11 $\dfrac{48}{84}$ ➡ ___________

12 $\dfrac{54}{90}$ ➡ ___________

 **28 두 분모의 곱을 이용하면 통분이 빨라져**

두 분모의 곱을 공통분모로 하여 통분하세요.

* 두 분모의 곱을 공통분모로 통분하기

$$\left(\frac{1}{2}, \frac{2}{3}\right) \rightarrow \left(\frac{1\times3}{2\times3}, \frac{2\times2}{3\times2}\right) \rightarrow \left(\frac{3}{6}, \frac{4}{6}\right)$$

두 분모의 곱

$$\frac{3}{6} = \left(\frac{1}{2}\times\frac{2}{3}\right) = \frac{4}{6}$$

공통분모

① $\left(\dfrac{4}{5}, \dfrac{1}{3}\right) \rightarrow \left(\dfrac{\boxed{}}{15}, \dfrac{\boxed{}}{15}\right)$

⑥ $\left(\dfrac{3}{8}, \dfrac{7}{9}\right) \rightarrow \left(, \right)$

② $\left(\dfrac{3}{4}, \dfrac{5}{8}\right) \rightarrow \left(, \right)$

⑦ $\left(\dfrac{5}{6}, \dfrac{3}{10}\right) \rightarrow \left(, \right)$

③ $\left(\dfrac{2}{3}, \dfrac{2}{7}\right) \rightarrow \left(, \right)$

⑧ $\left(1\dfrac{1}{2}, \dfrac{2}{3}\right) \rightarrow \left(1\dfrac{3}{6}, \right)$

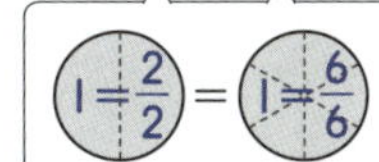

④ $\left(\dfrac{1}{6}, \dfrac{5}{9}\right) \rightarrow \left(, \right)$

⑨ $\left(\dfrac{5}{12}, 2\dfrac{1}{4}\right) \rightarrow \left(, \right)$

⑤ $\left(\dfrac{8}{11}, \dfrac{4}{5}\right) \rightarrow \left(, \right)$

⑩ $\left(3\dfrac{4}{13}, 3\dfrac{2}{5}\right) \rightarrow \left(, \right)$

28

✂️ 두 분모의 곱을 공통분모로 하여 통분하세요.

1. $\left(\dfrac{1}{2},\ \dfrac{3}{5}\right)\ \Rightarrow\ \left(\qquad,\qquad\right)$

2. $\left(\dfrac{2}{3},\ \dfrac{1}{4}\right)\ \Rightarrow\ \left(\qquad,\qquad\right)$

3. $\left(\dfrac{1}{6},\ \dfrac{2}{7}\right)\ \Rightarrow\ \left(\qquad,\qquad\right)$

4. $\left(\dfrac{3}{8},\ \dfrac{3}{4}\right)\ \Rightarrow\ \left(\qquad,\qquad\right)$

5. $\left(\dfrac{2}{5},\ \dfrac{4}{9}\right)\ \Rightarrow\ \left(\qquad,\qquad\right)$

6. $\left(\dfrac{1}{4},\ \dfrac{5}{6}\right)\ \Rightarrow\ \left(\qquad,\qquad\right)$

7. $\left(\dfrac{3}{10},\ \dfrac{2}{5}\right)\ \Rightarrow\ \left(\qquad,\qquad\right)$

8. $\left(\dfrac{1}{2},\ \dfrac{10}{13}\right)\ \Rightarrow\ \left(\qquad,\qquad\right)$

9. $\left(2\dfrac{5}{6},\ \dfrac{7}{8}\right)\ \Rightarrow\ \left(\qquad,\qquad\right)$

10. $\left(\dfrac{4}{9},\ 3\dfrac{8}{11}\right)\ \Rightarrow\ \left(\qquad,\qquad\right)$

😵 앗! 실수

11. $\left(2\dfrac{9}{14},\ \dfrac{3}{4}\right)\ \Rightarrow\ \left(\qquad,\qquad\right)$

12. $\left(\dfrac{12}{17},\ 3\dfrac{2}{3}\right)\ \Rightarrow\ \left(\qquad,\qquad\right)$

29 두 분모의 최소공배수로 통분하면 수가 간단해져

✿ 두 분모의 최소공배수를 공통분모로 하여 통분하세요.

* 두 분모의 최소공배수를 공통분모로 통분하기

$$\left(\frac{1}{4}, \frac{1}{6} \right) \Rightarrow \left(\frac{1\times3}{4\times3}, \frac{1\times2}{6\times2} \right)$$

최소공배수: 12

$$\Rightarrow \left(\frac{3}{12}, \frac{2}{12} \right)$$

공통분모

6 $\left(1\frac{3}{8}, \frac{7}{10} \right) \Rightarrow \left(\qquad , \qquad \right)$

대분수의 자연수 부분은 그대로 쓰고
분수 부분만 통분해요.

1 $\left(\frac{1}{3}, \frac{2}{15} \right) \Rightarrow \left(\qquad , \qquad \right)$

먼저 두 분모의
최소공배수를 구해 봐요.

7 $\left(\frac{5}{12}, 3\frac{2}{9} \right) \Rightarrow \left(\qquad , \qquad \right)$

2 $\left(\frac{5}{6}, \frac{4}{9} \right) \Rightarrow \left(\qquad , \qquad \right)$

8 $\left(1\frac{1}{14}, 1\frac{5}{6} \right) \Rightarrow \left(\qquad , \qquad \right)$

3 $\left(\frac{3}{16}, \frac{3}{8} \right) \Rightarrow \left(\qquad , \qquad \right)$

9 $\left(2\frac{5}{9}, 1\frac{4}{15} \right) \Rightarrow \left(\qquad , \qquad \right)$

4 $\left(\frac{3}{4}, \frac{9}{10} \right) \Rightarrow \left(\qquad , \qquad \right)$

* 최소공배수로 빠르게 통분하는 꿀팁!

$$\left(\frac{5}{9}, \frac{4}{15} \right) \Rightarrow \left(\frac{5\times5}{9\times5}, \frac{4\times3}{15\times3} \right)$$

$$\begin{array}{r} 3)\,9 \quad 15 \\ \hline 3 \quad 5 \end{array}$$
➡ 최소공배수: 45

$$\Rightarrow \left(\frac{25}{45}, \frac{12}{45} \right)$$

두 분모를 최대공약수로 나눈 몫을 자리를 바꾸어
각 분모와 분자에 곱해 줘요.

5 $\left(\frac{7}{8}, \frac{5}{12} \right) \Rightarrow \left(\qquad , \qquad \right)$

집중 시간 **3분**

�֍ 두 분모의 최소공배수를 공통분모로 하여 통분하세요.

① $\left(\dfrac{1}{6}, \dfrac{5}{8}\right) \rightarrow (\qquad , \qquad)$

⑦ $\left(\dfrac{3}{4}, \dfrac{11}{18}\right) \rightarrow (\qquad , \qquad)$

② $\left(\dfrac{3}{10}, \dfrac{5}{6}\right) \rightarrow (\qquad , \qquad)$

⑧ $\left(\dfrac{9}{20}, \dfrac{7}{15}\right) \rightarrow (\qquad , \qquad)$

③ $\left(\dfrac{2}{9}, \dfrac{5}{12}\right) \rightarrow (\qquad , \qquad)$

⑨ $\left(\dfrac{6}{13}, 1\dfrac{9}{26}\right) \rightarrow (\qquad , \qquad)$

④ $\left(\dfrac{8}{15}, \dfrac{9}{10}\right) \rightarrow (\qquad , \qquad)$

⑩ $\left(3\dfrac{5}{6}, \dfrac{7}{22}\right) \rightarrow (\qquad , \qquad)$

⑤ $\left(\dfrac{1}{8}, \dfrac{5}{14}\right) \rightarrow (\qquad , \qquad)$

앗! 실수

⑪ $\left(2\dfrac{5}{12}, 4\dfrac{5}{16}\right) \rightarrow (\qquad , \qquad)$

⑥ $\left(\dfrac{3}{10}, \dfrac{5}{12}\right) \rightarrow (\qquad , \qquad)$

⑫ $\left(3\dfrac{9}{14}, 3\dfrac{8}{21}\right) \rightarrow (\qquad , \qquad)$

 **30** 분모가 다른 분수의 크기 비교는 통분 먼저!

✂ 통분하여 두 분수의 크기를 비교하세요.

---

* 분모가 다른 분수의 크기 비교하기

$$\left(\frac{1}{2}, \frac{2}{5}\right) \xrightarrow[\text{통분}]{\left(\frac{1\times5}{2\times5}, \frac{2\times2}{5\times2}\right)} \left(\frac{5}{10}, \frac{4}{10}\right) \rightarrow \frac{1}{2} > \frac{2}{5}$$

---

① $\left(\dfrac{2}{3}, \dfrac{5}{7}\right) \rightarrow \left(\quad,\quad\right) \rightarrow \dfrac{2}{3} \bigcirc \dfrac{5}{7}$

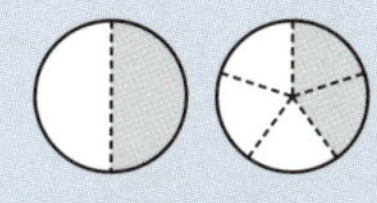

두 분모의 최소공배수로 통분하면
분자가 간단해져 계산이 편리해요.

② $\left(\dfrac{3}{4}, \dfrac{5}{6}\right) \rightarrow \left(\quad,\quad\right) \rightarrow \dfrac{3}{4} \bigcirc \dfrac{5}{6}$

③ $\left(\dfrac{5}{6}, \dfrac{7}{9}\right) \rightarrow \left(\quad,\quad\right) \rightarrow \dfrac{5}{6} \bigcirc \dfrac{7}{9}$

④ $\left(\dfrac{7}{10}, \dfrac{5}{8}\right) \rightarrow \left(\quad,\quad\right) \rightarrow \dfrac{7}{10} \bigcirc \dfrac{5}{8}$

⑤ $\left(\dfrac{3}{8}, \dfrac{5}{12}\right) \rightarrow \left(\quad,\quad\right) \rightarrow \dfrac{3}{8} \bigcirc \dfrac{5}{12}$

⑥ $\left(\dfrac{11}{15}, \dfrac{13}{20}\right) \rightarrow \left(\quad,\quad\right) \rightarrow \dfrac{11}{15} \bigcirc \dfrac{13}{20}$

✂ 두 분수의 크기를 비교하여 ◯ 안에 >, =, <를 알맞게 써넣으세요.

> 분모가 다른 두 분수의
> 크기 비교는 통분 먼저!

① $\dfrac{5}{6}$ $<$ $\dfrac{13}{15}$

② $\dfrac{3}{5}$ ◯ $\dfrac{5}{8}$

③ $\dfrac{3}{8}$ ◯ $\dfrac{5}{24}$

④ $\dfrac{7}{10}$ ◯ $\dfrac{11}{15}$

⑤ $\dfrac{4}{9}$ ◯ $\dfrac{5}{12}$

⑥ $\dfrac{9}{26}$ ◯ $\dfrac{4}{13}$

⑦ $\dfrac{7}{12}$ ◯ $\dfrac{11}{18}$

⑧ $\dfrac{3}{14}$ ◯ $\dfrac{11}{42}$

⑨ $3\dfrac{2}{5}$ ◯ $3\dfrac{4}{11}$

⑩ $1\dfrac{9}{16}$ ◯ $1\dfrac{13}{24}$

⑪ $4\dfrac{13}{20}$ ◯ $4\dfrac{19}{30}$

* 두 분수의 크기 비교가 빨라지는 꿀팁!
  분모를 서로 다른 분자에 곱한 값만 비교하면 빨라요.

390 > 380

$\dfrac{13}{20}$, $\dfrac{19}{30}$ ➡ $\dfrac{13}{20}$ $>$ $\dfrac{19}{30}$

통분하면 분모가 같아지니까 분자가 더 큰 쪽이
더 큰 분수예요.

31 두 분수씩 짝지어 비교하기

집중 시간 3분

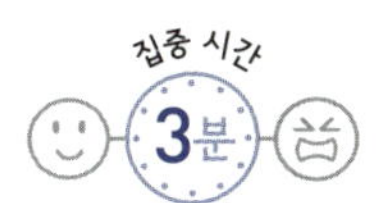

※ 두 분수의 크기를 비교하여 더 큰 분수를 위의 □ 안에 써넣으세요.

❶

□ 가장 큰 수

$\frac{3}{5}$ □

$\frac{1}{2}$ $\frac{3}{5}$ $\frac{2}{7}$ $\frac{3}{4}$

❷

□

□ □

$\frac{5}{8}$ $\frac{4}{7}$ $\frac{7}{9}$ $\frac{2}{3}$

❸

□

□ □

$1\frac{7}{10}$ $1\frac{5}{6}$ $1\frac{7}{8}$ $1\frac{17}{20}$

✂ 두 분수의 크기를 비교하여 더 작은 분수를 아래의 □ 안에 써넣으세요.

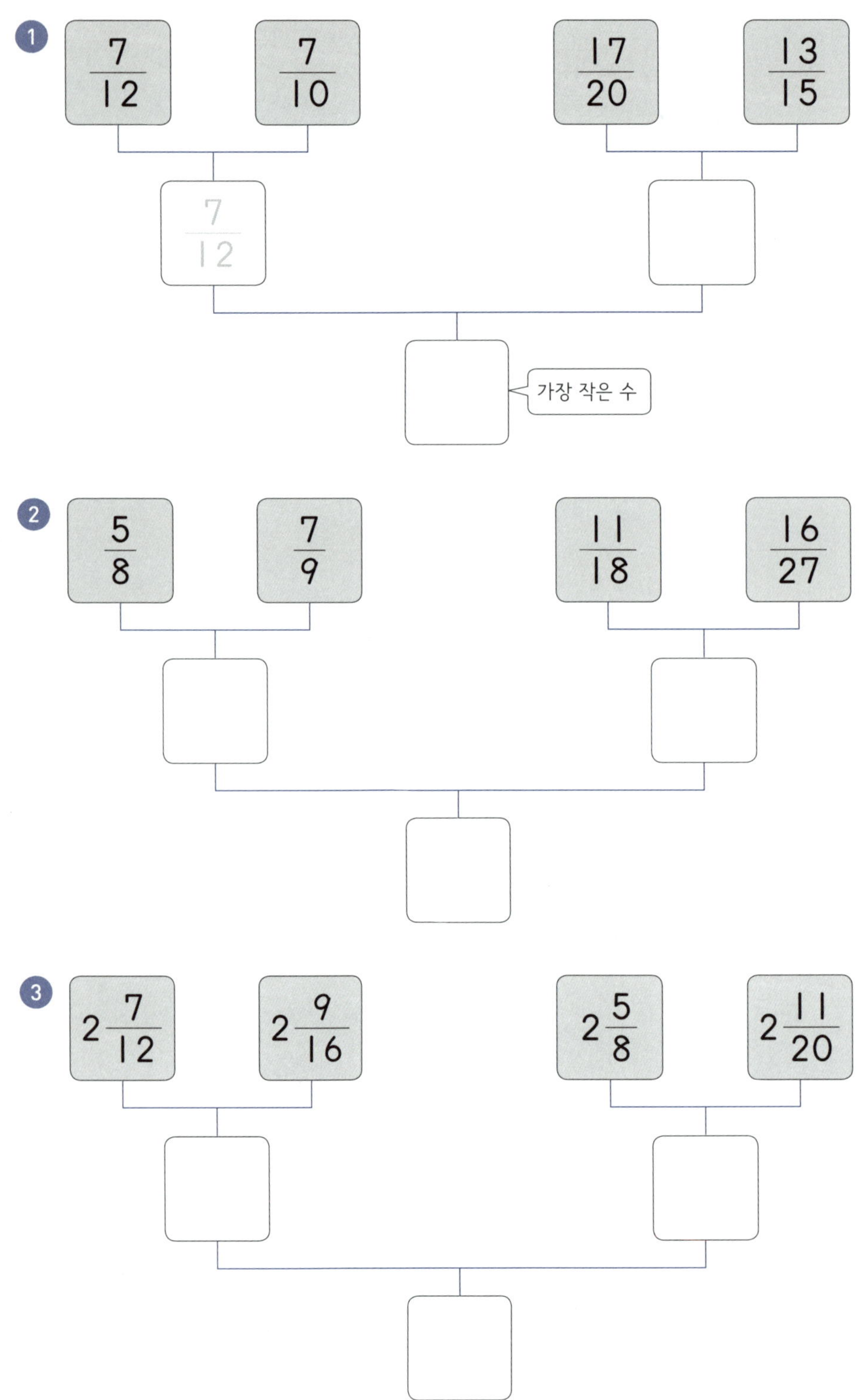

32 세 분수는 두 분수씩 차례로 비교하자

세 분수의 크기를 비교하려고 합니다. 빈 곳에 알맞게 써넣으세요.

❶ $\dfrac{2}{3}$ $\dfrac{3}{4}$ $\dfrac{5}{7}$

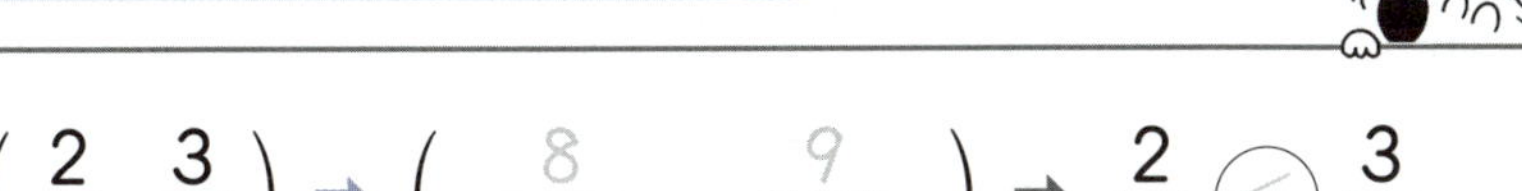

$\left(\dfrac{2}{3}, \dfrac{3}{4} \right) \rightarrow \left(\dfrac{8}{12}, \dfrac{9}{12} \right) \rightarrow \dfrac{2}{3} < \dfrac{3}{4}$

$\left(\dfrac{3}{4}, \dfrac{5}{7} \right) \rightarrow \left(\quad , \quad \right) \rightarrow \dfrac{3}{4} \bigcirc \dfrac{5}{7}$

$\left(\dfrac{2}{3}, \dfrac{5}{7} \right) \rightarrow \left(\quad , \quad \right) \rightarrow \dfrac{2}{3} \bigcirc \dfrac{5}{7}$

$\rightarrow \boxed{} > \boxed{} > \boxed{}$

답을 쓸 때는 통분한 분수가 아니라
원래의 세 분수를 써야 해요~

❷ $\dfrac{5}{12}$ $\dfrac{4}{9}$ $\dfrac{7}{18}$

$\left(\dfrac{5}{12}, \dfrac{4}{9} \right) \rightarrow \left(\quad , \quad \right) \rightarrow \dfrac{5}{12} \bigcirc \dfrac{4}{9}$

$\left(\dfrac{4}{9}, \dfrac{7}{18} \right) \rightarrow \left(\quad , \quad \right) \rightarrow \dfrac{4}{9} \bigcirc \dfrac{7}{18}$

$\left(\dfrac{5}{12}, \dfrac{7}{18} \right) \rightarrow \left(\quad , \quad \right) \rightarrow \dfrac{5}{12} \bigcirc \dfrac{7}{18}$

$\rightarrow \boxed{} > \boxed{} > \boxed{}$

✖ 세 분수의 크기를 비교하려고 합니다. 빈 곳에 알맞게 써넣으세요.

① $\dfrac{1}{5}$ $\dfrac{3}{10}$ $\dfrac{4}{15}$

$\dfrac{1}{5}$ $<$ $\dfrac{3}{10}$ | $\dfrac{3}{10}$ ◯ $\dfrac{4}{15}$ | $\dfrac{1}{5}$ ◯ $\dfrac{4}{15}$

➡ ☐ > ☐ > ☐

② $\dfrac{5}{7}$ $\dfrac{3}{5}$ $\dfrac{47}{70}$

$\dfrac{5}{7}$ ◯ $\dfrac{3}{5}$ | $\dfrac{3}{5}$ ◯ $\dfrac{47}{70}$ | $\dfrac{5}{7}$ ◯ $\dfrac{47}{70}$

➡ ☐ > ☐ > ☐

③ $\dfrac{5}{8}$ $\dfrac{7}{10}$ $\dfrac{13}{20}$ ➡ ☐ > ☐ > ☐

④ $\dfrac{3}{5}$ $\dfrac{5}{9}$ $\dfrac{7}{15}$ ➡ ☐ > ☐ > ☐

⑤ $\dfrac{7}{12}$ $\dfrac{11}{16}$ $\dfrac{13}{24}$ ➡ ☐ > ☐ > ☐

33 분수와 소수의 크기 비교하기

✼ 두 수의 크기를 비교하여 ○ 안에 >, =, <를 알맞게 써넣으세요.

1 $\dfrac{1}{2}$ ○ 0.4

> ＊ 분수를 소수로 바꾸어 비교하기
>
> $$\dfrac{1}{2} = \dfrac{5}{10} = 0.5 > 0.4$$

2 $\dfrac{2}{5}$ ○ 0.5

3 $\dfrac{3}{4}$ ○ 0.85

4 $\dfrac{7}{20}$ ○ 0.36

5 $\dfrac{6}{25}$ ○ 0.19

6 $\dfrac{3}{8}$ ○ 0.4

7 0.7 ○ $\dfrac{3}{5}$

> ＊ 소수를 분수로 바꾸어 비교하기
>
> $$0.7 = \dfrac{7}{10} > \dfrac{3}{5} = \dfrac{6}{10}$$

8 0.16 ○ $\dfrac{9}{50}$

9 0.57 ○ $\dfrac{14}{25}$

10 0.73 ○ $\dfrac{37}{50}$

11 0.591 ○ $\dfrac{5}{8}$

> ＊ 분모를 10, 100, 1000인 분수로 바꿀 때 꿀팁!
>
> • 분모가 2, 5이면 → 분모를 10으로!
> • 분모가 4, 20, 25, 50이면 → 분모를 100으로!
> • 분모가 8, 125이면 → 분모를 1000으로!
>
> 기억해 두면 분수를 소수로 바꿀 때 편리해요.

❊ 두 수의 크기를 비교하여 ◯ 안에 >, =, <를 알맞게 써넣으세요.

1 $\dfrac{3}{4}$ ◯ 0.8

2 0.42 ◯ $\dfrac{2}{5}$

3 $\dfrac{2}{25}$ ◯ 0.09

4 0.83 ◯ $\dfrac{9}{10}$

5 $\dfrac{19}{50}$ ◯ 0.4

6 0.61 ◯ $\dfrac{11}{20}$

7 4.4 ◯ $4\dfrac{1}{2}$

8 $5\dfrac{1}{5}$ ◯ 5.2

9 2.724 ◯ $2\dfrac{5}{8}$

10 $6\dfrac{7}{25}$ ◯ 6.27

✱ 외워 두면 편한 분수와 소수!

- $\dfrac{1}{2}=0.5$ - $\dfrac{1}{5}=0.2$
- $\dfrac{1}{4}=0.25$ - $\dfrac{3}{4}=0.75$
- $\dfrac{1}{8}=0.125$ - $\dfrac{3}{8}=0.375$
- $\dfrac{5}{8}=0.625$ - $\dfrac{7}{8}=0.875$

 **34** **생활 속 연산 – 약분과 통분**

✂ 그림을 보고 ☐ 안에 알맞은 수나 분수 또는 말을 써넣으세요.

1

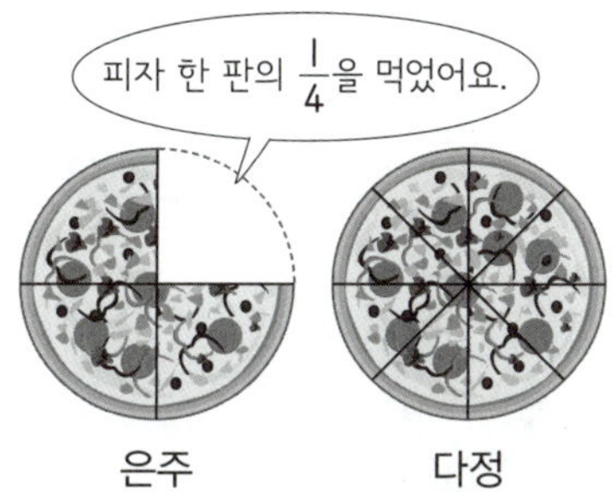

은주와 다정이는 같은 크기의 피자를 각각 4조각, 8조각으로 똑같이 나누었습니다. 다정이가 은주와 같은 양을 먹으려면 다정이는 ☐ 조각을 먹어야 합니다.

2

멜론 36통 중에서 30통이 팔렸습니다. 팔린 멜론 수는 처음에 있던 멜론 수의 몇 분의 몇인지 기약분수로 나타내면 ☐ 입니다.

3

서하는 $\frac{7}{9}$시간 동안 낮잠을 잤고, 소혜는 $\frac{11}{15}$시간 동안 낮잠을 잤습니다. 낮잠을 더 오래 잔 사람은 ☐ 입니다.

4

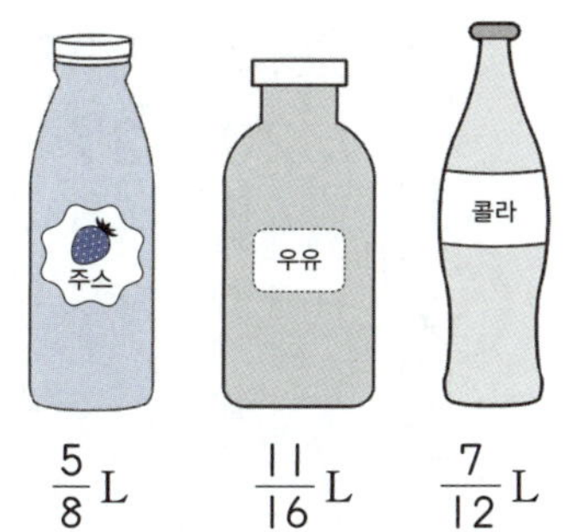

주스, 우유, 콜라가 각각 한 병씩 있습니다. 이 중에서 양이 가장 많은 음료는 ☐ 입니다.

택배 상자에 적힌 두 분수를 최소공배수로 통분하면 배달해야 할 집을 찾을 수 있어요. 택배 상자와 배달해야 할 집을 선으로 이어 보세요.

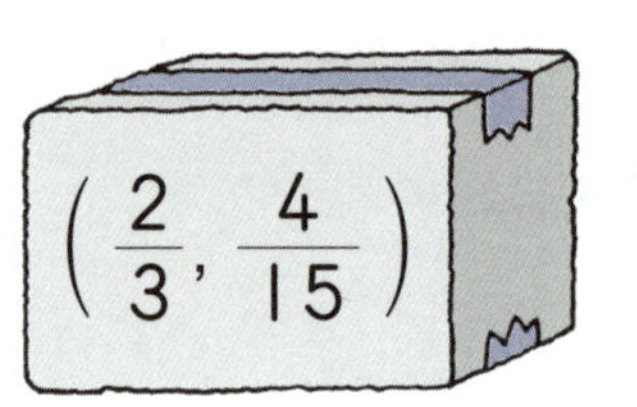

$\left(\dfrac{2}{3}, \dfrac{4}{15} \right)$

$\left(\dfrac{21}{24}, \dfrac{20}{24} \right)$

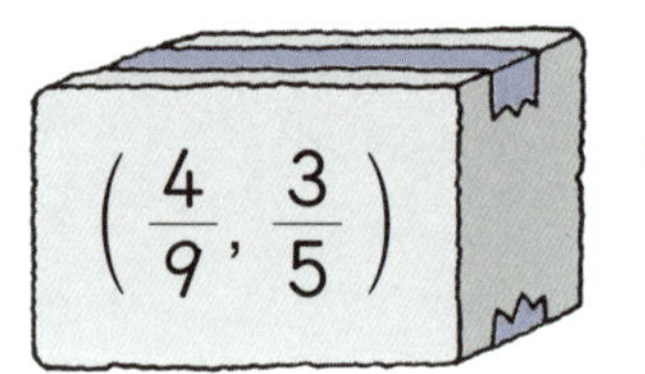

$\left(\dfrac{4}{9}, \dfrac{3}{5} \right)$

$\left(\dfrac{10}{15}, \dfrac{4}{15} \right)$

$\left(\dfrac{7}{8}, \dfrac{5}{6} \right)$

$\left(\dfrac{20}{48}, \dfrac{27}{48} \right)$

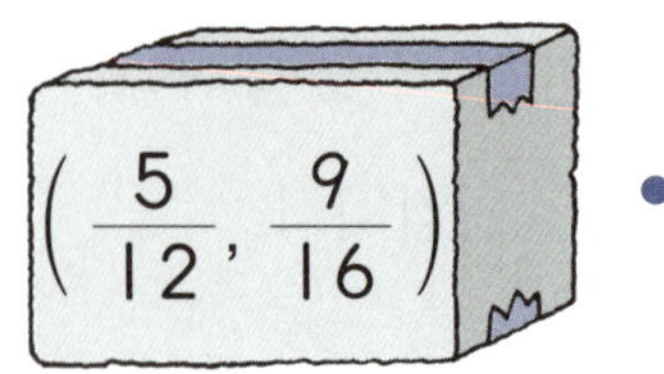

$\left(\dfrac{5}{12}, \dfrac{9}{16} \right)$

$\left(\dfrac{20}{45}, \dfrac{27}{45} \right)$

*틀린 문제는 꼭 다시 확인하고 넘어가요!

✂ □ 안에 알맞은 수 또는 분수를 써넣으세요.

① $\dfrac{3}{5} = \dfrac{\Box}{15} = \dfrac{\Box}{25}$

② $\dfrac{2}{9} = \dfrac{10}{\Box} = \dfrac{14}{\Box}$

③ $\dfrac{8}{20} = \dfrac{\Box}{10} = \dfrac{\Box}{5}$

④ $\dfrac{15}{45} = \dfrac{\Box}{15} = \dfrac{\Box}{3}$

⑤ $\dfrac{21}{63}$ ➡ 기약분수: $\Box$

⑥ $\dfrac{16}{42}$ ➡ 기약분수: $\Box$

⑦ $\left(\dfrac{7}{10}, \dfrac{3}{5} \right)$ ➡ $\left(\dfrac{\Box}{20}, \dfrac{\Box}{20} \right)$

⑧ $\left(\dfrac{5}{12}, 2\dfrac{1}{9} \right)$ ➡ $\left(\dfrac{\Box}{36}, \Box \right)$

⑨ $\left(\dfrac{3}{4}, \dfrac{5}{14} \right)$ ➡ $\left(\Box, \dfrac{\Box}{28} \right)$

⑩ $2\dfrac{3}{4} \qquad 2\dfrac{2}{7} \qquad 2\dfrac{4}{5}$

➡ 가장 작은 수: $\Box$

⑪ $0.75 \qquad \dfrac{11}{12}$

➡ 더 큰 수: $\Box$

⑫ 진아는 딸기 20개 중에서 14개를 먹었습니다. 먹고 남은 딸기 수는 처음에 있던 딸기 수의 몇 분의 몇인지 기약분수로 나타내면 $\Box$ 입니다.

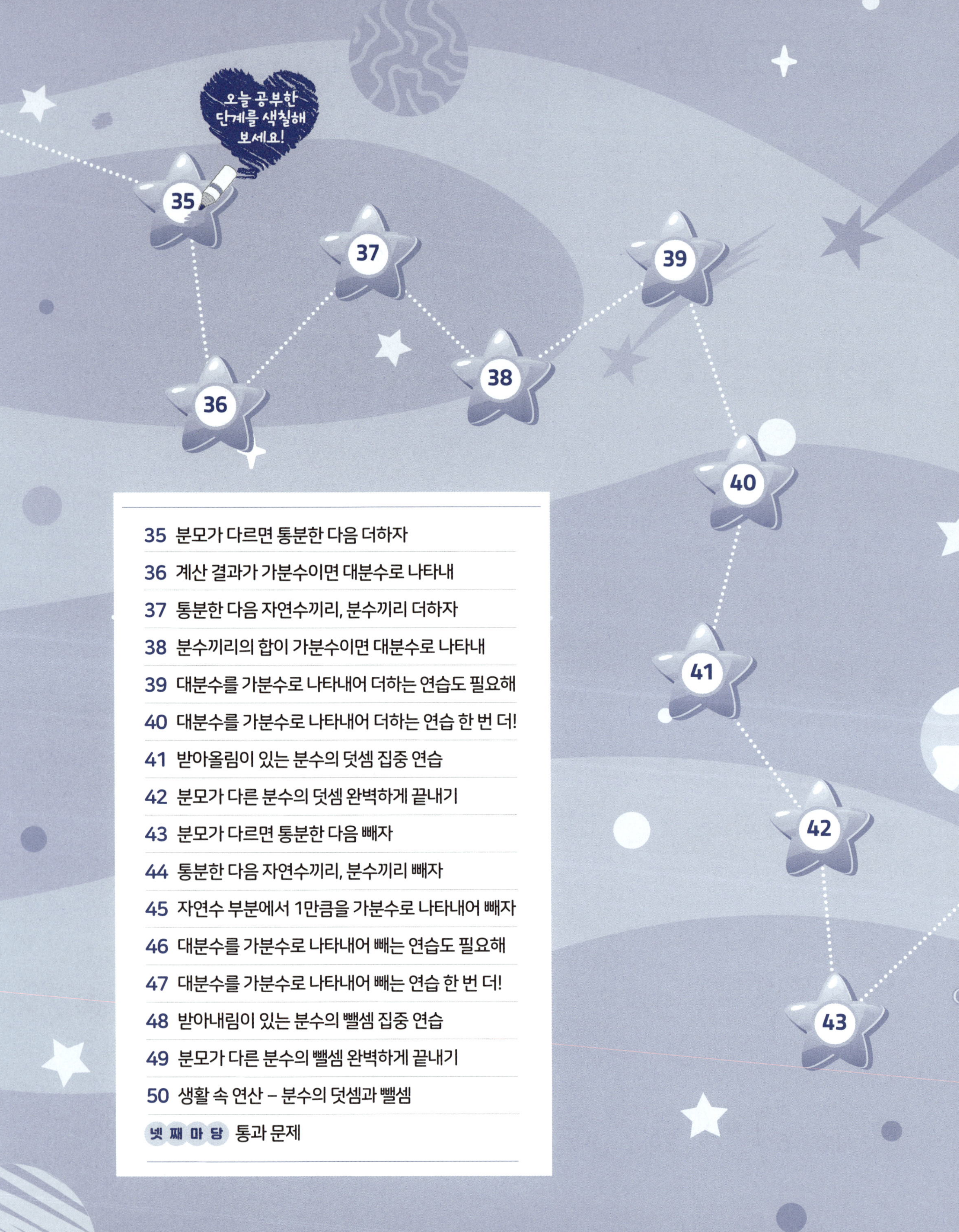

오늘 공부한 단계를 색칠해 보세요!
35
37
39
36
38
40
41
42
43

분수의 덧셈과 뺄셈

☆ 분모가 다른 진분수의 덧셈

$$\frac{2}{3} + \frac{1}{4} = \frac{2 \times 4}{3 \times 4} + \frac{1 \times 3}{4 \times 3}$$

❶ 두 분수를 통분해요.

$$= \frac{8}{12} + \frac{3}{12} = \frac{11}{12}$$

❷ 분모는 그대로 두고, 분자끼리 더해요.

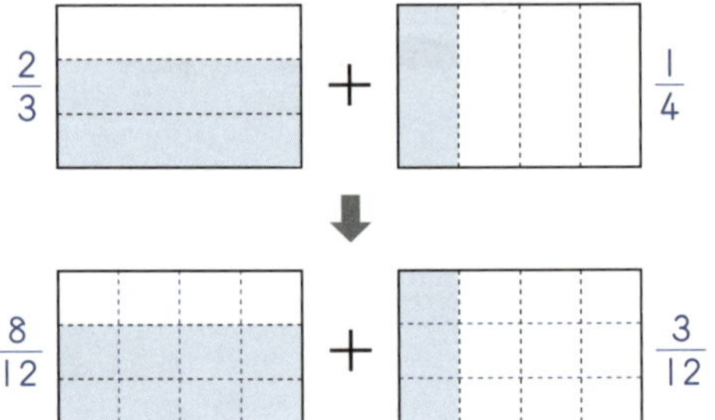

☆ 분모가 다른 진분수의 뺄셈

$$\frac{1}{2} - \frac{1}{3} = \frac{1 \times 3}{2 \times 3} - \frac{1 \times 2}{3 \times 2}$$

❶ 두 분수를 통분해요.

$$= \frac{3}{6} - \frac{2}{6} = \frac{1}{6}$$

❷ 분모는 그대로 두고, 분자끼리 빼요.

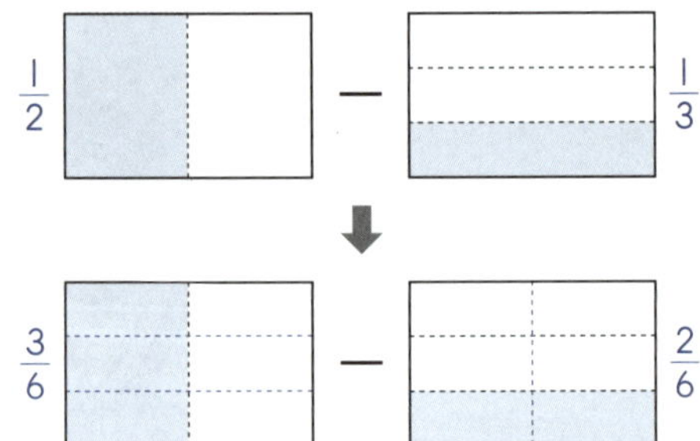

☆ 분모가 다른 대분수의 덧셈

$$2\frac{1}{6} + 1\frac{2}{9} = 2\frac{3}{18} + 1\frac{4}{18} = (2+2) + \left(\frac{3}{18} + \frac{4}{18}\right) = 3 + \frac{7}{18} = 3\frac{7}{18}$$

❶ 두 분수를 통분해요.　　❷ 자연수끼리, 분수끼리 더해요.

☆ 분모가 다른 대분수의 뺄셈

$$3\frac{1}{2} - 1\frac{3}{8} = 3\frac{4}{8} - 1\frac{3}{8} = (3-1) + \left(\frac{4}{8} - \frac{3}{8}\right) = 2 + \frac{1}{8} = 2\frac{1}{8}$$

❶ 두 분수를 통분해요.　　❷ 자연수끼리, 분수끼리 빼요.

35 분모가 다르면 통분한 다음 더하자

✳ 계산하여 기약분수로 나타내세요.
분모와 분자의 공약수가 1뿐인 분수예요.

---

* 분모가 다른 분수의 덧셈

[방법 1] 두 분모의 최소공배수를 공통분모로 하여 통분한 다음 계산하기

$$\frac{3}{8}+\frac{1}{6}=\frac{9}{24}+\frac{4}{24}=\frac{13}{24}$$

최소공배수: 24

통분

분모의 최소공배수로 통분하면 수가 간단해서 계산이 편리해요.

[방법 2] 두 분모의 곱을 공통분모로 하여 통분한 다음 계산하기

$$\frac{3}{8}+\frac{1}{6}=\frac{18}{48}+\frac{8}{48}=\frac{26}{48}=\frac{13}{24}$$

분모의 곱: $8\times6=48$

통분

공통분모를 구하기 쉬워요.

---

① $\dfrac{1}{2}+\dfrac{1}{5}=\dfrac{5}{10}+\dfrac{\square}{10}=\dfrac{\square}{10}$

통분

② $\dfrac{3}{4}+\dfrac{1}{8}=\dfrac{\square}{8}+\dfrac{1}{8}=\dfrac{\square}{8}$

③ $\dfrac{4}{5}+\dfrac{1}{10}=$

④ $\dfrac{1}{12}+\dfrac{1}{8}=$

⑤ $\dfrac{1}{3}+\dfrac{1}{2}=$

⑥ $\dfrac{1}{6}+\dfrac{2}{7}=$

⑦ $\dfrac{4}{7}+\dfrac{2}{9}=$

⑧ $\dfrac{5}{8}+\dfrac{1}{12}=$

⑨ $\dfrac{3}{10}+\dfrac{3}{8}=$

⑩ $\dfrac{2}{9}+\dfrac{5}{12}=$

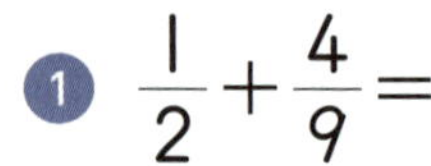

✂ 계산하여 기약분수로 나타내세요.

1 $\dfrac{1}{2} + \dfrac{4}{9} =$

2 $\dfrac{2}{3} + \dfrac{1}{15} =$

3 $\dfrac{3}{7} + \dfrac{1}{9} =$

4 $\dfrac{1}{6} + \dfrac{3}{4} =$

5 $\dfrac{2}{7} + \dfrac{3}{5} =$

6 $\dfrac{3}{8} + \dfrac{11}{24} =$

7 $\dfrac{5}{6} + \dfrac{2}{15} =$

8 $\dfrac{1}{6} + \dfrac{5}{12} =$

9 $\dfrac{3}{14} + \dfrac{1}{21} =$

10 $\dfrac{1}{8} + \dfrac{3}{10} =$

＊ 공통분모를 쉽게 구하는 방법!

· 분모의 공약수가 1뿐인 경우

$$\dfrac{1}{2} + \dfrac{1}{3} = \dfrac{3}{6} + \dfrac{2}{6}$$

분모의 곱

➡ (공통분모)=(분모의 곱)

· 한 분모가 다른 분모의 배수인 경우

$$\dfrac{1}{2} + \dfrac{1}{4} = \dfrac{2}{4} + \dfrac{1}{4}$$

4는 2의 배수

➡ (공통분모)=(분모 중 더 큰 수)

36 계산 결과가 가분수이면 대분수로 나타내

✂ 계산하여 기약분수로 나타내세요.

1 $\dfrac{1}{2}+\dfrac{2}{3}=\dfrac{3}{6}+\dfrac{\square}{6}=\dfrac{\square}{6}=\square$

통분

가분수 → 대분수

7 $\dfrac{1}{4}+\dfrac{9}{10}=$

2 $\dfrac{3}{4}+\dfrac{5}{6}=$

8 $\dfrac{11}{12}+\dfrac{4}{9}=$

3 $\dfrac{1}{3}+\dfrac{7}{9}=$

9 $\dfrac{4}{5}+\dfrac{8}{15}=$

4 $\dfrac{3}{5}+\dfrac{5}{8}=$

10 $\dfrac{3}{4}+\dfrac{5}{18}=$

5 $\dfrac{4}{21}+\dfrac{6}{7}=$

11 $\dfrac{7}{10}+\dfrac{11}{15}=$

6 $\dfrac{7}{8}+\dfrac{7}{20}=$

* 통분이 빨라지는 꿀팁!

$$\dfrac{1}{2}+\dfrac{4}{9} \Rightarrow \overset{\times 9}{\dfrac{1}{2}}+\overset{\times 8}{\dfrac{4}{9}}=\dfrac{9}{18}+\dfrac{8}{18}$$

↖ 두 분모의 최소공배수

✂ 계산하여 기약분수로 나타내세요.

> 계산 결과가 가분수이면
> 대분수로 나타내요.

① $\dfrac{1}{2} + \dfrac{5}{8} =$

② $\dfrac{2}{5} + \dfrac{6}{7} =$

③ $\dfrac{3}{4} + \dfrac{5}{12} =$

④ $\dfrac{3}{5} + \dfrac{7}{10} =$

⑤ $\dfrac{8}{9} + \dfrac{7}{18} =$

⑥ $\dfrac{9}{10} + \dfrac{1}{6} =$

⑦ $\dfrac{2}{3} + \dfrac{5}{6} =$

⑧ $\dfrac{1}{4} + \dfrac{10}{13} =$

⑨ $\dfrac{5}{8} + \dfrac{7}{12} =$

⑩ $\dfrac{1}{3} + \dfrac{11}{16} =$

⑪ $\dfrac{5}{9} + \dfrac{4}{5} =$

⑫ $\dfrac{8}{15} + \dfrac{13}{20} =$

통분한 다음 자연수끼리, 분수끼리 더하자

✂ 자연수끼리, 분수끼리 계산하여 기약분수로 나타내세요.

* 분모가 다른 대분수끼리의 덧셈 — 자연수는 자연수끼리, 분수는 분수끼리 계산하기

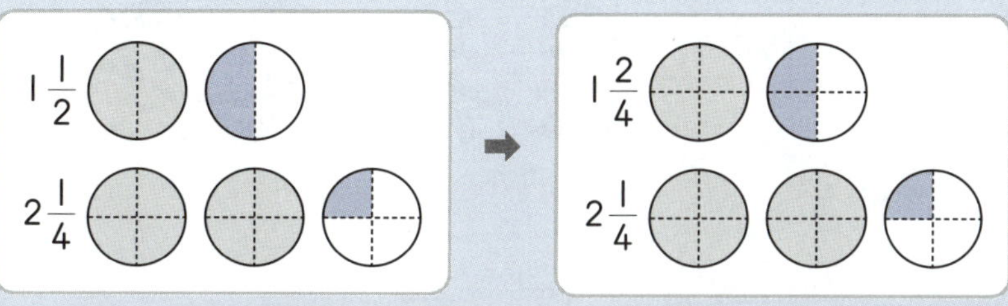

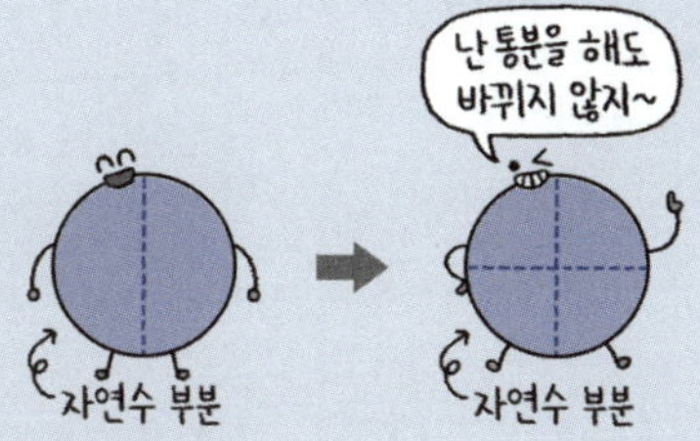

$$1\frac{1}{2} + 2\frac{1}{4} = 1\frac{2}{4} + 2\frac{1}{4} = (1+2) + \left(\frac{2}{4} + \frac{1}{4}\right) = 3\frac{3}{4}$$

통분   자연수끼리, 분수끼리 더해요.

① $2\dfrac{3}{4} + 1\dfrac{1}{6} = 2\dfrac{\square}{12} + 1\dfrac{\square}{12} = (2+1) + \left(\dfrac{\square}{12} + \dfrac{\square}{12}\right) = 3\dfrac{\square}{12}$

② $1\dfrac{1}{5} + 3\dfrac{1}{2} =$

③ $2\dfrac{1}{4} + 2\dfrac{2}{7} =$

④ $2\dfrac{2}{9} + 4\dfrac{5}{18} =$

⑤ $4\dfrac{1}{6} + 1\dfrac{5}{8} =$

✂ 자연수끼리, 분수끼리 계산하여 기약분수로 나타내세요.

1 $2\dfrac{2}{9}+1\dfrac{1}{3}=2\dfrac{2}{9}+1\dfrac{\square}{9}=\square$

2 $2\dfrac{1}{10}+3\dfrac{1}{2}=$

3 $2\dfrac{1}{3}+2\dfrac{1}{5}=$

4 $1\dfrac{3}{7}+1\dfrac{5}{14}=$

5 $2\dfrac{1}{4}+3\dfrac{2}{9}=$

6 $6\dfrac{1}{10}+2\dfrac{3}{4}=$

7 $4\dfrac{1}{3}+1\dfrac{5}{12}=$

8 $3\dfrac{3}{8}+1\dfrac{1}{12}=$

9 $1\dfrac{1}{6}+4\dfrac{3}{8}=$

10 $1\dfrac{2}{15}+3\dfrac{3}{10}=$

11 $5\dfrac{1}{4}+1\dfrac{7}{18}=$

❀ 자연수끼리, 분수끼리 계산하여 기약분수로 나타내세요.

> 분수끼리의 합이 가분수이면 대분수로 나타내요.

1. $2\dfrac{1}{2}+1\dfrac{2}{3}=2\dfrac{\square}{6}+1\dfrac{\square}{6}=(2+1)+\left(\dfrac{\square}{6}+\dfrac{\square}{6}\right)=3\dfrac{\square}{6}=\boxed{}$

통분   자연수끼리, 분수끼리 더해요.   가분수 → 대분수

2. $1\dfrac{1}{2}+3\dfrac{3}{5}=$

3. $1\dfrac{1}{3}+1\dfrac{3}{4}=$

4. $2\dfrac{1}{4}+2\dfrac{5}{6}=$

5. $1\dfrac{5}{6}+2\dfrac{2}{3}=$

6. $3\dfrac{5}{6}+2\dfrac{7}{15}=$

7. $3\dfrac{7}{8}+1\dfrac{7}{40}=$

✷ 자연수끼리, 분수끼리 계산하여 기약분수로 나타내세요.

① $1\dfrac{3}{4}+2\dfrac{1}{3}=1\dfrac{\boxed{}}{12}+2\dfrac{\boxed{}}{12}=3\dfrac{\boxed{}}{12}=\boxed{}$ 대분수

② $2\dfrac{7}{8}+3\dfrac{1}{4}=$

③ $4\dfrac{7}{9}+1\dfrac{1}{3}=$

④ $6\dfrac{1}{2}+1\dfrac{9}{14}=$

⑤ $1\dfrac{13}{15}+4\dfrac{1}{3}=$

⑥ $1\dfrac{3}{5}+1\dfrac{4}{9}=$

⑦ $2\dfrac{7}{10}+2\dfrac{3}{4}=$

⑧ $3\dfrac{7}{12}+2\dfrac{11}{16}=$

⑨ $3\dfrac{4}{5}+5\dfrac{9}{20}=$

⑩ $3\dfrac{5}{6}+3\dfrac{7}{8}=$

⑪ $4\dfrac{5}{18}+3\dfrac{3}{4}=$

39 대분수를 가분수로 나타내어 더하는 연습도 필요해

집중 시간 3분

대분수를 가분수로 나타내고 계산하여 기약분수로 나타내세요.

* 분모가 다른 대분수끼리의 덧셈 — 대분수를 가분수로 나타내어 계산하기

$$3\frac{1}{2}+1\frac{1}{3}=\frac{7}{2}+\frac{4}{3}=\frac{21}{6}+\frac{8}{6}=\frac{29}{6}=4\frac{5}{6}$$

대분수 → 가분수　　통분　　가분수 → 대분수

❶ $1\frac{2}{5}+1\frac{3}{10}=\frac{\square}{5}+\frac{\square}{10}=\frac{\square}{10}+\frac{\square}{10}=\frac{\square}{10}=\square$

❷ $1\frac{2}{3}+2\frac{1}{4}=$ ____________________

❸ $4\frac{1}{2}+1\frac{3}{7}=$ ____________________

❹ $1\frac{1}{6}+1\frac{4}{9}=$ ____________________

❺ $2\frac{7}{10}+1\frac{7}{15}=$ ____________________

❻ $1\frac{3}{8}+1\frac{9}{10}=$ ____________________

대분수를 가분수로 나타내고 계산하여 기약분수로 나타내세요.

1 $5\dfrac{1}{2}+3\dfrac{1}{4}=\dfrac{\boxed{}}{2}+\dfrac{\boxed{}}{4}=\dfrac{\boxed{}}{4}+\dfrac{\boxed{}}{4}=\dfrac{\boxed{}}{4}=\boxed{}$

2 $2\dfrac{1}{4}+2\dfrac{2}{5}=$

3 $1\dfrac{1}{3}+1\dfrac{2}{9}=$

4 $2\dfrac{2}{5}+1\dfrac{2}{3}=$

5 $2\dfrac{1}{4}+1\dfrac{5}{16}=$

6 $1\dfrac{4}{9}+4\dfrac{1}{6}=$

7 $1\dfrac{3}{5}+1\dfrac{5}{6}=$

8 $1\dfrac{7}{10}+1\dfrac{3}{20}=$

앗! 실수

9 $3\dfrac{1}{8}+1\dfrac{7}{12}=$

10 $1\dfrac{4}{7}+2\dfrac{1}{5}=$

11 $2\dfrac{9}{11}+3\dfrac{10}{33}=$

40 대분수를 가분수로 나타내어 더하는 연습 한 번 더!

✂ 대분수를 가분수로 나타내고 계산하여 기약분수로 나타내세요.

1 $1\dfrac{5}{6}+1\dfrac{2}{3}=\dfrac{\boxed{}}{6}+\dfrac{\boxed{}}{3}=\dfrac{\boxed{}}{6}+\dfrac{\boxed{}}{6}=\dfrac{\boxed{}}{6}=\dfrac{\boxed{}}{2}=\boxed{}$

2 $2\dfrac{1}{2}+3\dfrac{7}{10}=$

3 $2\dfrac{3}{4}+4\dfrac{1}{3}=$

4 $1\dfrac{1}{3}+1\dfrac{6}{7}=$

5 $2\dfrac{5}{6}+1\dfrac{5}{9}=$

6 $1\dfrac{5}{8}+1\dfrac{7}{12}=$

7 $1\dfrac{2}{7}+1\dfrac{9}{14}=$

8 $2\dfrac{1}{5}+2\dfrac{17}{20}=$

9 $2\dfrac{7}{10}+1\dfrac{8}{15}=$

10 $1\dfrac{4}{5}+2\dfrac{2}{7}=$

11 $1\dfrac{3}{11}+2\dfrac{1}{3}=$

❀ 대분수를 가분수로 나타내고 계산하여 기약분수로 나타내세요.

1 $1\frac{1}{3} + 2\frac{2}{5} = \dfrac{\square}{3} + \dfrac{\square}{5} = \dfrac{\square}{15} + \dfrac{\square}{15} = \dfrac{\square}{15} = \square$

2 $1\frac{4}{5} + 3\frac{1}{2} =$

3 $2\frac{4}{7} + 1\frac{9}{14} =$

4 $2\frac{3}{4} + 2\frac{1}{3} =$

5 $4\frac{1}{2} + 1\frac{3}{5} =$

6 $2\frac{2}{5} + 2\frac{3}{7} =$

7 $2\frac{1}{4} + 1\frac{9}{10} =$

8 $1\frac{5}{12} + 2\frac{3}{20} =$

9 $1\frac{2}{9} + 3\frac{4}{5} =$

10 $1\frac{5}{6} + 2\frac{7}{8} =$

11 $1\frac{11}{18} + 1\frac{7}{12} =$

41 받아올림이 있는 분수의 덧셈 집중 연습

집중 시간 3분

계산하여 기약분수로 나타내세요.

❶ $1\frac{2}{3}+1\frac{5}{9}=$

❷ $4\frac{2}{5}+1\frac{7}{10}=$

❸ $2\frac{7}{8}+3\frac{5}{16}=$

❹ $2\frac{1}{2}+4\frac{13}{22}=$

❺ $1\frac{4}{7}+2\frac{10}{21}=$

❻ $3\frac{7}{15}+2\frac{17}{30}=$

❼ $1\frac{3}{4}+2\frac{4}{7}=$

❽ $2\frac{4}{5}+5\frac{5}{6}=$

❾ $4\frac{1}{2}+1\frac{6}{11}=$

❿ $2\frac{5}{6}+3\frac{4}{9}=$

⓫ $4\frac{7}{10}+1\frac{8}{15}=$

⓬ $1\frac{5}{12}+2\frac{19}{20}=$

[illegible]containsᜌ 계산하여 기약분수로 나타내세요.

1 $1\dfrac{6}{7}+5\dfrac{1}{4}=$

2 $1\dfrac{2}{3}+2\dfrac{5}{8}=$

7 $2\dfrac{1}{6}+1\dfrac{19}{20}=$

3 $1\dfrac{7}{10}+1\dfrac{13}{30}=$

8 $2\dfrac{7}{8}+1\dfrac{11}{12}=$

4 $1\dfrac{5}{8}+1\dfrac{13}{24}=$

9 $4\dfrac{13}{15}+1\dfrac{7}{20}=$

❀ 앗! 실수

5 $1\dfrac{9}{10}+2\dfrac{5}{6}=$

10 $2\dfrac{7}{12}+1\dfrac{11}{16}=$

6 $3\dfrac{8}{9}+2\dfrac{5}{18}=$

11 $3\dfrac{3}{4}+1\dfrac{5}{14}=$

42. 분모가 다른 분수의 덧셈 완벽하게 끝내기

❈ 계산하여 기약분수로 나타내세요.

① $\dfrac{5}{9} + \dfrac{7}{12} =$

② $\dfrac{5}{6} + \dfrac{8}{21} =$

③ $3\dfrac{2}{9} + 2\dfrac{7}{15} =$

④ $2\dfrac{5}{12} + 1\dfrac{4}{20} =$

⑤ $4\dfrac{9}{10} + 1\dfrac{4}{25} =$

⑥ $2\dfrac{9}{16} + 2\dfrac{7}{10} =$

⑦ $1\dfrac{5}{18} + 2\dfrac{3}{4} =$

⑧ $1\dfrac{13}{14} + 4\dfrac{10}{21} =$

앗! 실수

⑨ $\dfrac{3}{10} + \dfrac{7}{18} =$

⑩ $4\dfrac{11}{30} + 2\dfrac{3}{4} =$

⑪ $2\dfrac{13}{20} + 3\dfrac{23}{30} =$

✂ 빈칸에 알맞은 기약분수를 써넣으세요.

1

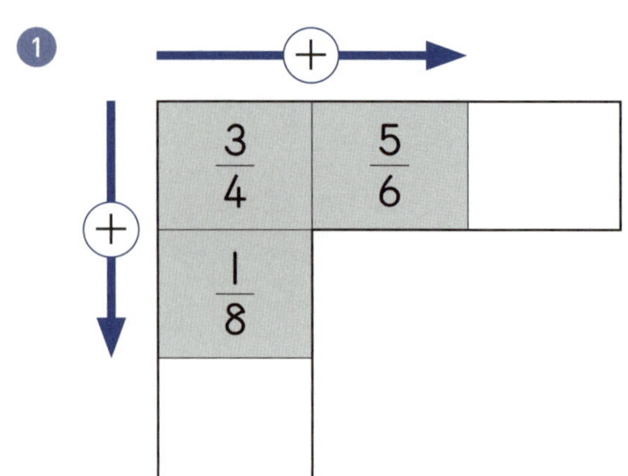

4

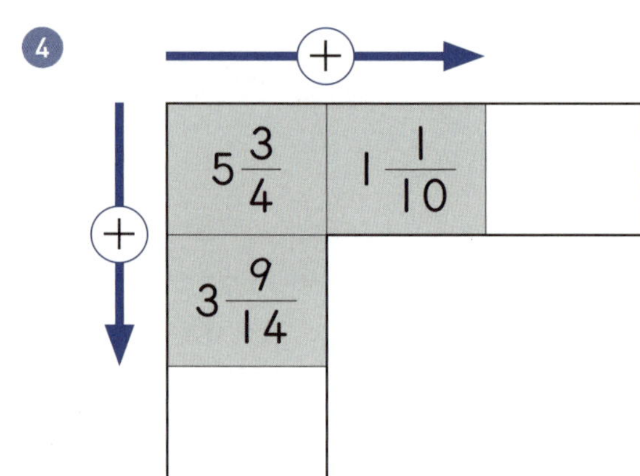

2

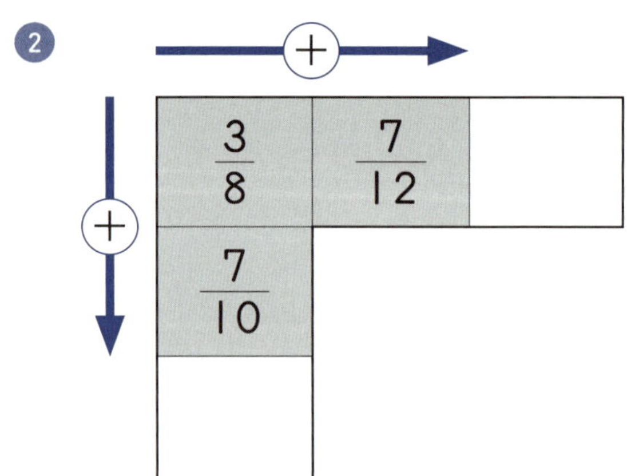

5

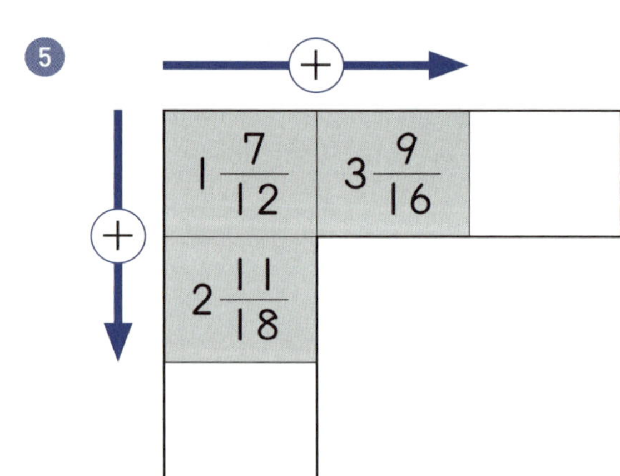

3

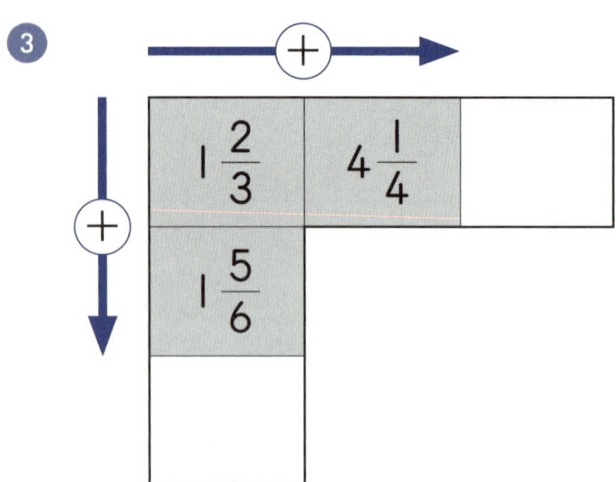

 **43 분모가 다르면 통분한 다음 빼자**

✂ 계산하여 기약분수로 나타내세요.

＊ 분모가 다른 분수의 뺄셈

방법1 두 분모의 최소공배수를 공통분모로 하여 통분한 다음 계산하기

$$\frac{5}{6}-\frac{5}{9}=\frac{15}{18}-\frac{10}{18}=\frac{5}{18}$$

최소공배수: 18

통분

방법2 두 분모의 곱을 공통분모로 하여 통분한 다음 계산하기

$$\frac{5}{6}-\frac{5}{9}=\frac{45}{54}-\frac{30}{54}=\frac{15}{54}=\frac{5}{18}$$

분모의 곱: 6×9=54

통분

---

① $\dfrac{2}{3}-\dfrac{1}{2}=\dfrac{4}{6}-\dfrac{\square}{6}=\dfrac{\square}{6}$

통분

② $\dfrac{5}{8}-\dfrac{1}{4}=\dfrac{5}{8}-\dfrac{\square}{8}=\dfrac{\square}{8}$

③ $\dfrac{1}{2}-\dfrac{2}{7}=$

④ $\dfrac{3}{4}-\dfrac{2}{5}=$

⑤ $\dfrac{4}{5}-\dfrac{3}{10}=$

⑥ $\dfrac{3}{8}-\dfrac{1}{6}=$

⑦ $\dfrac{9}{10}-\dfrac{7}{15}=$

⑧ $\dfrac{2}{3}-\dfrac{6}{11}=$

⑨ $\dfrac{6}{7}-\dfrac{5}{14}=$

⑩ $\dfrac{4}{9}-\dfrac{5}{12}=$

※ 계산하여 기약분수로 나타내세요.

1 $\dfrac{1}{2} - \dfrac{1}{4} =$

2 $\dfrac{7}{15} - \dfrac{1}{3} =$

3 $\dfrac{7}{9} - \dfrac{1}{2} =$

4 $\dfrac{6}{7} - \dfrac{2}{5} =$

5 $\dfrac{4}{5} - \dfrac{3}{8} =$

6 $\dfrac{25}{28} - \dfrac{9}{14} =$

7 $\dfrac{2}{3} - \dfrac{2}{9} =$

8 $\dfrac{4}{9} - \dfrac{1}{6} =$

9 $\dfrac{5}{12} - \dfrac{3}{8} =$

10 $\dfrac{8}{9} - \dfrac{11}{15} =$

11 $\dfrac{5}{6} - \dfrac{3}{10} =$

12 $\dfrac{13}{20} - \dfrac{5}{12} =$

44 통분한 다음 자연수끼리, 분수끼리 빼자

❀ 자연수끼리, 분수끼리 계산하여 기약분수로 나타내세요.

* 분모가 다른 대분수끼리의 뺄셈 — 자연수는 자연수끼리, 분수는 분수끼리 계산하기

$$5\frac{1}{2} - 2\frac{3}{8} = 5\frac{4}{8} - 2\frac{3}{8} = (5-2) + \left(\frac{4}{8} - \frac{3}{8}\right) = 3\frac{1}{8}$$

통분

자연수끼리, 분수끼리 빼요.

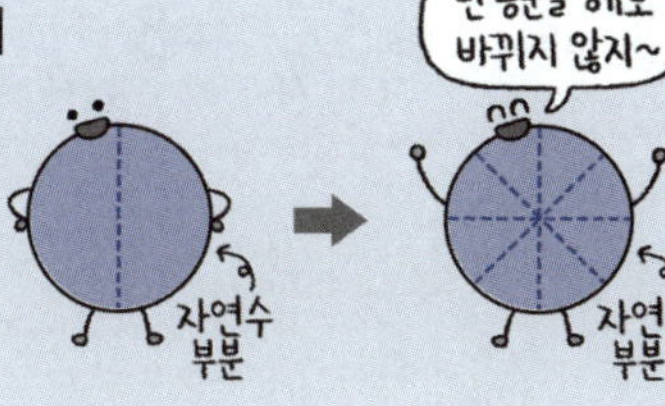

① $4\dfrac{2}{3} - 3\dfrac{1}{2} = 4\dfrac{\square}{6} - 3\dfrac{\square}{6} = (4-3) + \left(\dfrac{\square}{6} - \dfrac{\square}{6}\right) = 1\dfrac{\square}{6}$

② $2\dfrac{3}{5} - 1\dfrac{1}{4} =$

③ $6\dfrac{1}{8} - 4\dfrac{1}{9} =$

④ $3\dfrac{6}{7} - 1\dfrac{11}{14} =$

⑤ $5\dfrac{7}{8} - 3\dfrac{5}{6} =$

⑥ $4\dfrac{5}{9} - 1\dfrac{5}{12} =$

✂ 자연수끼리, 분수끼리 계산하여 기약분수로 나타내세요.

1   $8\dfrac{1}{2} - 5\dfrac{1}{4} = 8\dfrac{\square}{4} - 5\dfrac{\square}{4} = \square$

2   $5\dfrac{3}{4} - 2\dfrac{2}{3} =$

3   $4\dfrac{5}{6} - 1\dfrac{5}{12} =$

4   $6\dfrac{5}{8} - 3\dfrac{2}{5} =$

5   $5\dfrac{5}{6} - 1\dfrac{3}{8} =$

6   $6\dfrac{7}{10} - 2\dfrac{12}{25} =$

7   $8\dfrac{7}{15} - 4\dfrac{4}{9} =$

8   $4\dfrac{11}{18} - 2\dfrac{5}{12} =$

9   $7\dfrac{5}{6} - 5\dfrac{7}{18} =$

10   $4\dfrac{7}{12} - 2\dfrac{13}{36} =$

11   $5\dfrac{9}{10} - 1\dfrac{11}{15} =$

자연수 부분에서 I 만큼을 가분수로 나타내어 빼자

✂ 자연수끼리, 분수끼리 계산하여 기약분수로 나타내세요.

$$4\frac{1}{2}-2\frac{2}{3}=4\frac{3}{6}-2\frac{4}{6}=3\frac{9}{6}-2\frac{4}{6}$$

자연수 부분의 I 만큼을 가분수로 나타내요.

$$=(3-2)+\left(\frac{9}{6}-\frac{4}{6}\right)=1\frac{5}{6}$$

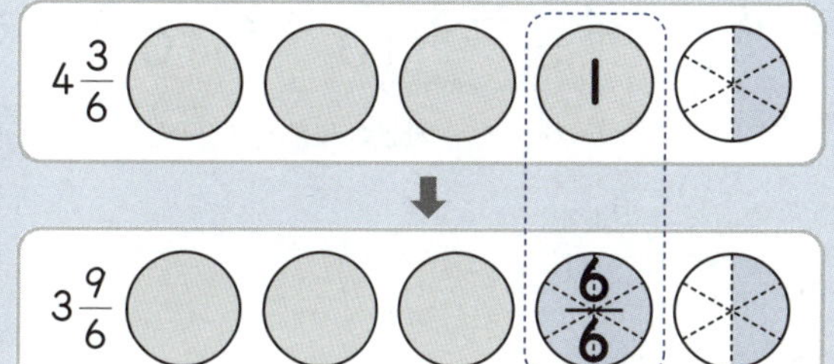

1 $\quad 6\frac{1}{4}-3\frac{5}{8}=6\frac{\square}{8}-3\frac{5}{8}=5\frac{\square}{8}-3\frac{5}{8}=(5-3)+\left(\frac{\square}{8}-\frac{5}{8}\right)=\boxed{}$

2 $\quad 7\frac{1}{3}-4\frac{3}{5}=$

3 $\quad 5\frac{1}{2}-3\frac{4}{5}=$

4 $\quad 3\frac{4}{11}-1\frac{13}{22}=$

5 $\quad 6\frac{3}{10}-5\frac{5}{6}=$

45

집중 시간 4분

※ 자연수끼리, 분수끼리 계산하여 기약분수로 나타내세요.

자연수 부분에서 1만큼을 가분수로 바꾸면 분자는 분모만큼 커져요.

$3\frac{5}{10} \Rightarrow 2\frac{15}{10}$ (1만큼, ←5+10)

❶ $3\frac{1}{2}-2\frac{3}{5}=3\frac{\square}{10}-2\frac{\square}{10}=2\frac{\square}{10}-2\frac{\square}{10}=\frac{\square}{10}$

자연수 부분에서 1만큼을 가분수로 바꿔요.

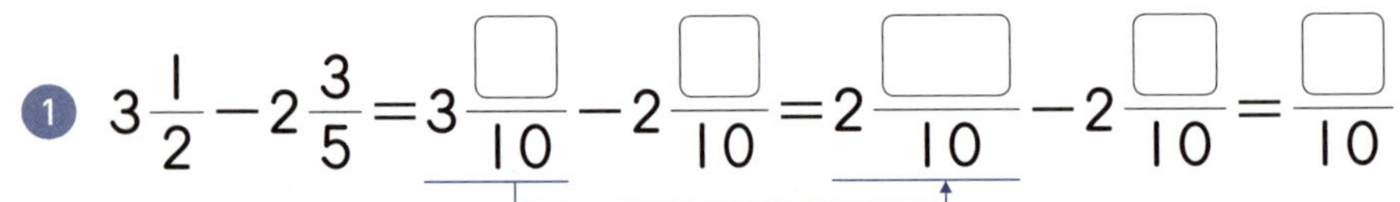

❷ $4\frac{1}{5}-2\frac{3}{4}=$

❸ $5\frac{1}{2}-1\frac{5}{8}=$

❹ $9\frac{1}{3}-3\frac{6}{7}=$

❺ $4\frac{1}{10}-2\frac{2}{3}=$

❻ $3\frac{1}{8}-1\frac{5}{9}=$

❼ $7\frac{1}{6}-2\frac{3}{8}=$

❽ $8\frac{1}{9}-4\frac{5}{6}=$

❾ $6\frac{2}{5}-3\frac{7}{15}=$

❿ $5\frac{1}{4}-2\frac{3}{10}=$

⓫ $7\frac{2}{15}-4\frac{7}{12}=$

46 대분수를 가분수로 나타내어 빼는 연습도 필요해

✼ 대분수를 가분수로 나타내고 계산하여 기약분수로 나타내세요.

* 분모가 다른 대분수끼리의 뺄셈 — 대분수를 가분수로 나타내어 계산하기

$$5\frac{1}{2}-4\frac{1}{3}=\frac{11}{2}-\frac{13}{3}=\frac{33}{6}-\frac{26}{6}=\frac{7}{6}=1\frac{1}{6}$$

대분수 → 가분수 　　통분　　 가분수 → 대분수

1 $\quad 2\dfrac{5}{9}-1\dfrac{1}{6}=\dfrac{\boxed{}}{9}-\dfrac{\boxed{}}{6}=\dfrac{\boxed{}}{18}-\dfrac{\boxed{}}{18}=\dfrac{\boxed{}}{18}=\boxed{}$

2 $\quad 4\dfrac{3}{5}-1\dfrac{1}{2}=$

3 $\quad 5\dfrac{2}{3}-2\dfrac{1}{4}=$

4 $\quad 4\dfrac{3}{4}-3\dfrac{7}{12}=$

5 $\quad 6\dfrac{1}{3}-2\dfrac{3}{7}=$

6 $\quad 3\dfrac{1}{6}-1\dfrac{3}{10}=$

✂ 대분수를 가분수로 나타내고 계산하여 기약분수로 나타내세요.

① $6\dfrac{3}{4} - 2\dfrac{1}{2} = \dfrac{\square}{4} - \dfrac{\square}{2} = \dfrac{\square}{4} - \dfrac{\square}{4} = \dfrac{\square}{4} = \square$

② $4\dfrac{1}{3} - 2\dfrac{2}{7} =$

③ $3\dfrac{1}{4} - 1\dfrac{1}{6} =$

④ $2\dfrac{2}{3} - 1\dfrac{3}{5} =$

⑤ $5\dfrac{5}{12} - 2\dfrac{3}{4} =$

⑥ $4\dfrac{4}{15} - 1\dfrac{2}{3} =$

⑦ $3\dfrac{2}{9} - 1\dfrac{5}{18} =$

⑧ $4\dfrac{1}{2} - 2\dfrac{9}{14} =$

⑨ $2\dfrac{7}{8} - 1\dfrac{5}{12} =$

앗! 실수

⑩ $4\dfrac{1}{6} - 1\dfrac{3}{8} =$

조심! 가분수로 나타내어
통분할 때 분자가 커져서
실수하기 쉬워요.

⑪ $3\dfrac{3}{10} - 2\dfrac{12}{25} =$

47. 대분수를 가분수로 나타내어 빼는 연습 한 번 더!

✂️ 대분수를 가분수로 나타내고 계산하여 기약분수로 나타내세요.

1. $4\dfrac{3}{8} - 2\dfrac{1}{4} = \dfrac{\boxed{}}{8} - \dfrac{\boxed{}}{4} = \dfrac{\boxed{}}{8} - \dfrac{\boxed{}}{8} = \dfrac{\boxed{}}{8} = \boxed{}$

2. $3\dfrac{1}{5} - 1\dfrac{1}{2} =$

3. $6\dfrac{1}{2} - 2\dfrac{5}{7} =$

4. $2\dfrac{5}{6} - 1\dfrac{3}{8} =$

5. $4\dfrac{5}{14} - 3\dfrac{1}{7} =$

6. $3\dfrac{4}{7} - 1\dfrac{3}{4} =$

7. $2\dfrac{3}{5} - 1\dfrac{5}{6} =$

8. $5\dfrac{3}{4} - 2\dfrac{3}{10} =$

9. $3\dfrac{1}{10} - 1\dfrac{4}{15} =$

10. $2\dfrac{4}{27} - 1\dfrac{2}{3} =$

11. $3\dfrac{7}{11} - 2\dfrac{1}{4} =$

✂ 대분수를 가분수로 나타내고 계산하여 기약분수로 나타내세요.

1 $3\dfrac{1}{6}-1\dfrac{1}{2}=\dfrac{\boxed{}}{6}-\dfrac{\boxed{}}{2}=\dfrac{\boxed{}}{6}-\dfrac{\boxed{}}{6}=\dfrac{\boxed{}}{6}=\dfrac{\boxed{}}{3}=\boxed{}$

2 $5\dfrac{1}{3}-2\dfrac{3}{4}=$

3 $2\dfrac{2}{5}-1\dfrac{2}{3}=$

4 $3\dfrac{5}{9}-1\dfrac{7}{12}=$

5 $4\dfrac{11}{18}-1\dfrac{5}{6}=$

6 $3\dfrac{3}{8}-1\dfrac{7}{10}=$

7 $4\dfrac{3}{10}-1\dfrac{4}{5}=$

8 $2\dfrac{5}{7}-1\dfrac{7}{8}=$

9 $6\dfrac{3}{14}-4\dfrac{6}{7}=$

10 $3\dfrac{3}{8}-2\dfrac{5}{12}=$

11 $4\dfrac{1}{6}-2\dfrac{5}{16}=$

✂ 계산하여 기약분수로 나타내세요.

두 분모를 보고 최소공배수를 바로 떠올리는 연습을 해 보세요. 속도가 빨라질 거예요~

1. $5\dfrac{2}{3} - 1\dfrac{3}{4} =$

2. $7\dfrac{2}{5} - 5\dfrac{9}{10} =$

3. $6\dfrac{1}{2} - 3\dfrac{5}{7} =$

4. $4\dfrac{5}{8} - 2\dfrac{2}{3} =$

5. $3\dfrac{1}{4} - 1\dfrac{5}{16} =$

6. $7\dfrac{3}{5} - 3\dfrac{7}{10} =$

7. $3\dfrac{5}{6} - 2\dfrac{8}{9} =$

8. $4\dfrac{3}{8} - 1\dfrac{5}{6} =$

9. $5\dfrac{1}{3} - 3\dfrac{8}{11} =$

10. $6\dfrac{2}{13} - 2\dfrac{5}{26} =$

11. $2\dfrac{2}{9} - 1\dfrac{7}{15} =$

12. $6\dfrac{5}{12} - 3\dfrac{11}{20} =$

❈ 계산하여 기약분수로 나타내세요.

1. $3\dfrac{2}{5} - 1\dfrac{2}{3} =$

2. $6\dfrac{1}{4} - 3\dfrac{5}{7} =$

3. $8\dfrac{1}{2} - 5\dfrac{8}{13} =$

4. $7\dfrac{3}{8} - 1\dfrac{3}{5} =$

5. $3\dfrac{5}{12} - 2\dfrac{4}{9} =$

6. $9\dfrac{3}{10} - 4\dfrac{7}{8} =$

7. $8\dfrac{4}{9} - 4\dfrac{7}{15} =$

8. $7\dfrac{3}{8} - 3\dfrac{9}{14} =$

9. $5\dfrac{5}{12} - 4\dfrac{7}{10} =$

10. $4\dfrac{9}{20} - 1\dfrac{7}{8} =$

앗! 실수

11. $6\dfrac{7}{15} - 2\dfrac{13}{20} =$

12. $8\dfrac{5}{16} - 3\dfrac{11}{24} =$

49 분모가 다른 분수의 뺄셈 완벽하게 끝내기

✿ 계산하여 기약분수로 나타내세요.

① $\dfrac{4}{15} - \dfrac{1}{6} =$

② $\dfrac{11}{16} - \dfrac{7}{12} =$

⑦ $6\dfrac{3}{10} - 3\dfrac{9}{25} =$

③ $3\dfrac{17}{21} - 1\dfrac{2}{3} =$

⑧ $7\dfrac{9}{14} - 4\dfrac{16}{21} =$

④ $9\dfrac{1}{6} - 5\dfrac{3}{20} =$

앗! 실수

⑨ $\dfrac{9}{20} - \dfrac{5}{12} =$

⑤ $5\dfrac{9}{14} - 2\dfrac{3}{4} =$

⑩ $5\dfrac{3}{8} - 1\dfrac{21}{28} =$

⑥ $6\dfrac{13}{15} - 3\dfrac{7}{10} =$

⑪ $8\dfrac{4}{15} - 4\dfrac{7}{18} =$

49

빈칸에 알맞은 기약분수를 써넣으세요.

1 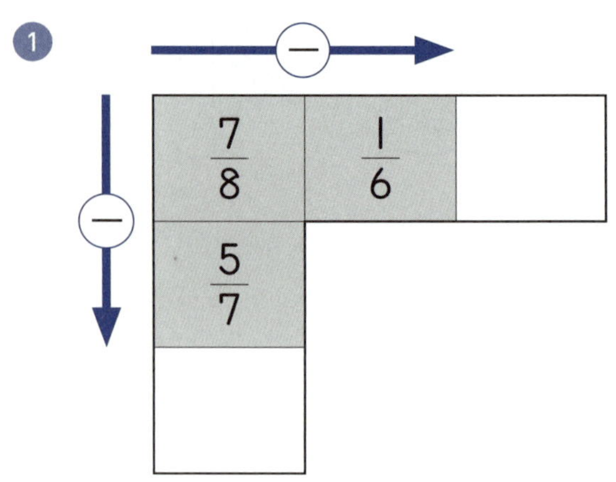

4 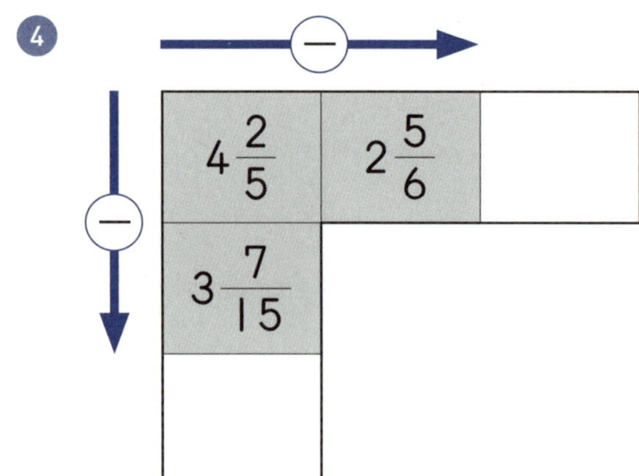

2 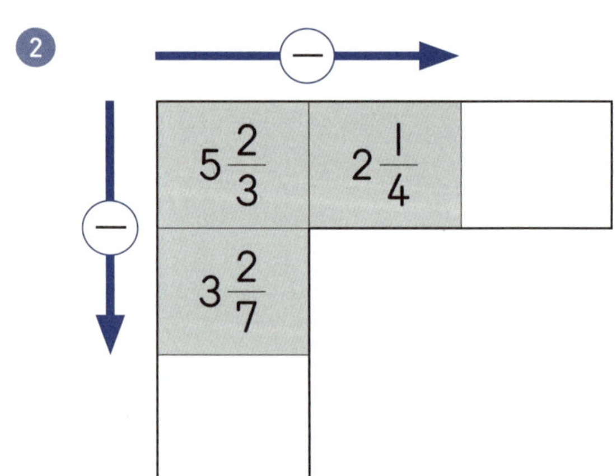

5 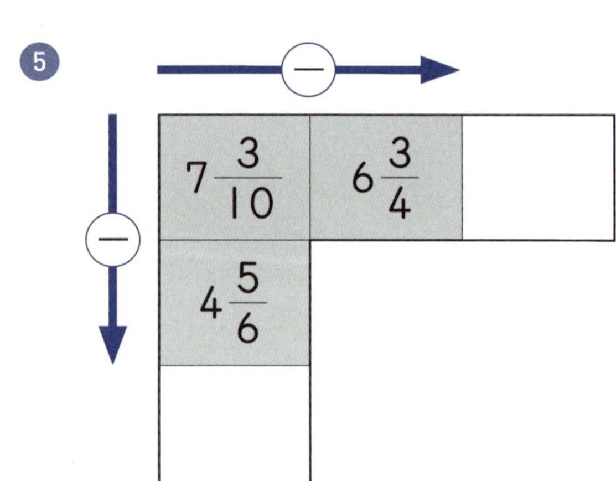

3 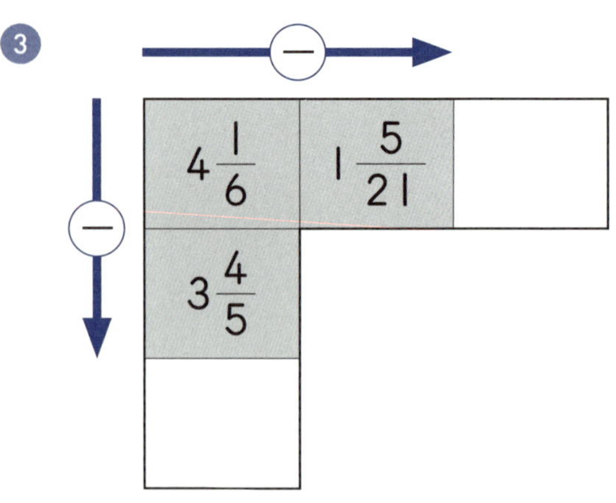

 **50** 생활 속 연산 – 분수의 덧셈과 뺄셈

✂ 그림을 보고 ☐ 안에 알맞은 분수를 써넣으세요.

1 

윤서는 줄넘기를 어제는 $\frac{2}{3}$시간, 오늘은 $\frac{5}{9}$시간 했습니다. 윤서가 어제와 오늘 줄넘기를 한 시간은 모두 ☐ 시간입니다.

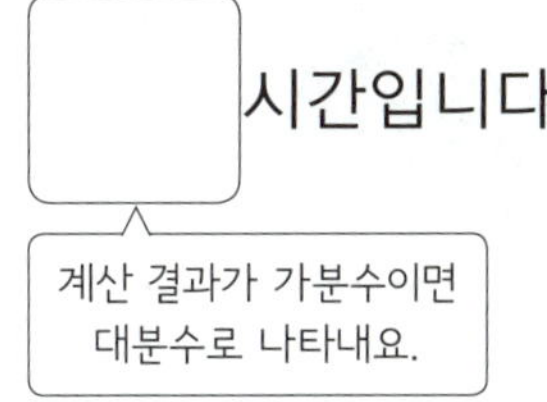

2 

진우가 빵을 만들고 있습니다. 빵을 만드는 데 사용한 밀가루와 설탕의 무게는 모두 ☐ kg입니다.

3 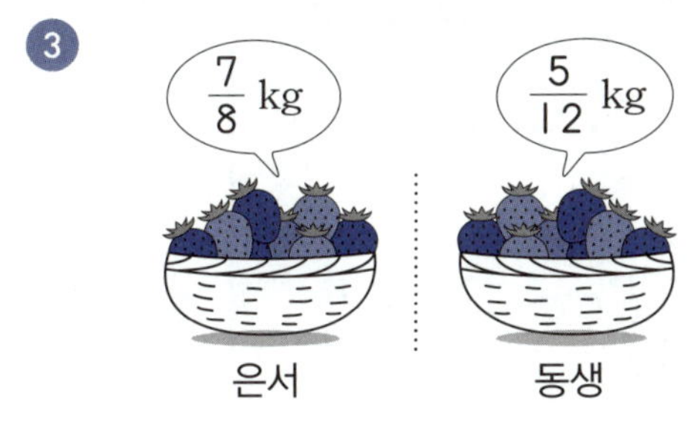

딸기 농장에서 딸기를 은서는 $\frac{7}{8}$ kg 땄고, 동생은 $\frac{5}{12}$ kg 땄습니다. 은서는 동생보다 딸기를 ☐ kg 더 많이 땄습니다.

4 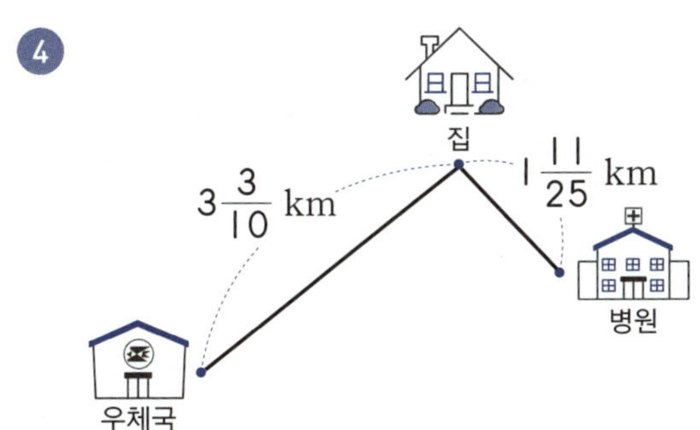

집에서 우체국까지의 거리는 집에서 병원까지의 거리보다 ☐ km 더 멉니다.

※ 친구들이 사다리 타기 게임을 하고 있습니다. 사다리를 타고 내려가서 도착한 곳에 계산 결과를 기약분수로 써넣으세요.

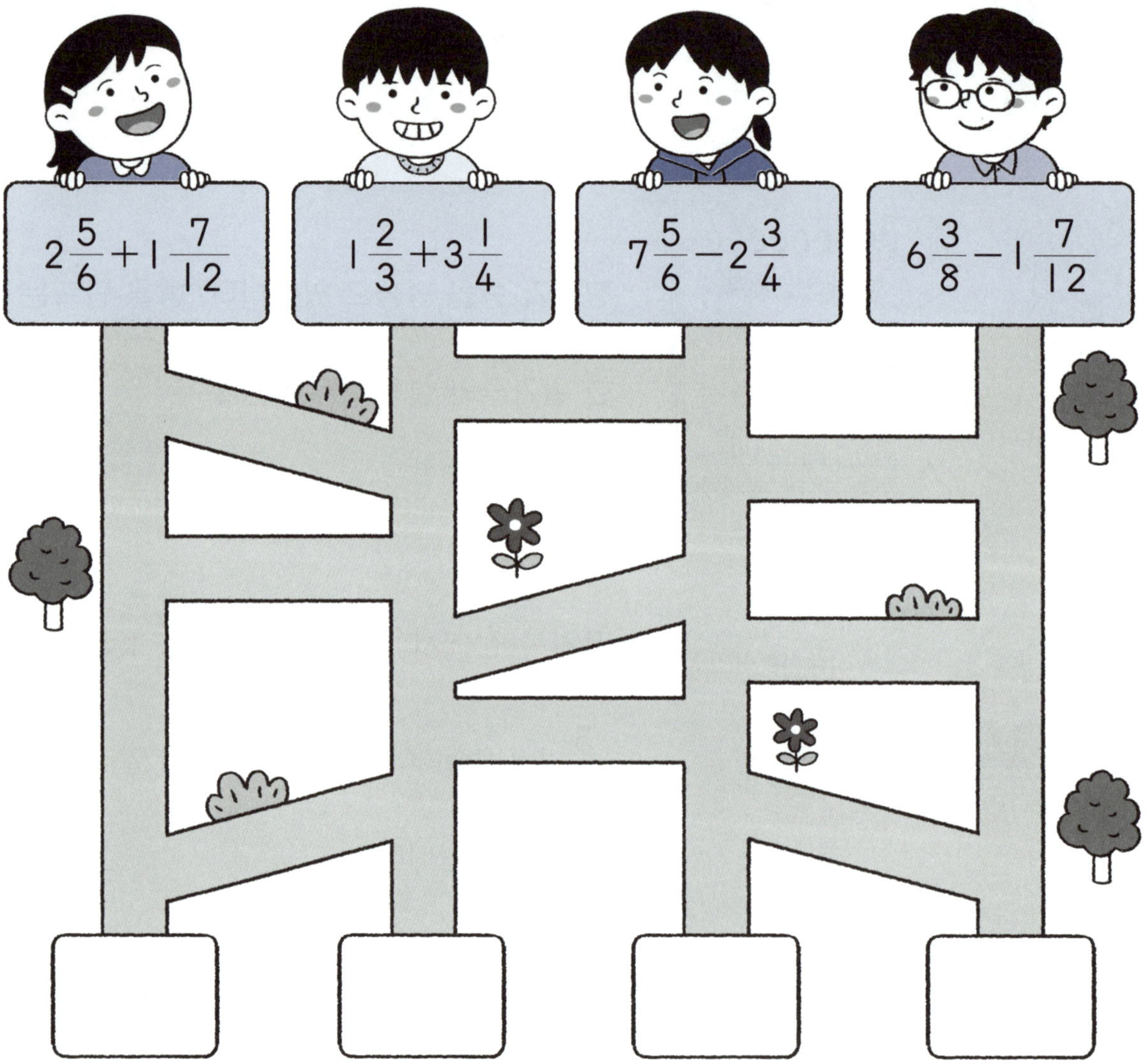

$$2\frac{5}{6}+1\frac{7}{12}$$

$$1\frac{2}{3}+3\frac{1}{4}$$

$$7\frac{5}{6}-2\frac{3}{4}$$

$$6\frac{3}{8}-1\frac{7}{12}$$

✂ □ 안에 알맞은 수 또는 분수를 써넣으세요.

① $\dfrac{2}{3}+\dfrac{1}{5}=\dfrac{\square}{15}+\dfrac{\square}{15}=\dfrac{\square}{15}$

② $\dfrac{3}{4}+\dfrac{5}{6}=\boxed{}$ 대분수

③ $2\dfrac{1}{6}+1\dfrac{1}{4}=2\dfrac{\square}{12}+1\dfrac{\square}{12}$

$\qquad =(2+1)+\left(\dfrac{\square}{12}+\dfrac{\square}{12}\right)$

$\qquad =\boxed{}$ 대분수

④ $2\dfrac{1}{2}+1\dfrac{1}{5}=\boxed{}$ 대분수

⑤ $2\dfrac{1}{2}+4\dfrac{7}{10}=\boxed{}$ 대분수

⑥ $1\dfrac{13}{14}+4\dfrac{10}{21}=\boxed{}$ 대분수

⑦ $\dfrac{3}{4}-\dfrac{2}{5}=\dfrac{\square}{20}-\dfrac{\square}{20}=\dfrac{\square}{20}$

⑧ $4\dfrac{1}{2}-1\dfrac{2}{3}=4\dfrac{\square}{6}-1\dfrac{\square}{6}$

$\qquad =3\dfrac{\square}{6}-1\dfrac{\square}{6}$

$\qquad =(3-1)+\left(\dfrac{\square}{6}-\dfrac{\square}{6}\right)$

$\qquad =\boxed{}$ 대분수

⑨ $5\dfrac{1}{2}-4\dfrac{1}{3}=\dfrac{\square}{2}-\dfrac{\square}{3}$

$\qquad =\dfrac{\square}{6}-\dfrac{\square}{6}$

$\qquad =\dfrac{\square}{6}=\boxed{}$ 대분수

⑩ $9\dfrac{1}{6}-5\dfrac{7}{20}=\boxed{}$ 대분수

⑪ 우유를 민아는 $\dfrac{7}{12}$ L, 신우는 $\dfrac{1}{4}$ L 마셨습니다. 민아는 신우보다 우유를

$\boxed{}$ 기약분수 L 더 많이 마셨습니다.

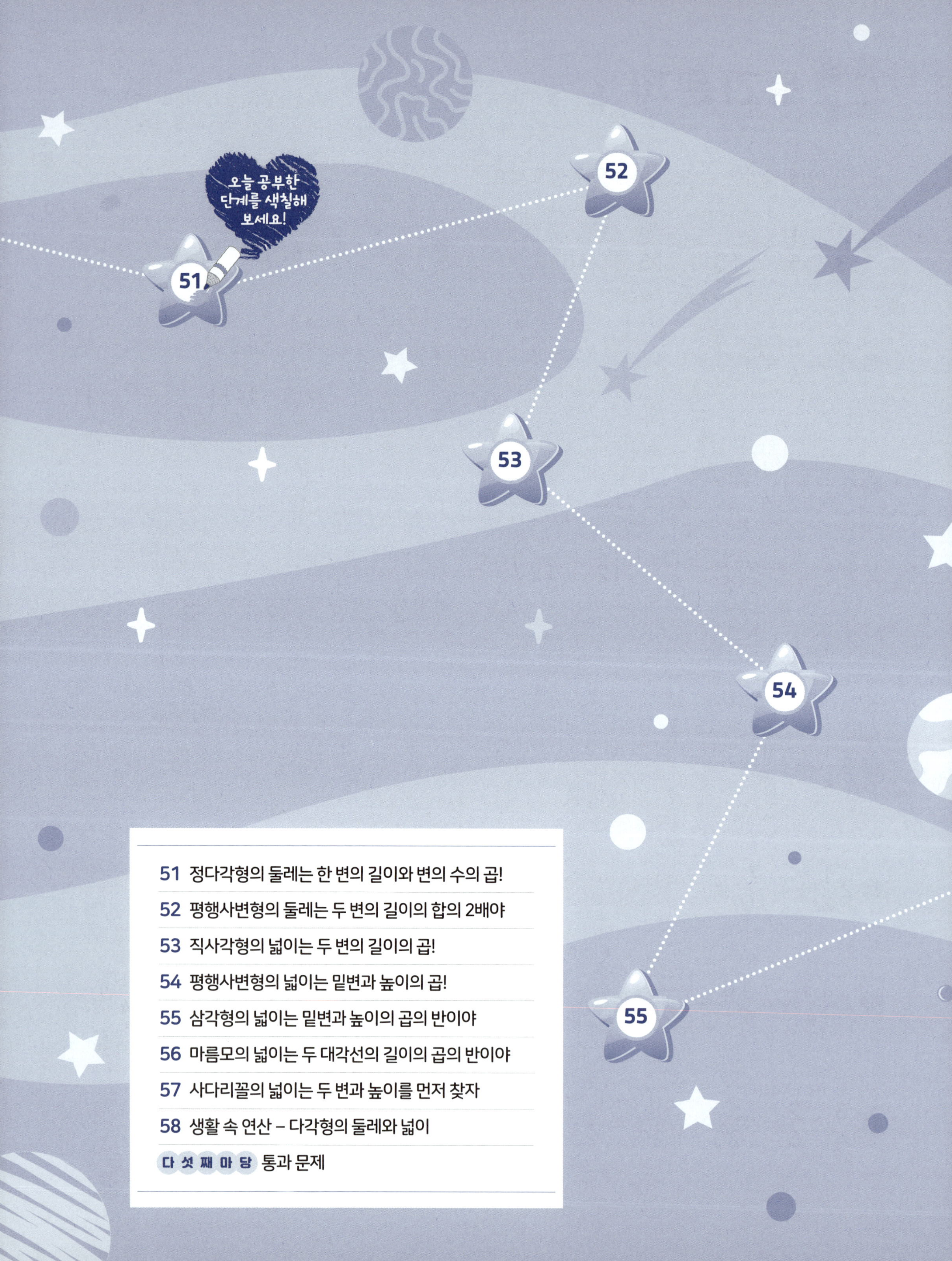

오늘 공부한
단계를 색칠해
보세요!

다각형의 둘레와 넓이

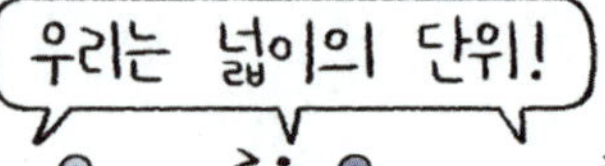

✪ 다각형의 둘레와 넓이

직사각형

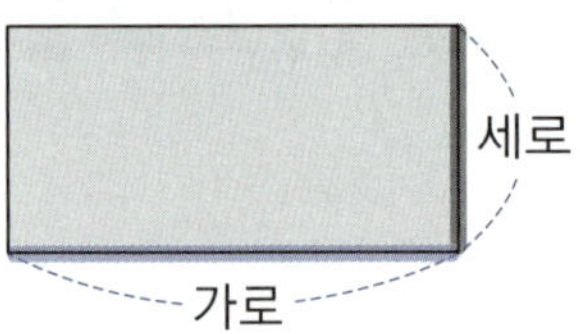

사물의 가장자리를 한 바퀴 돈 거리
(둘레)＝((가로)＋(세로))×2
(넓이)＝(가로)×(세로)
평면의 크기예요.

평행사변형

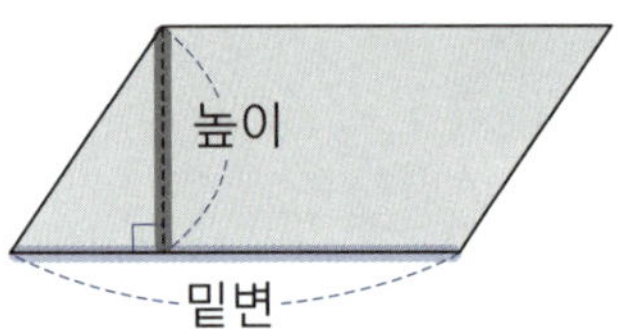

(둘레)＝((한 변의 길이)
＋(다른 한 변의 길이))×2
(넓이)＝(밑변의 길이)×(높이)
두 밑변 사이의 거리예요.

삼각형

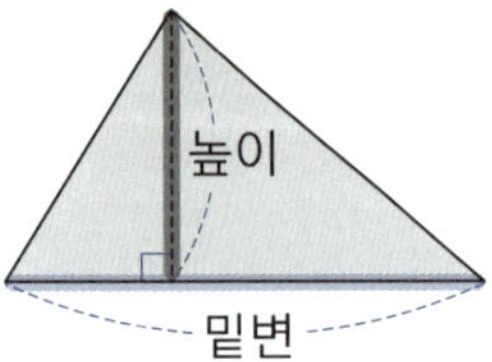

(넓이)＝(밑변의 길이)×(높이)÷2

마름모

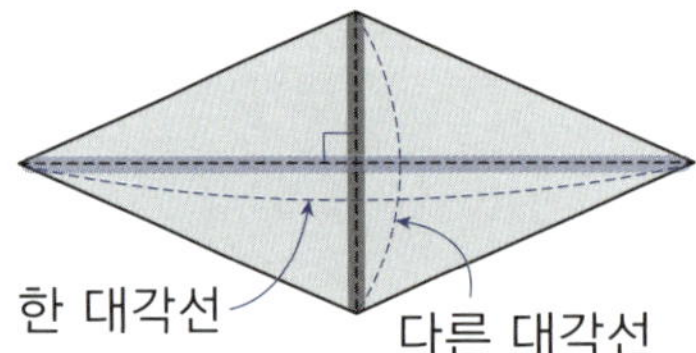

(둘레)＝(한 변의 길이)×4
(넓이)＝(한 대각선의 길이)
×(다른 대각선의 길이)÷2

사다리꼴

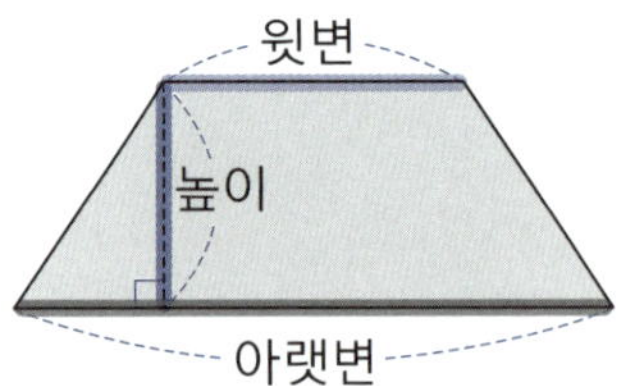

(넓이)
＝((윗변의 길이)＋(아랫변의 길이))
×(높이)÷2

정다각형의 둘레는 한 변의 길이와 변의 수의 곱!

변의 길이와 각의 크기가 모두 같은 다각형이에요.

✂ 정다각형의 둘레를 구하세요.

(정다각형의 둘레)=(한 변의 길이)×(변의 수)

1

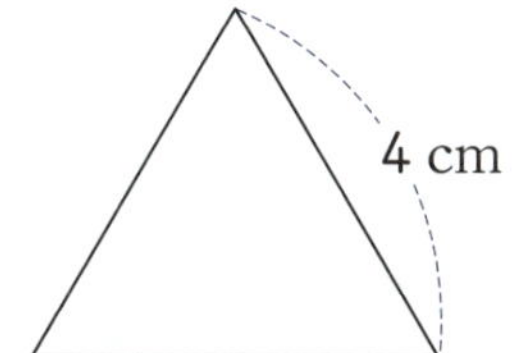

4 × 3 = ☐ (cm)

변의 개수를 세어 봐요~

2

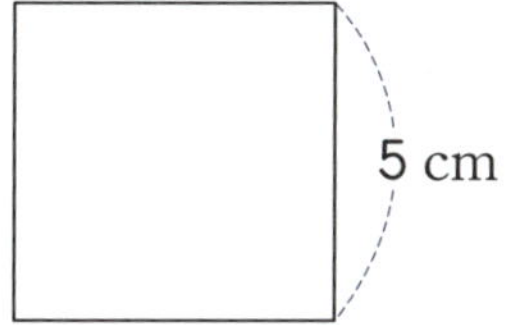

5 × ☐ = ☐ (cm)

5

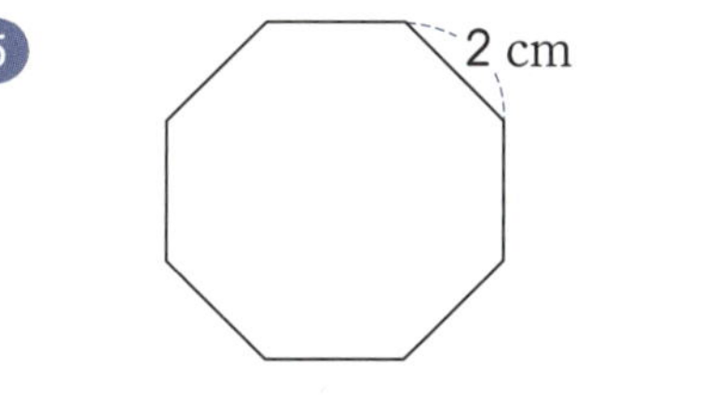

☐ × ☐ = ☐ (cm)

3

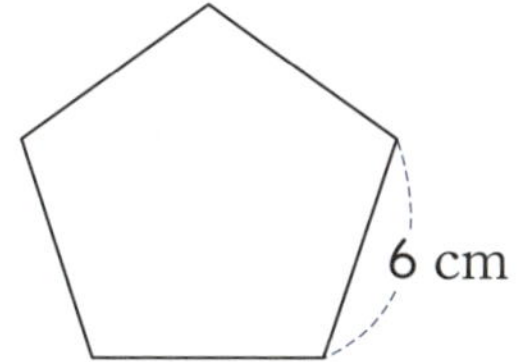

☐ × 5 = ☐ (cm)

6

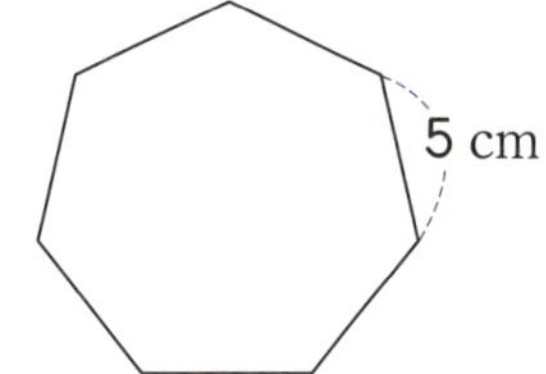

☐ × ☐ = ☐ (cm)

4

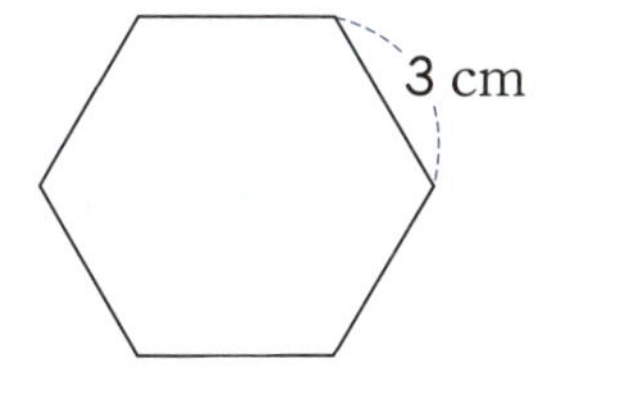

☐ × ☐ = ☐ (cm)

7

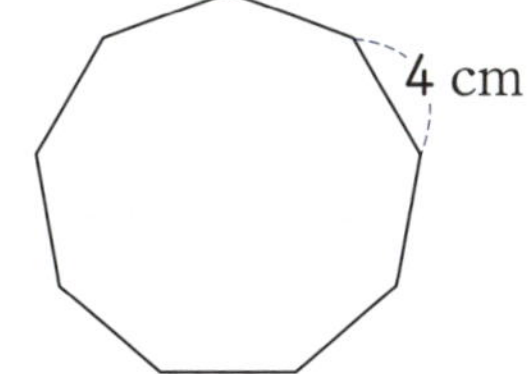

☐ × ☐ = ☐ (cm)

51

집중 시간 2분

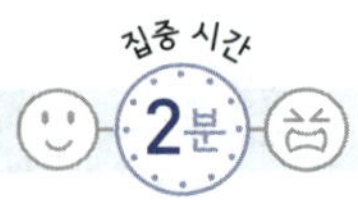

※ 다음은 정다각형의 둘레입니다. 정다각형의 한 변의 길이를 구하세요.

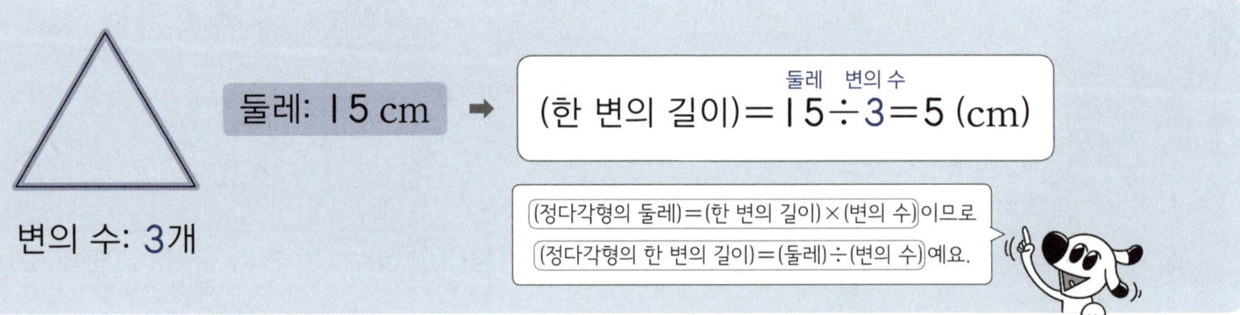

변의 수: 3개

둘레: 15 cm ➡ (한 변의 길이)=15÷3=5 (cm)
(15: 둘레, 3: 변의 수)

(정다각형의 둘레)=(한 변의 길이)×(변의 수)이므로
(정다각형의 한 변의 길이)=(둘레)÷(변의 수)예요.

❶

둘레: 12 cm

12÷☐=☐ (cm)

변의 수를 세어 봐요.

❷ 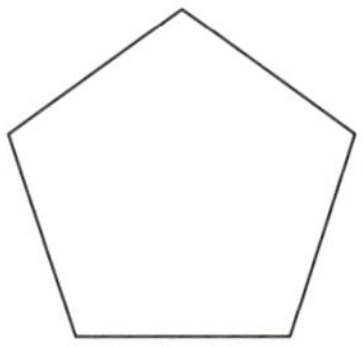

둘레: 30 cm

30÷☐=☐ (cm)

❸ 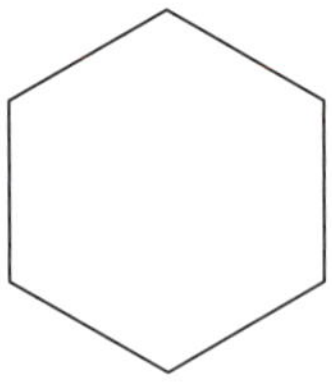

둘레: 24 cm

☐÷☐=☐ (cm)

❹ 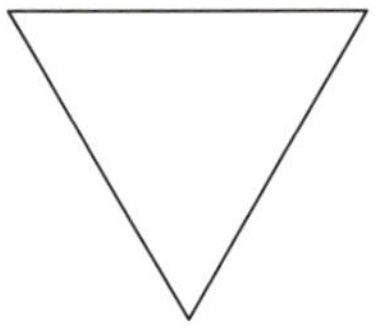

둘레: 27 cm

☐÷☐=☐ (cm)

❺ 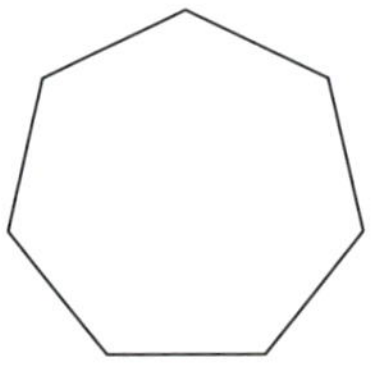

둘레: 28 cm

☐÷☐=☐ (cm)

❻ 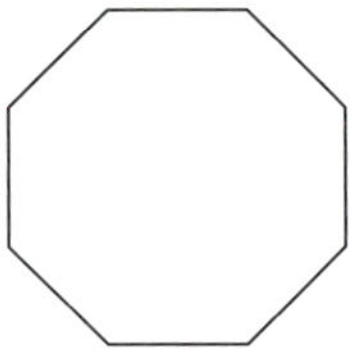

둘레: 40 cm

☐÷☐=☐ (cm)

 평행사변형의 둘레는 두 변의 길이의 합의 2배야

집중 시간 2분

✿ 직사각형과 평행사변형의 둘레를 구하세요.

공통점: 마주 보는 변의 길이가 같아요.

* (직사각형의 둘레)=((가로)+(세로))×2

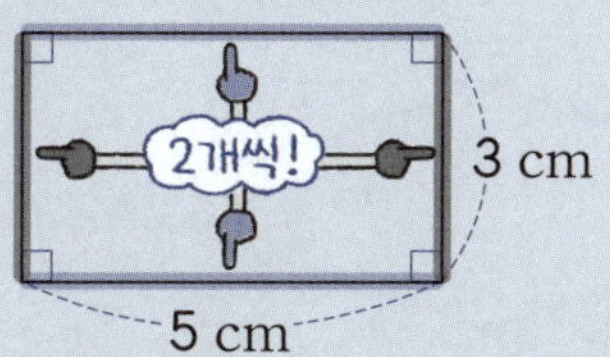

(둘레)=(5+3)×2=16 (cm)

* (평행사변형의 둘레)=((한 변의 길이)+(다른 한 변의 길이))×2

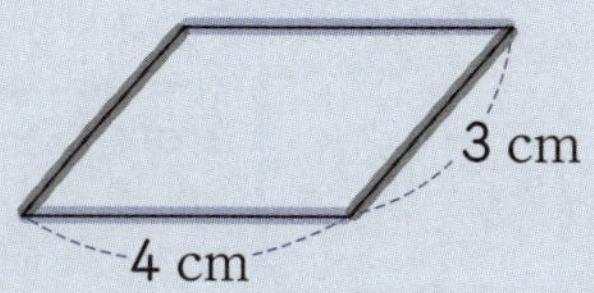

(둘레)=(4+3)×2=14 (cm)

1

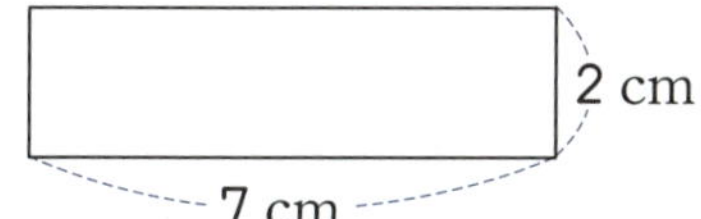

(7+☐)×2=☐ (cm)

2

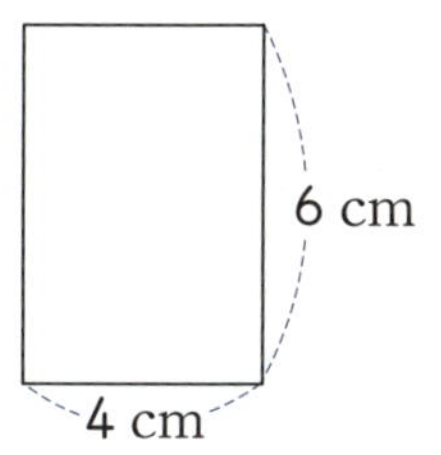

(☐+6)×2=☐ (cm)

3

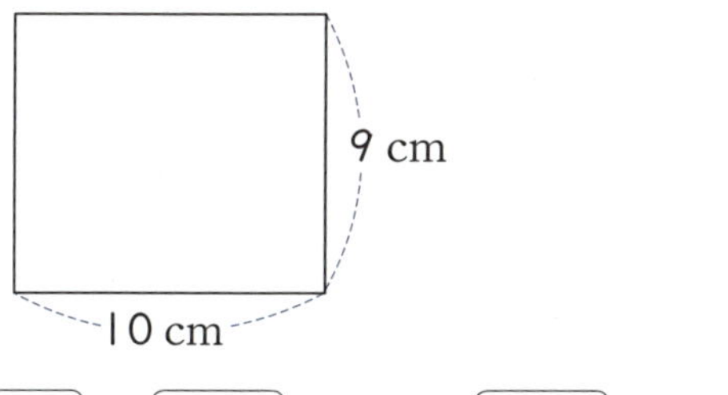

(☐+☐)×2=☐ (cm)

4

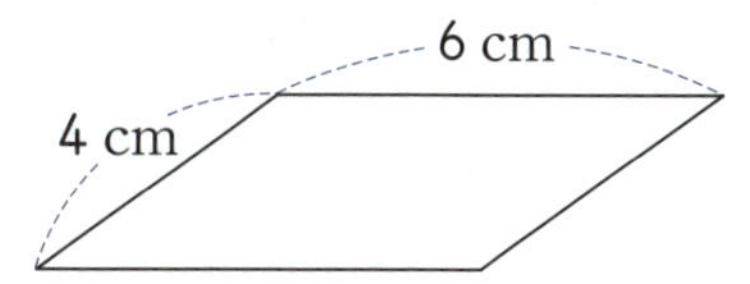

(6+☐)×2=☐ (cm)

5

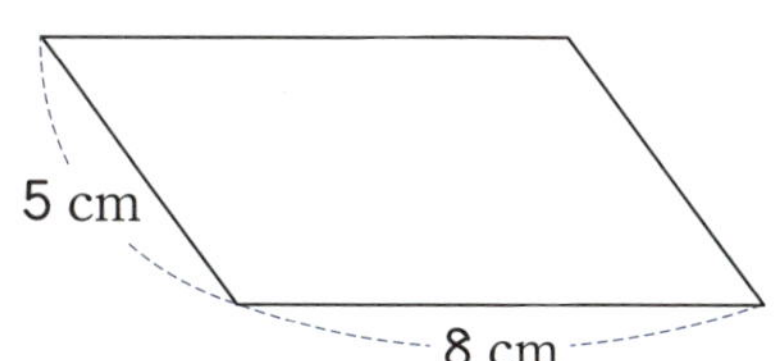

(☐+☐)×2=☐ (cm)

6

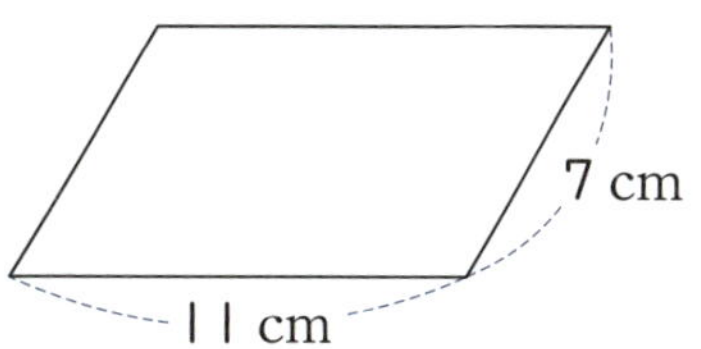

(☐+☐)×2=☐ (cm)

✳ 정사각형과 마름모의 둘레를 구하세요.

공통점: 네 변의 길이가 모두 같아요.

* (정사각형의 둘레)=(한 변의 길이)×4

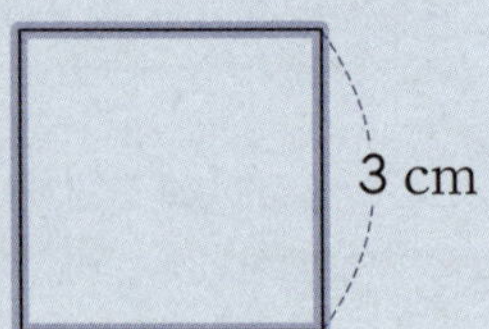

3 cm

(둘레)=3×4=12 (cm)

* (마름모의 둘레)=(한 변의 길이)×4

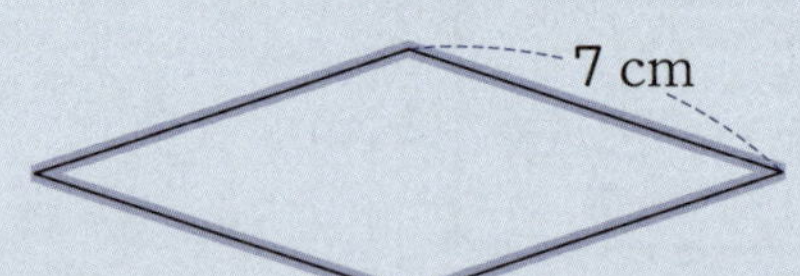

7 cm

(둘레)=7×4=28 (cm)

1

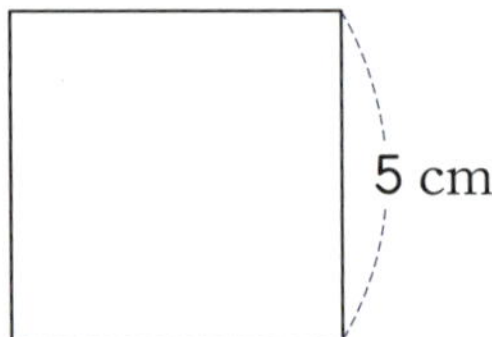

5 cm

5×☐=☐ (cm)

4

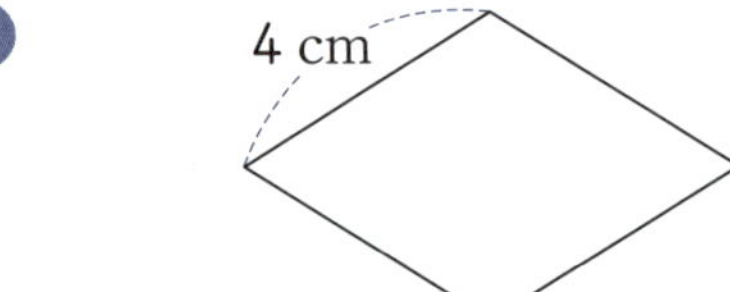

4 cm

4×☐=☐ (cm)

2

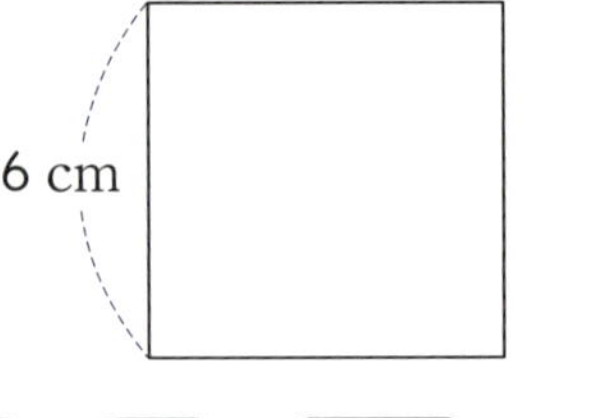

6 cm

☐×☐=☐ (cm)

5

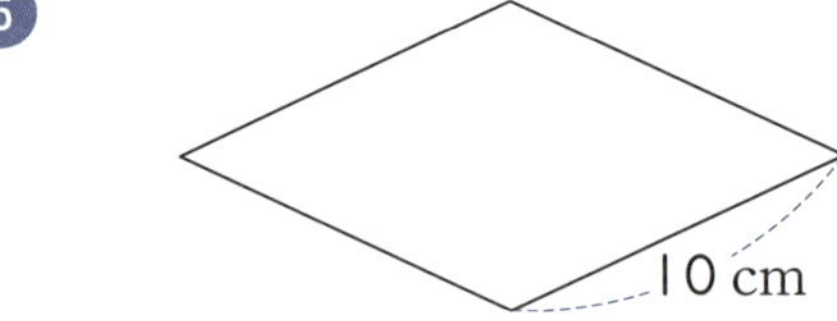

10 cm

☐×☐=☐ (cm)

3

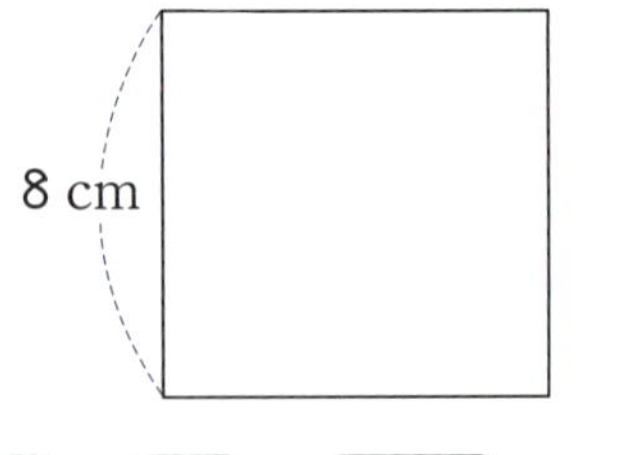

8 cm

☐×☐=☐ (cm)

6

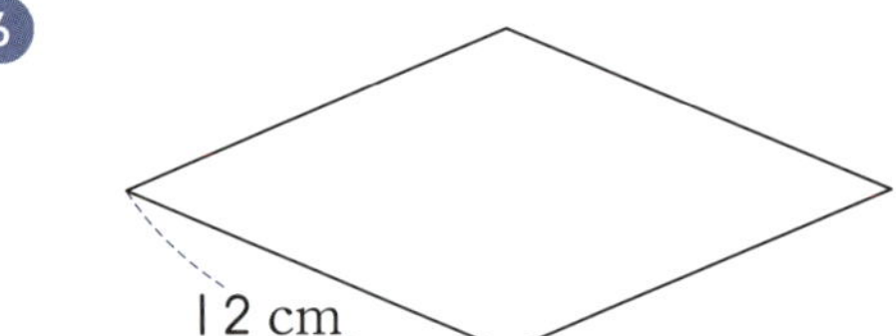

12 cm

☐×☐=☐ (cm)

53 직사각형의 넓이는 두 변의 길이의 곱!

✂ 직사각형과 정사각형의 넓이를 구하세요.

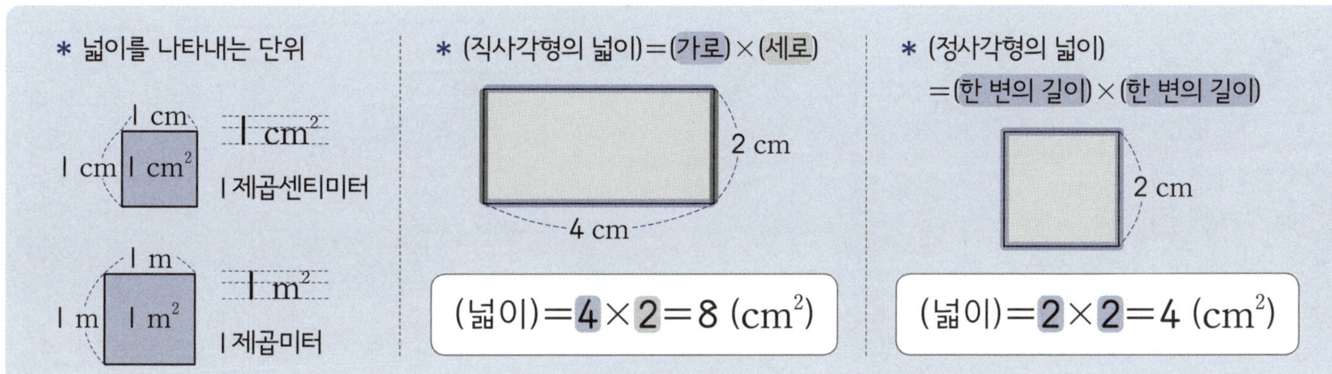

1 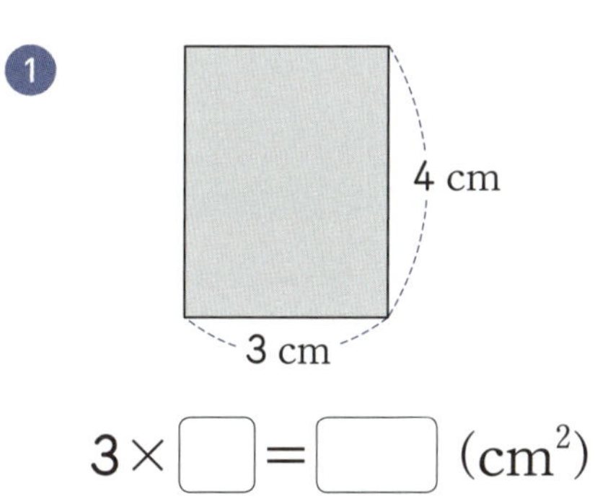

$3 \times \boxed{} = \boxed{}$ (cm²)

2 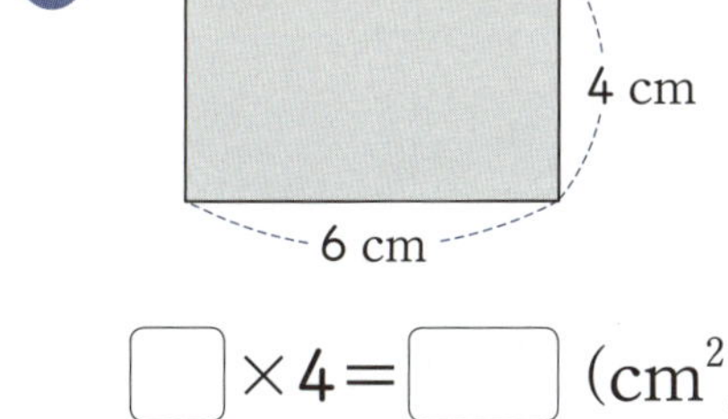

$\boxed{} \times 4 = \boxed{}$ (cm²)

3 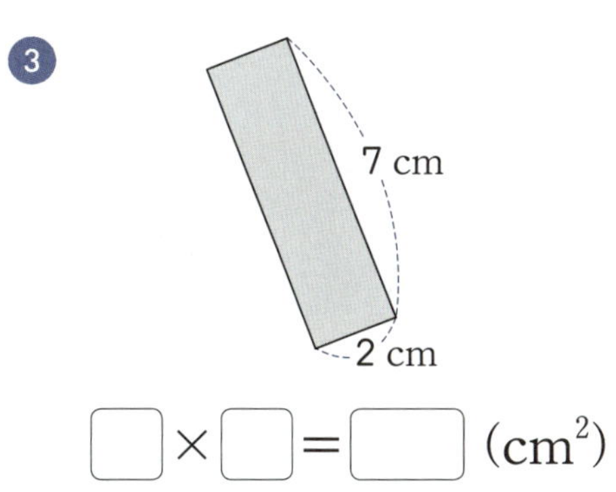

$\boxed{} \times \boxed{} = \boxed{}$ (cm²)

4 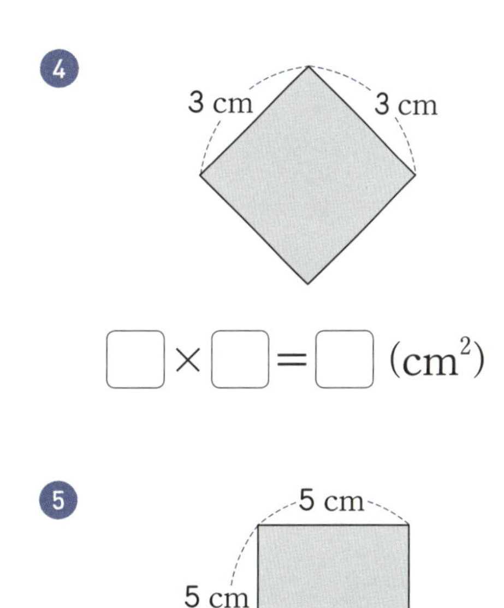

$\boxed{} \times \boxed{} = \boxed{}$ (cm²)

5

$\boxed{} \times \boxed{} = \boxed{}$ (cm²)

6 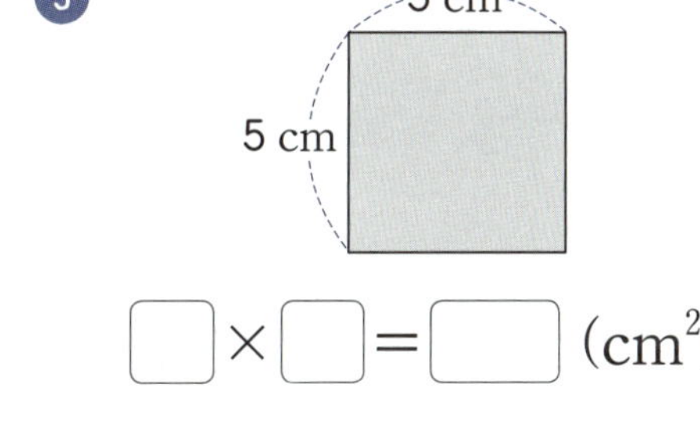 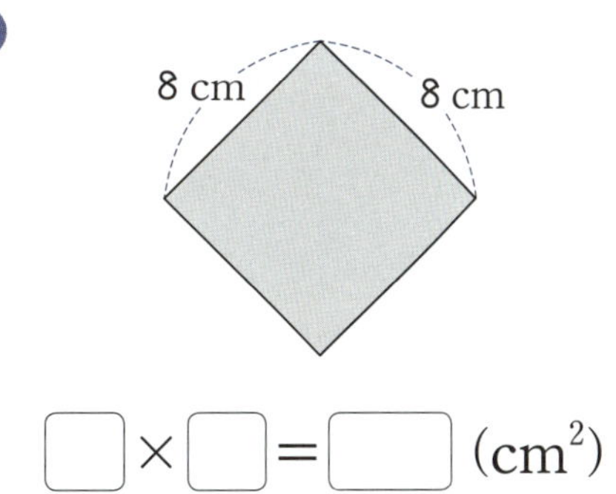

$\boxed{} \times \boxed{} = \boxed{}$ (cm²)

[illegible]khi 직사각형과 정사각형의 넓이를 구하세요.

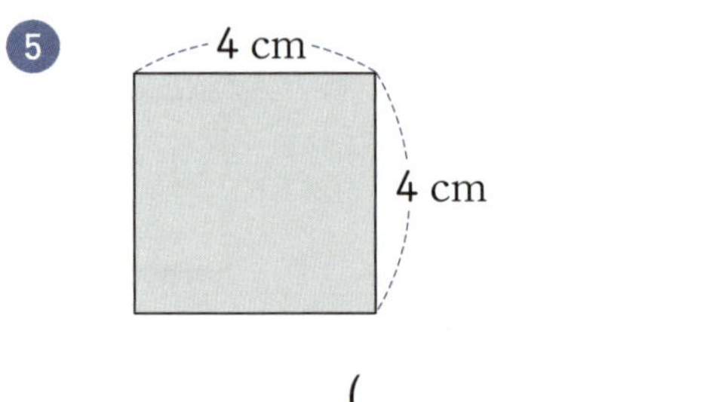

1 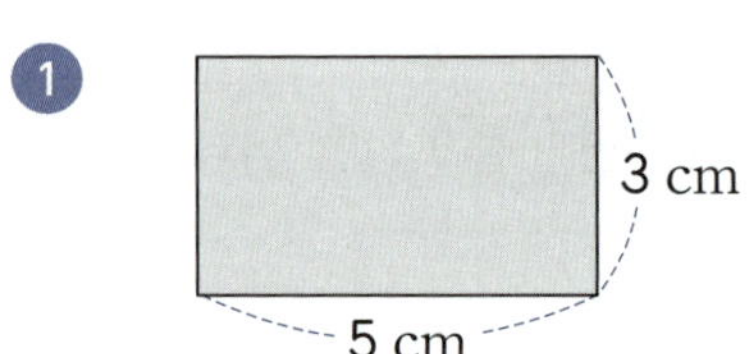

(cm²   )

5

(   )

2

(   )

6

(   )

3

(   )

7

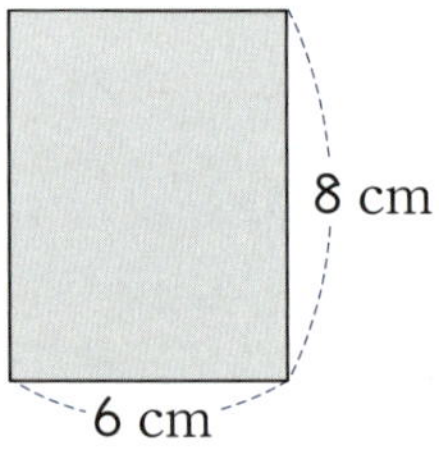

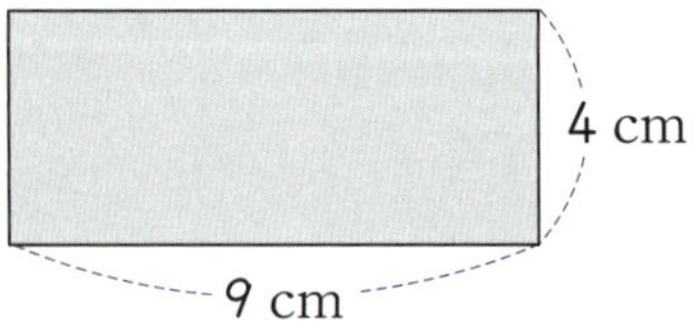

(   )

4

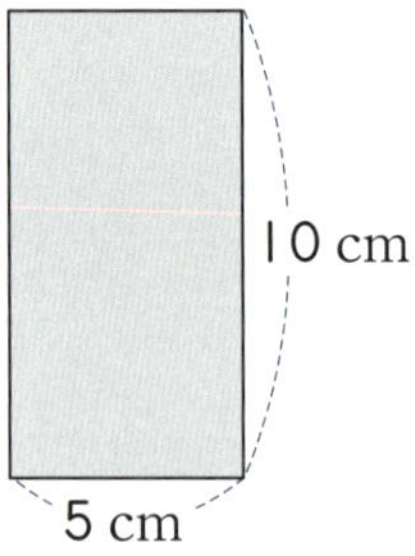

(   )

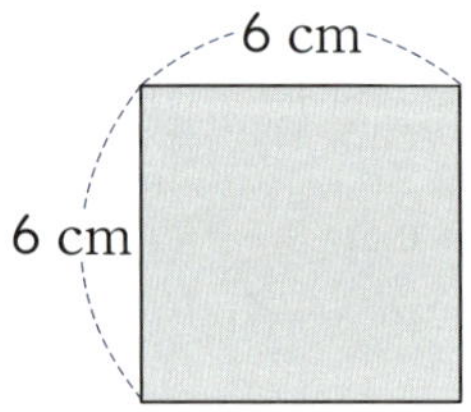

8

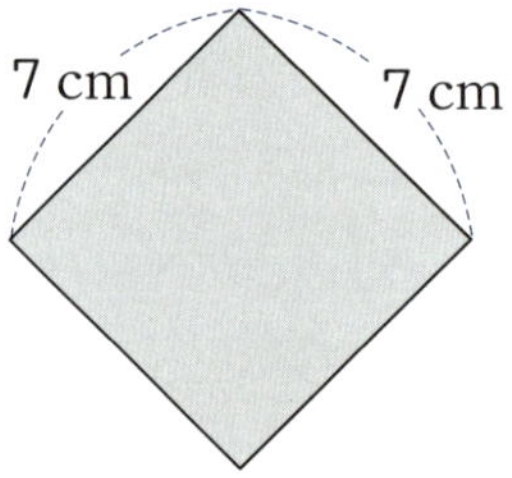

(   )

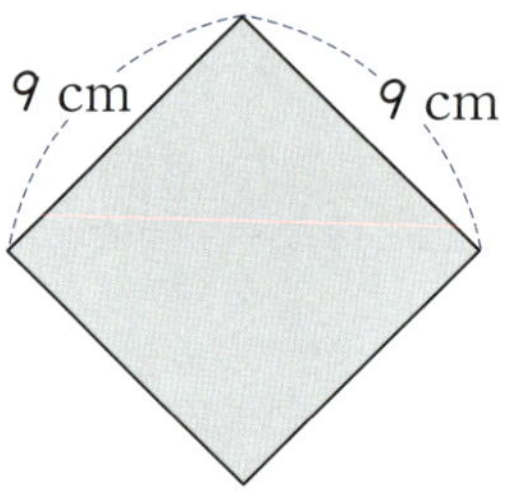

 **54 평행사변형의 넓이는 밑변과 높이의 곱!**

✂ 평행사변형의 넓이를 구하세요.

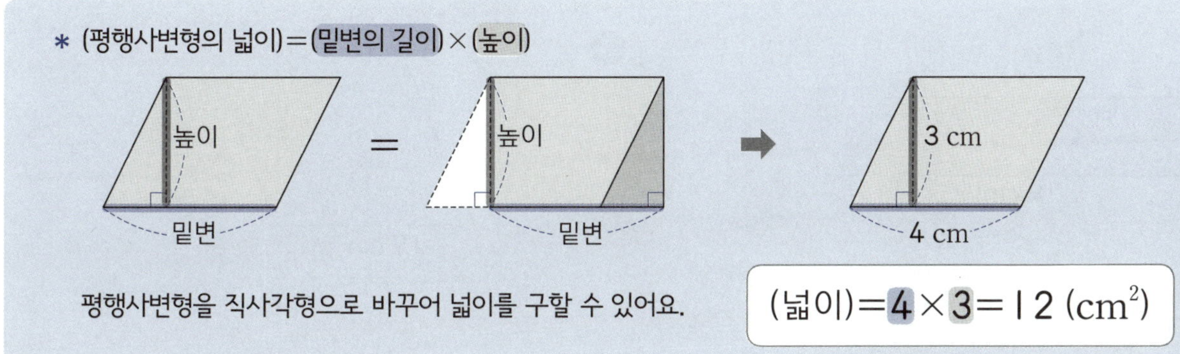

① 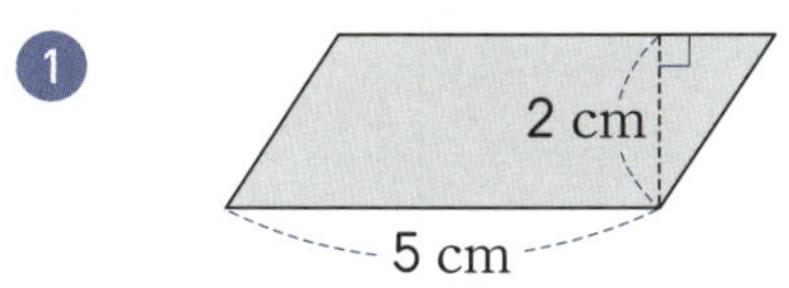

$5 \times \boxed{} = \boxed{}$ (cm²)

④ 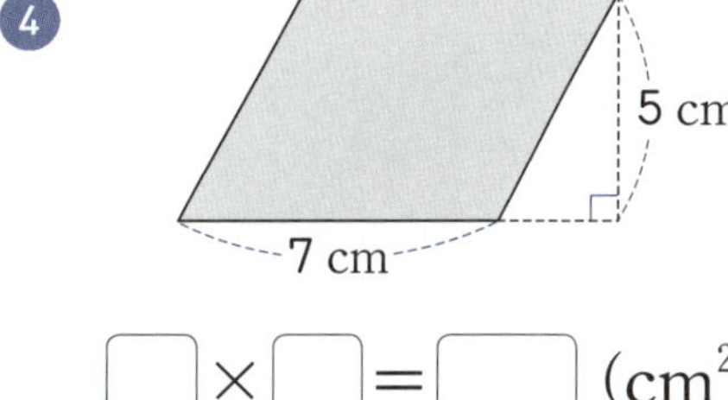

$\boxed{} \times \boxed{} = \boxed{}$ (cm²)

② 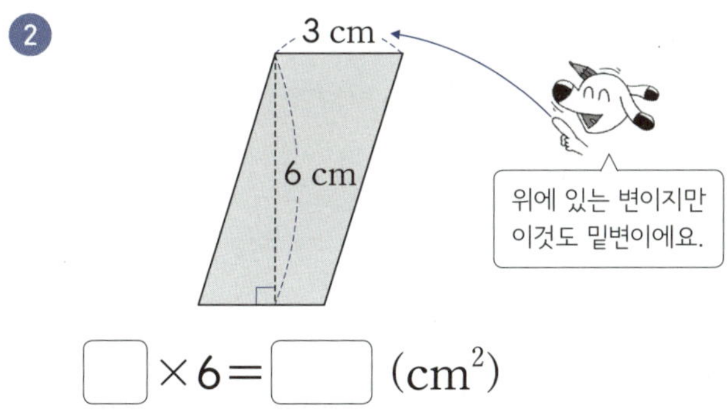

$\boxed{} \times 6 = \boxed{}$ (cm²)

⑤ 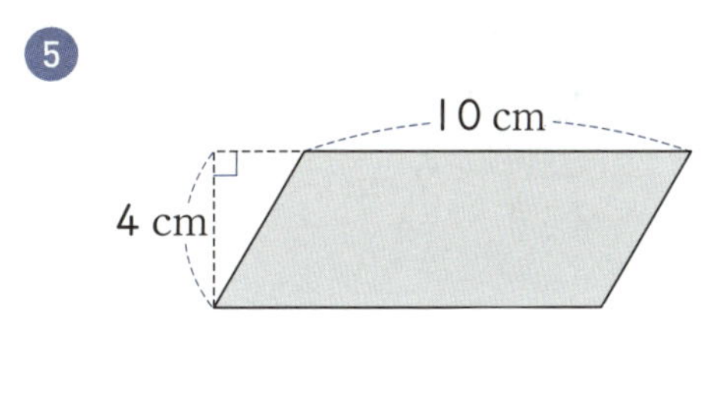

$\boxed{} \times \boxed{} = \boxed{}$ (cm²)

③ 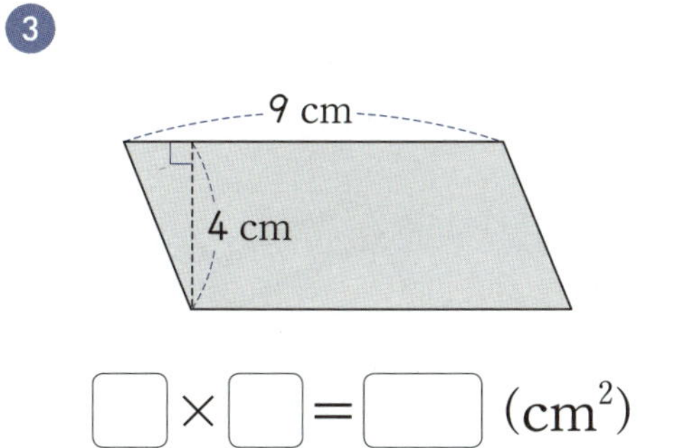

$\boxed{} \times \boxed{} = \boxed{}$ (cm²)

⑥ 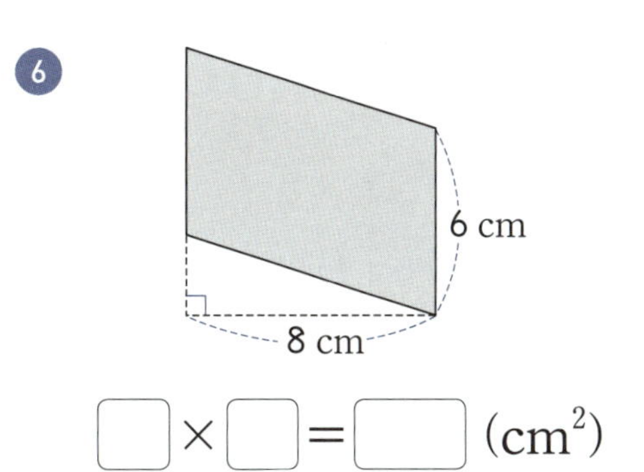

$\boxed{} \times \boxed{} = \boxed{}$ (cm²)

✿ 평행사변형의 넓이를 구하세요.

1

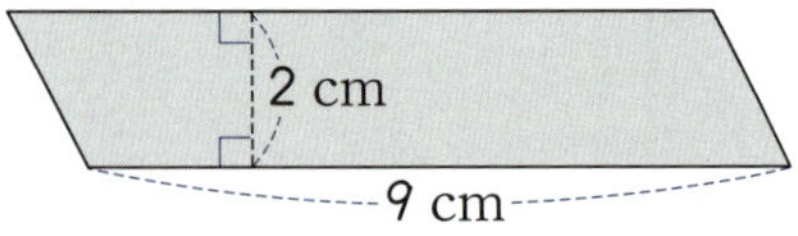

2 cm
9 cm

(cm²)

단위를 꼭 써요.

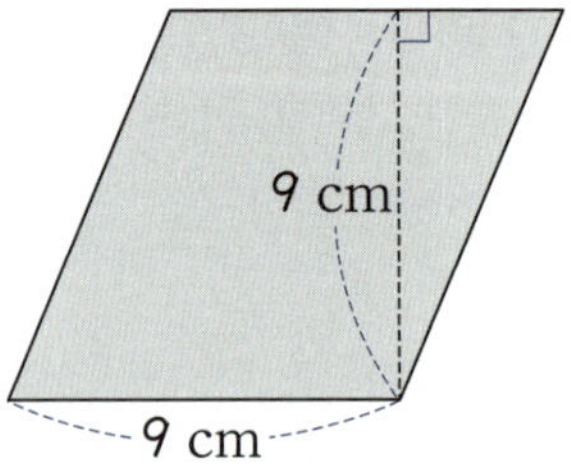

2

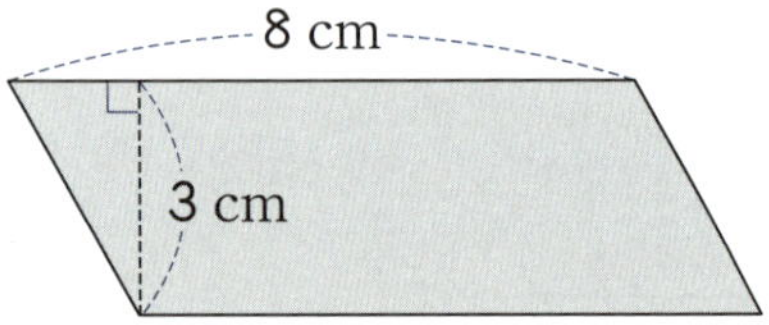

8 cm
3 cm

(   )

3

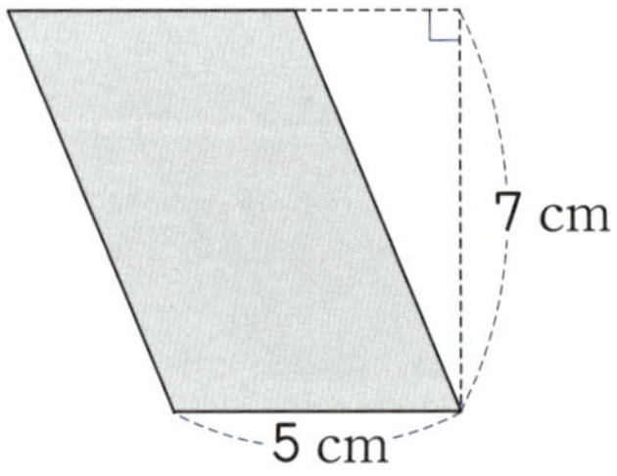

7 cm
5 cm

(   )

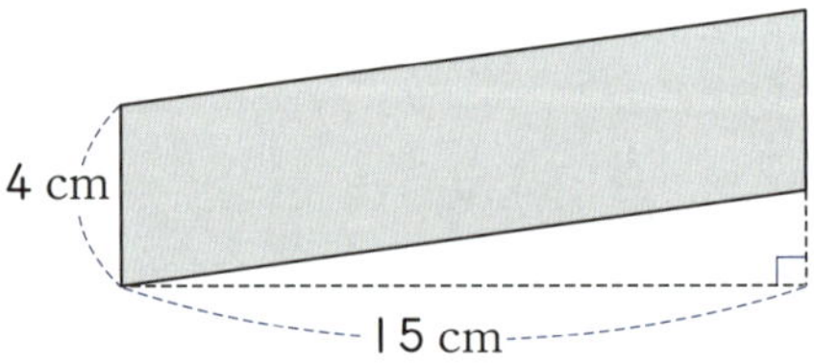

4

3 cm
7 cm

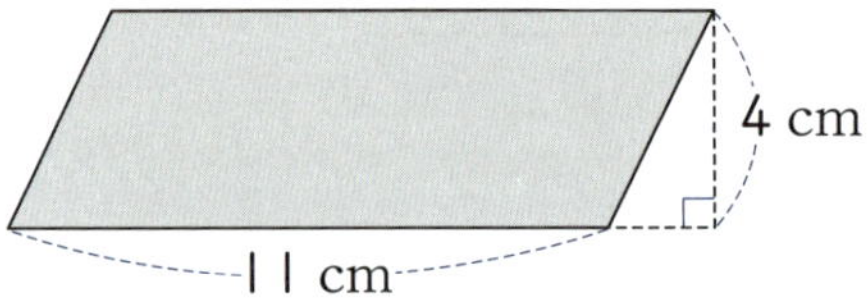

(   )

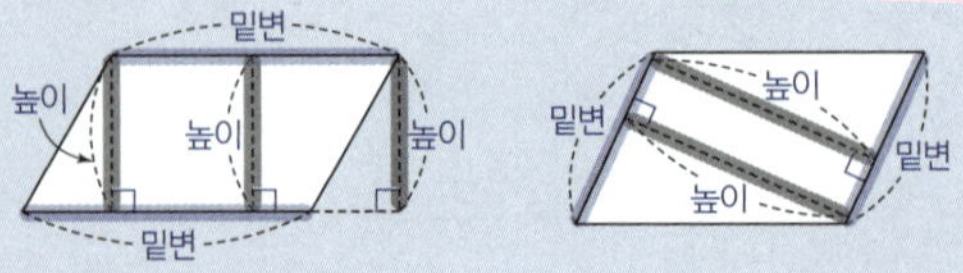

5

9 cm
9 cm

(   )

6

4 cm
11 cm

(   )

7

4 cm
15 cm

(   )

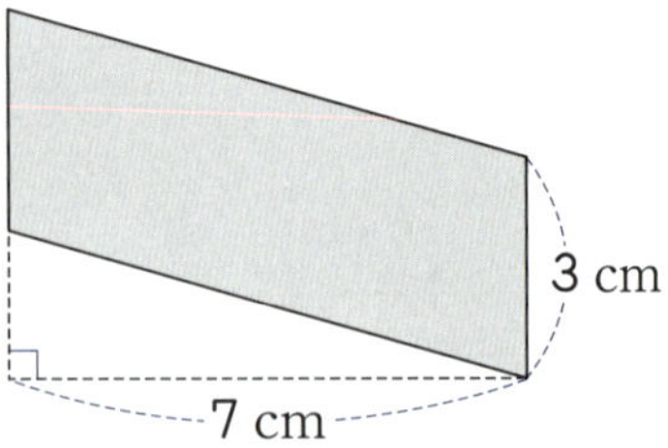

평행한 두 변이 밑변, 두 밑변 사이의 거리가 높이예요.

삼각형의 넓이는 밑변과 높이의 곱의 반이야

❋ 삼각형의 넓이를 구하세요.

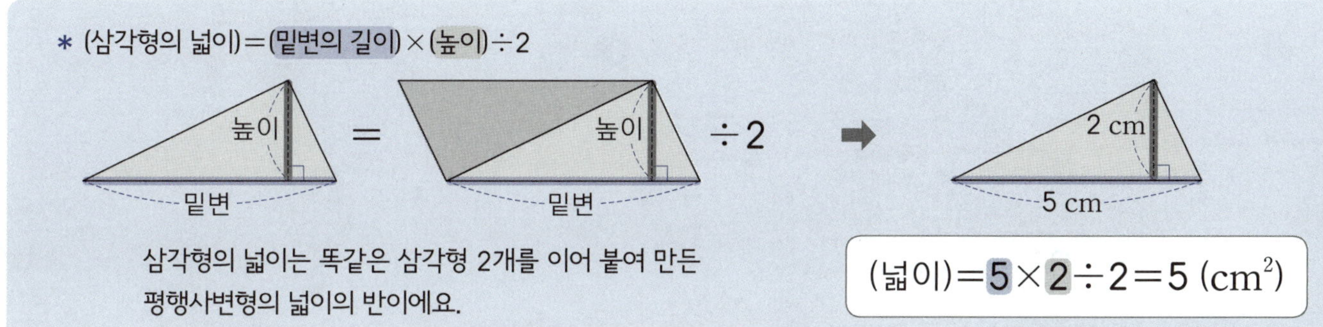

1

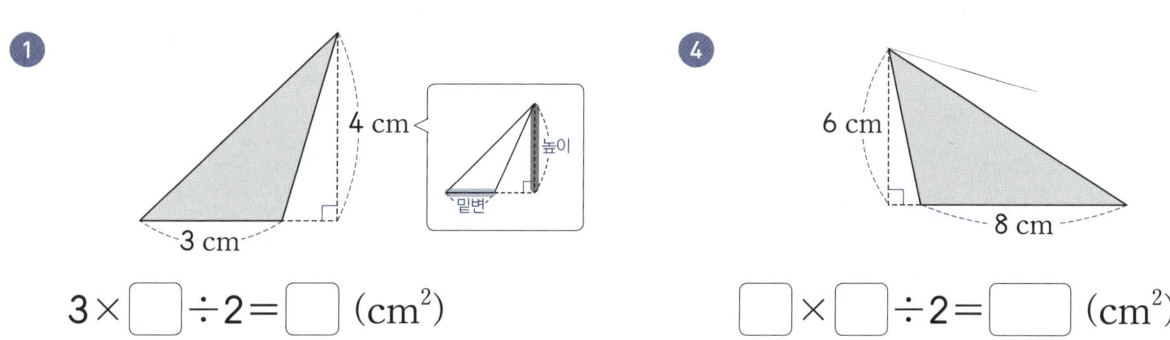

$3 \times \boxed{} \div 2 = \boxed{}$ (cm²)

4

$\boxed{} \times \boxed{} \div 2 = \boxed{}$ (cm²)

2

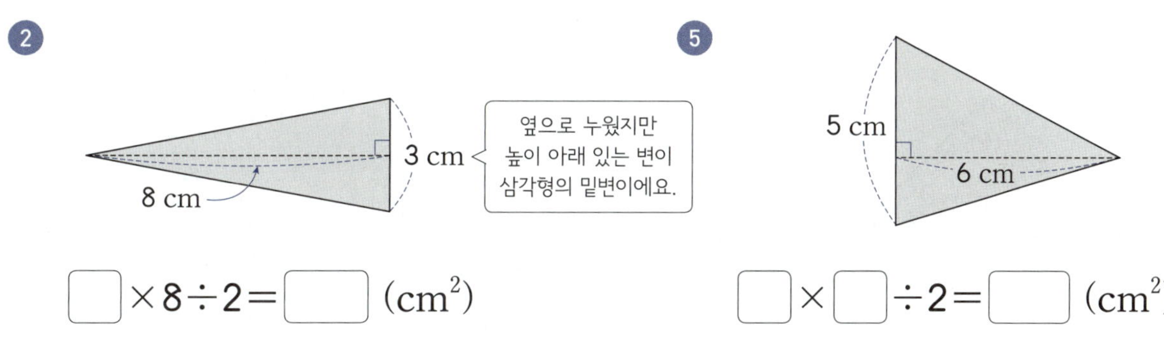

$\boxed{} \times 8 \div 2 = \boxed{}$ (cm²)

5

$\boxed{} \times \boxed{} \div 2 = \boxed{}$ (cm²)

3

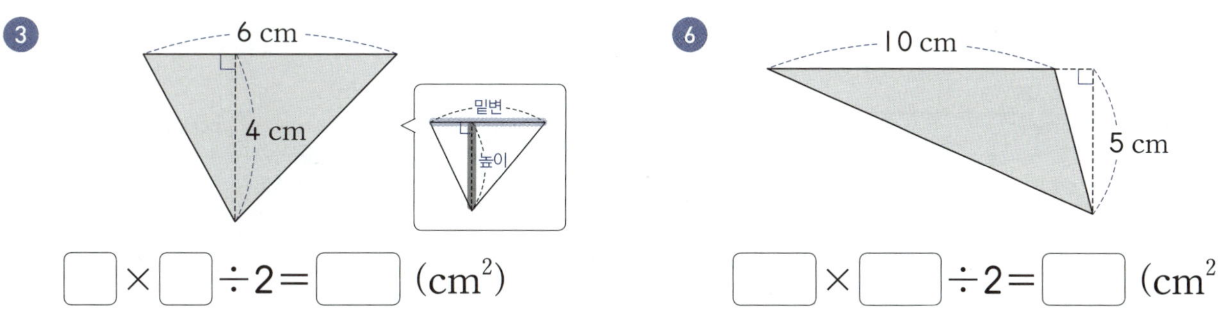

$\boxed{} \times \boxed{} \div 2 = \boxed{}$ (cm²)

6

$\boxed{} \times \boxed{} \div 2 = \boxed{}$ (cm²)

✂ 삼각형의 넓이를 구하세요.

1

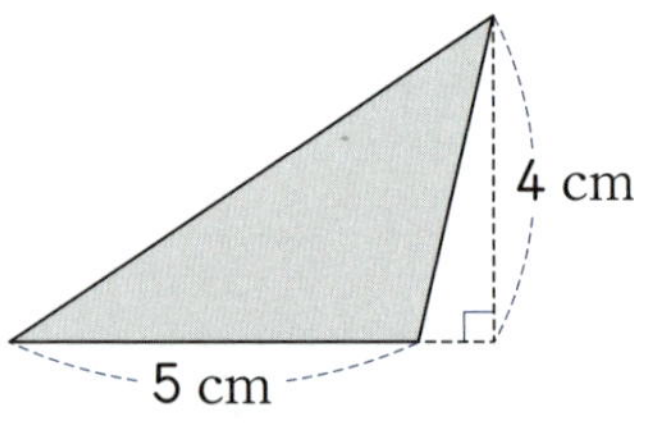

4 cm
5 cm

(cm²)

단위를 꼭 써요.

2

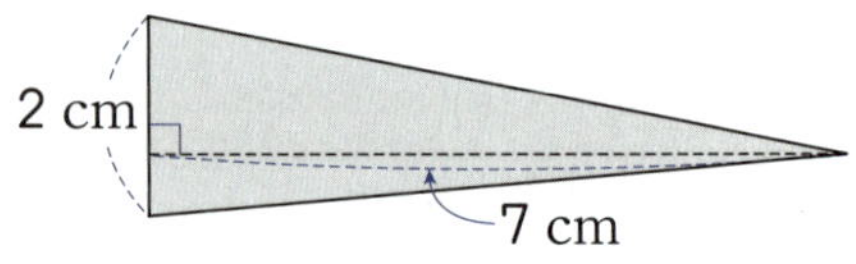

2 cm
7 cm

(   )

3

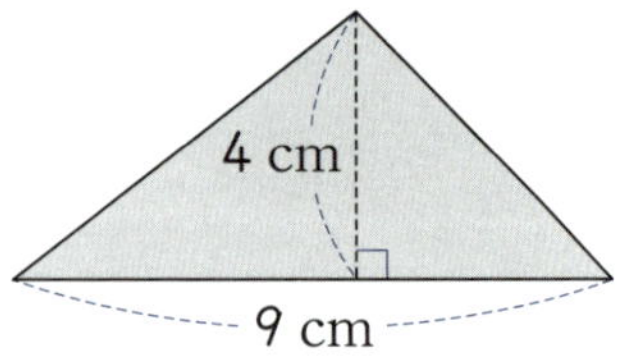

4 cm
9 cm

(   )

4

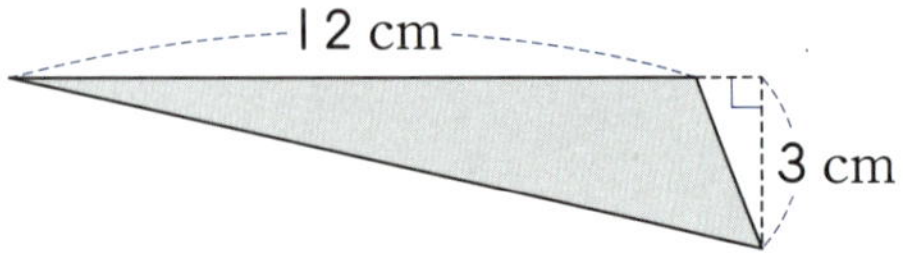

12 cm
3 cm

(   )

5

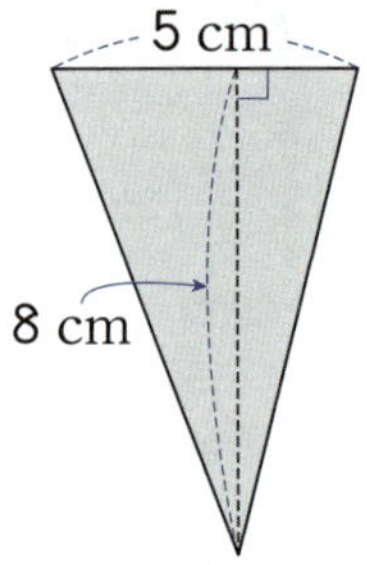

5 cm
8 cm

(   )

6

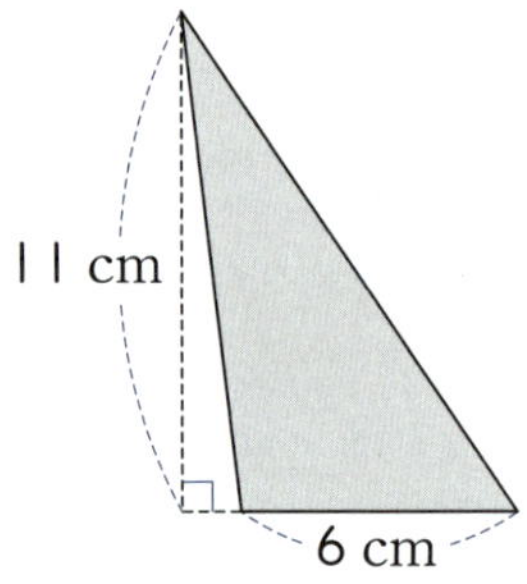

11 cm
6 cm

(   )

7

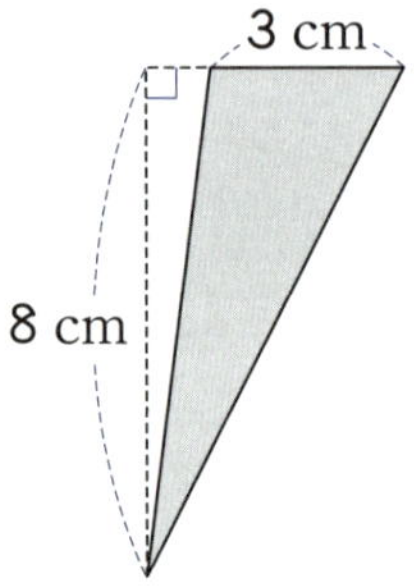

3 cm
8 cm

(   )

8

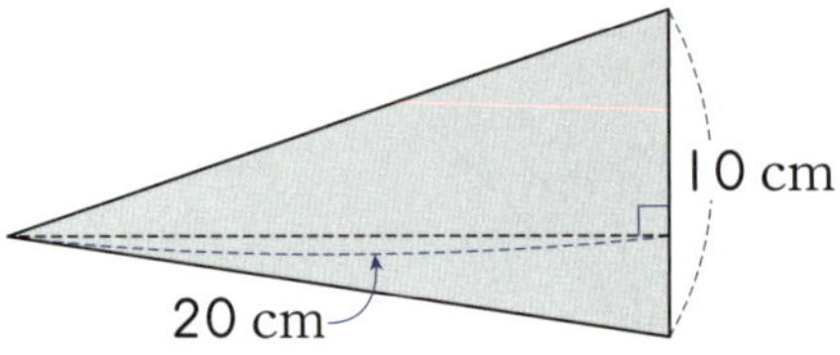

10 cm
20 cm

(   )

56 마름모의 넓이는 두 대각선의 길이의 곱의 반이야

마름모의 넓이를 구하세요.

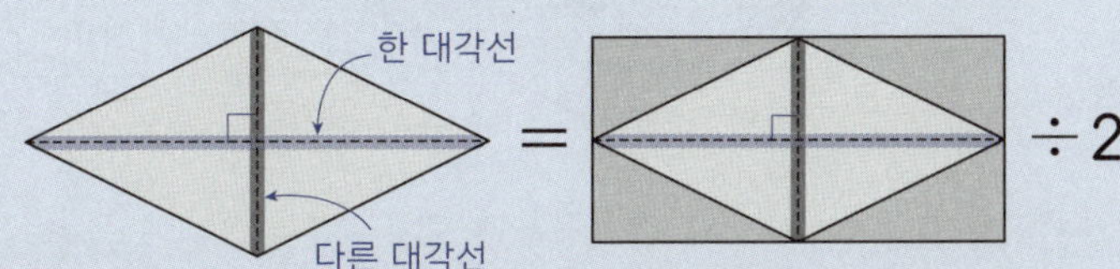
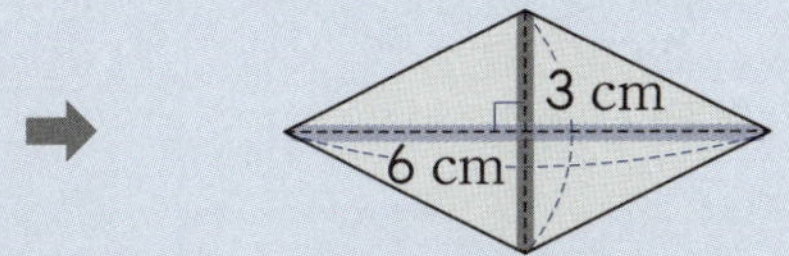

❶ 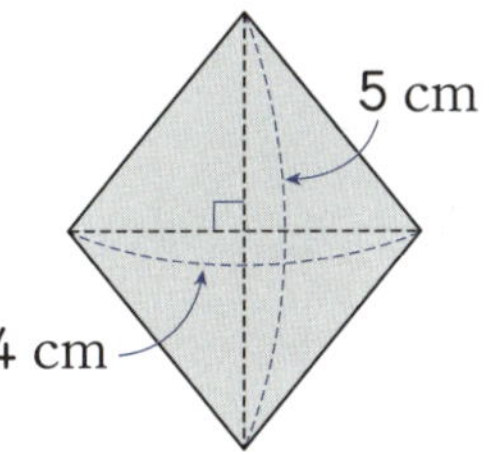

$$4 \times \boxed{} \div 2 = \boxed{} \ (\text{cm}^2)$$

❹ 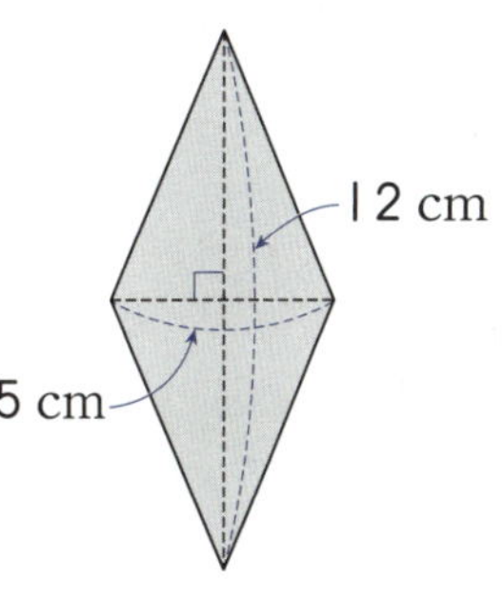

$$\boxed{} \times \boxed{} \div 2 = \boxed{} \ (\text{cm}^2)$$

❷ 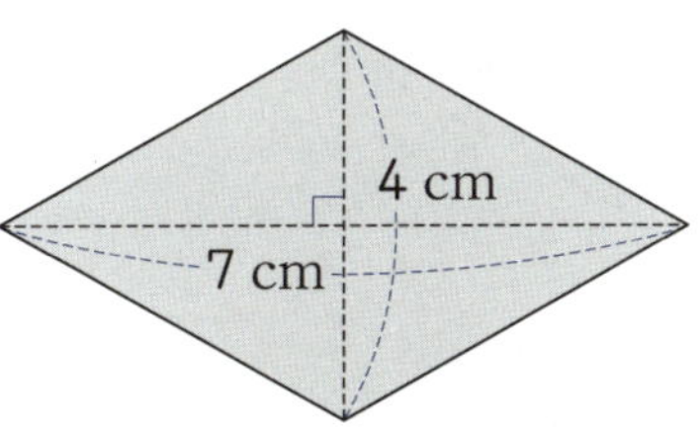

$$\boxed{} \times 4 \div 2 = \boxed{} \ (\text{cm}^2)$$

❺ 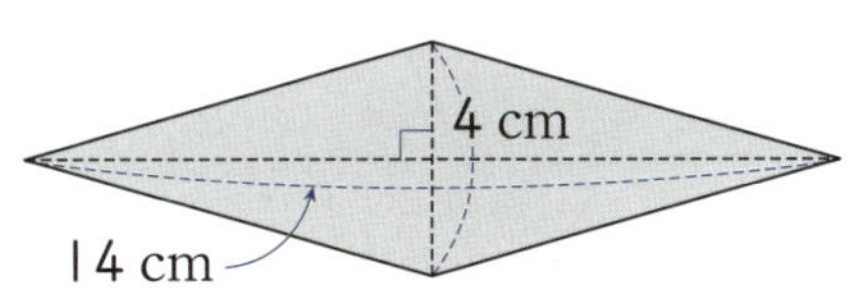

$$\boxed{} \times \boxed{} \div 2 = \boxed{} \ (\text{cm}^2)$$

❸ 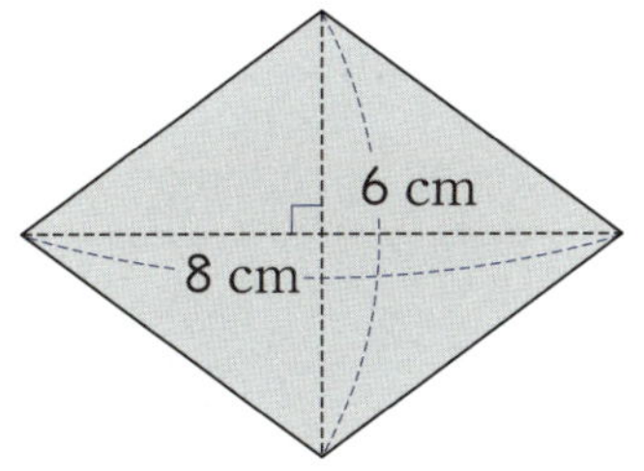

$$\boxed{} \times \boxed{} \div 2 = \boxed{} \ (\text{cm}^2)$$

❻ 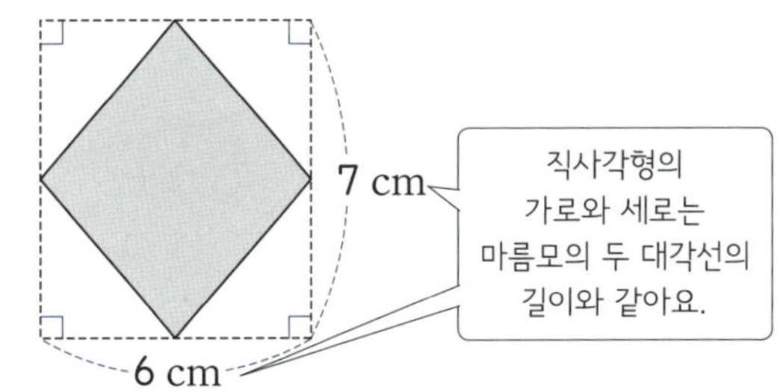

$$\boxed{} \times \boxed{} \div 2 = \boxed{} \ (\text{cm}^2)$$

56

마름모의 넓이를 구하세요.

1

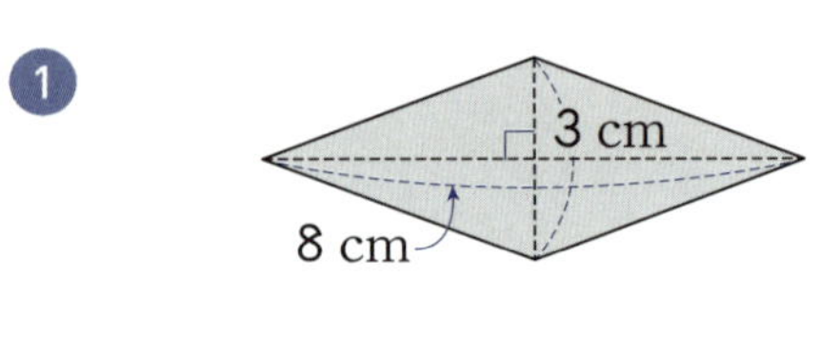

(cm²)

5

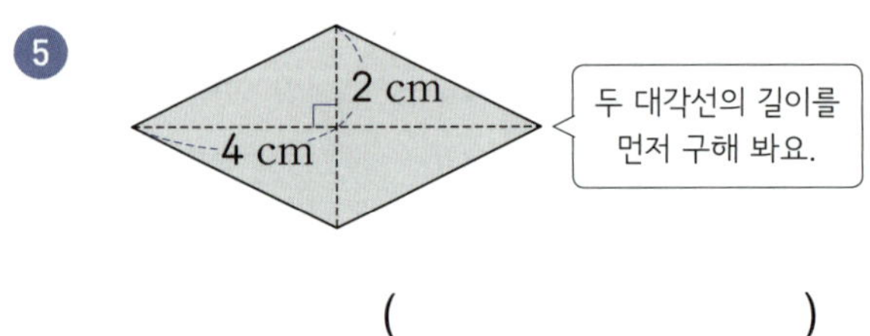

( )

2

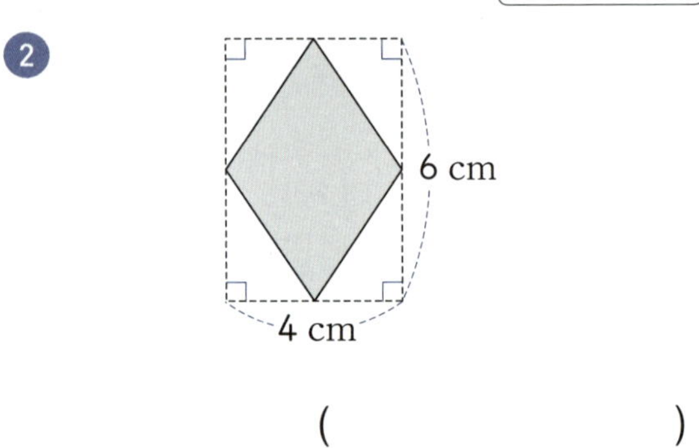

( )

6

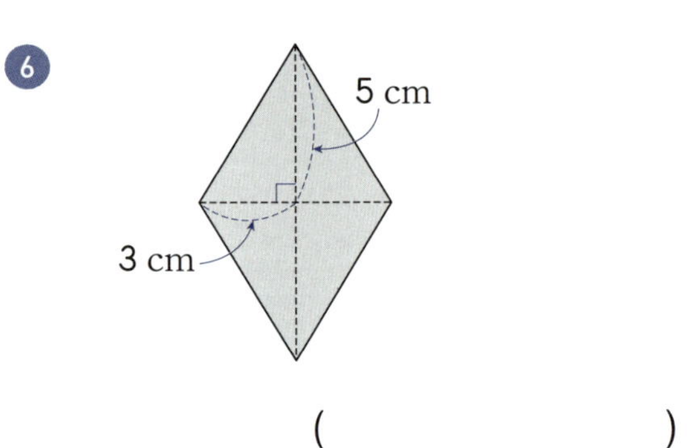

( )

3

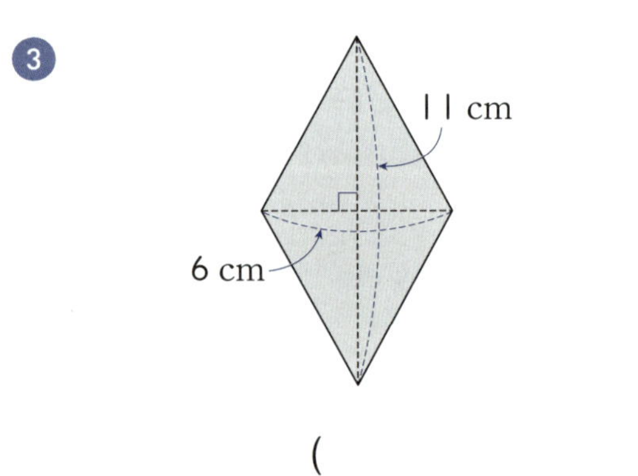

( )

7

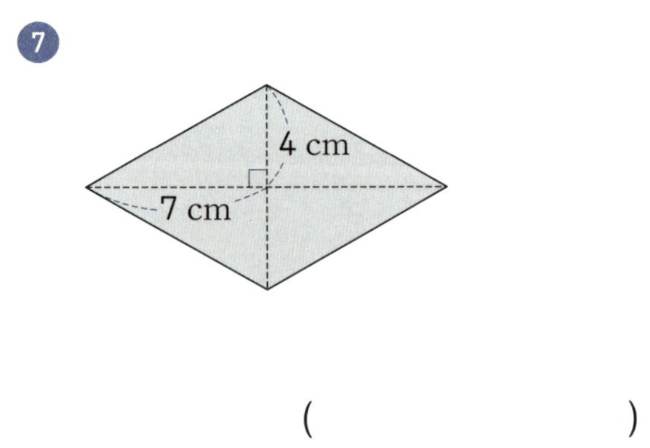

( )

4

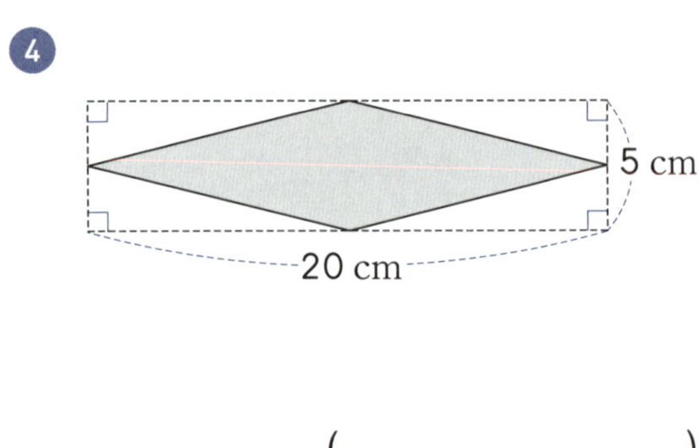

( )

8

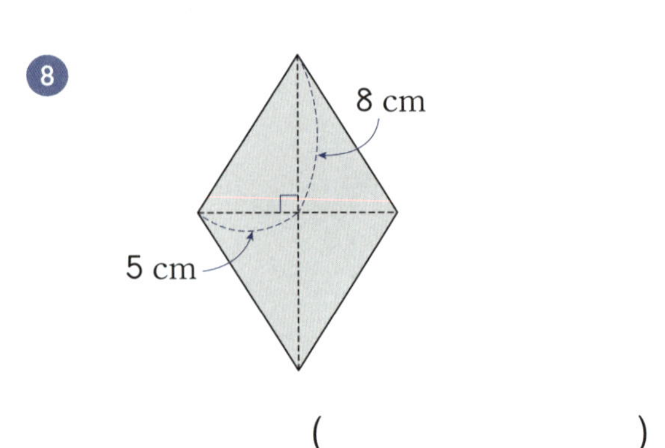

( )

57 사다리꼴의 넓이는 두 변과 높이를 먼저 찾자

✽ 사다리꼴의 넓이를 구하세요.

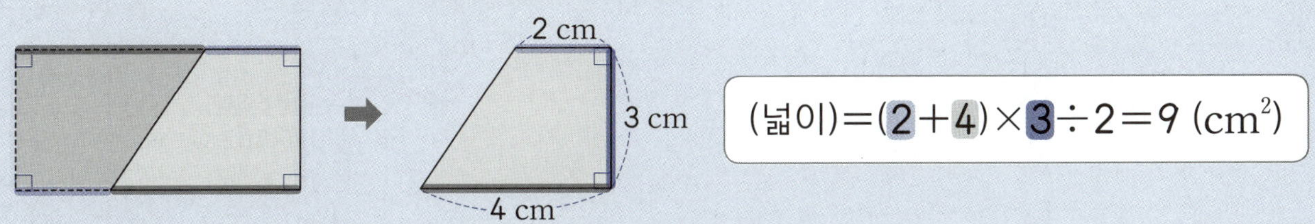

* (사다리꼴의 넓이)=((윗변의 길이)+(아랫변의 길이))×(높이)÷2

$$(넓이)=(2+4)\times 3 \div 2 = 9 \ (cm^2)$$

사다리꼴의 넓이는 똑같은 사다리꼴 2개를 이어 붙여 만든 평행사변형의 넓이의 반이에요.

① 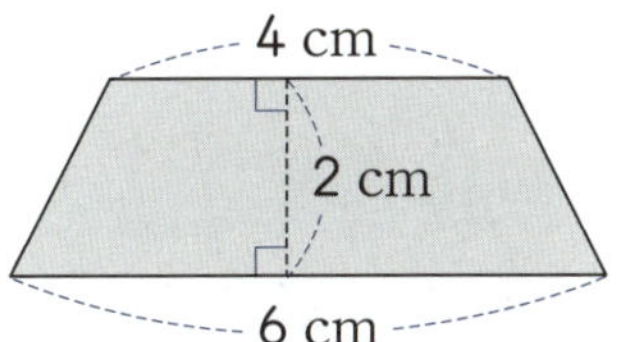

$$(4+6)\times \boxed{} \div 2 = \boxed{} \ (cm^2)$$

④ 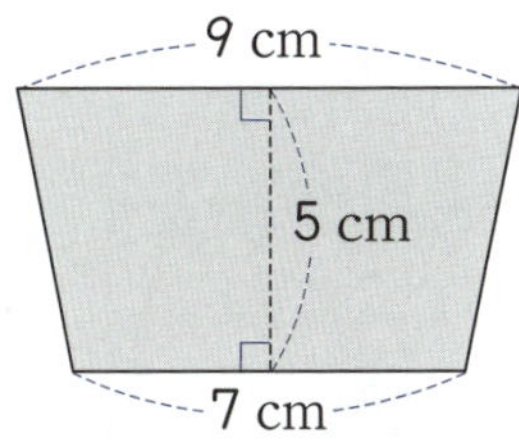

$$(9+ \boxed{})\times \boxed{} \div 2 = \boxed{} \ (cm^2)$$

② 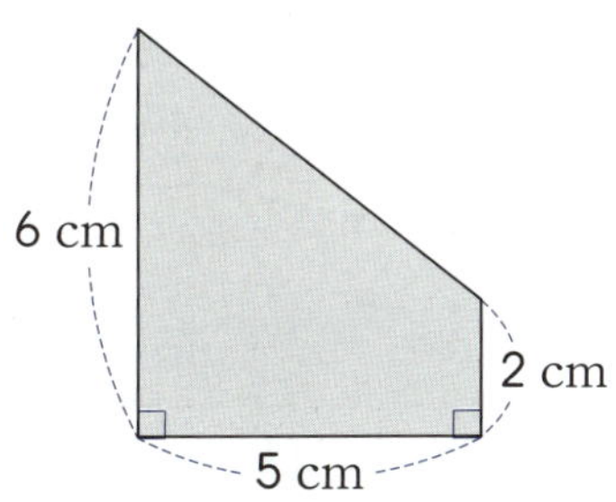

$$(6+ \boxed{})\times 5 \div 2 = \boxed{} \ (cm^2)$$

⑤ 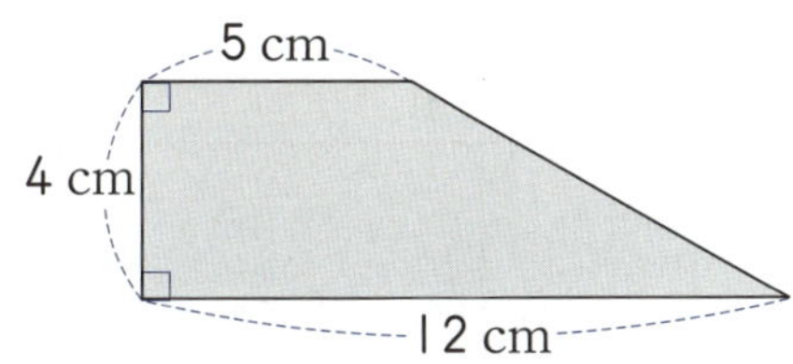

$$(5+ \boxed{})\times \boxed{} \div 2 = \boxed{} \ (cm^2)$$

③ 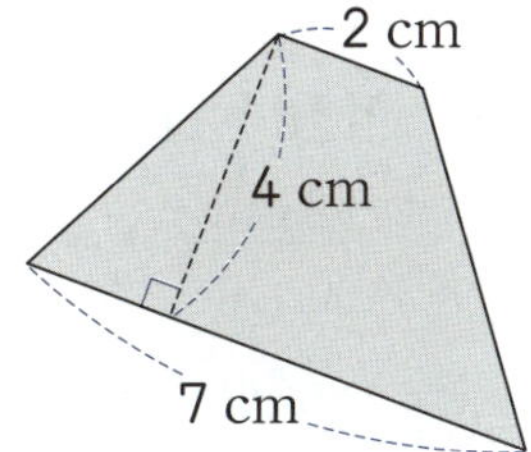

$$(2+ \boxed{})\times \boxed{} \div 2 = \boxed{} \ (cm^2)$$

⑥ 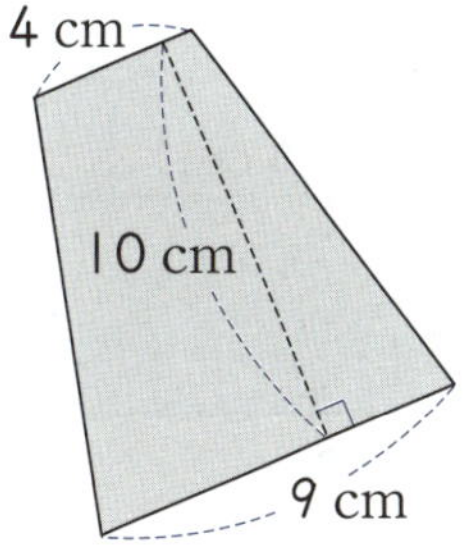

$$(4+ \boxed{})\times \boxed{} \div 2 = \boxed{} \ (cm^2)$$

57

사다리꼴의 넓이를 구하세요.

1
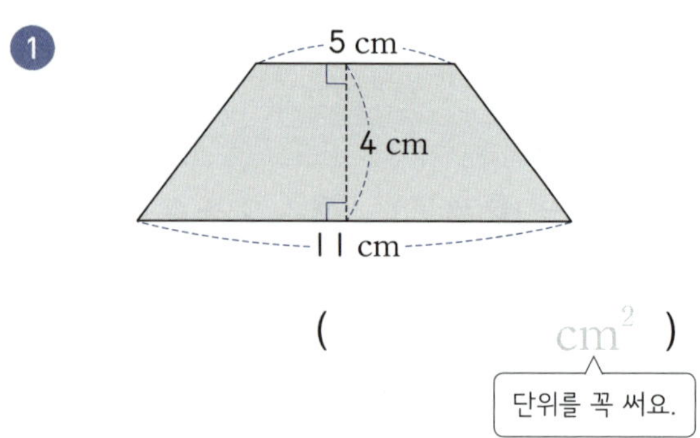

(cm^2)

단위를 꼭 써요.

5
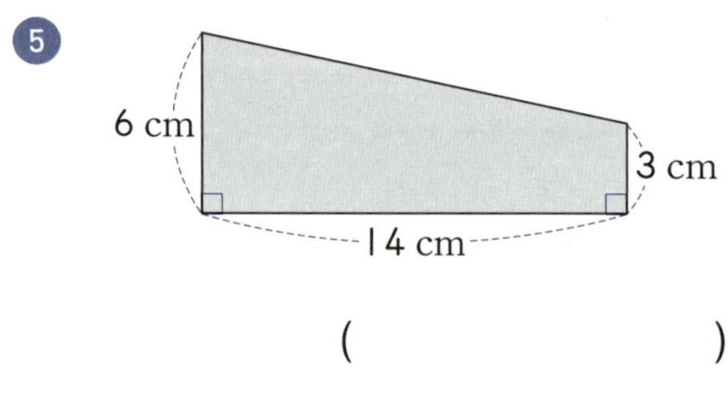

(   )

2
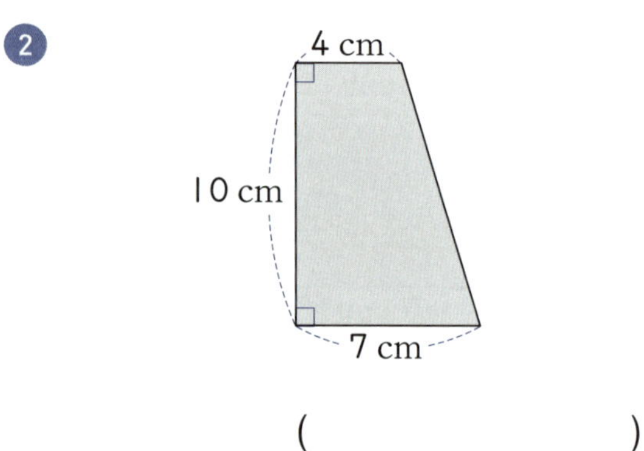

(   )

6
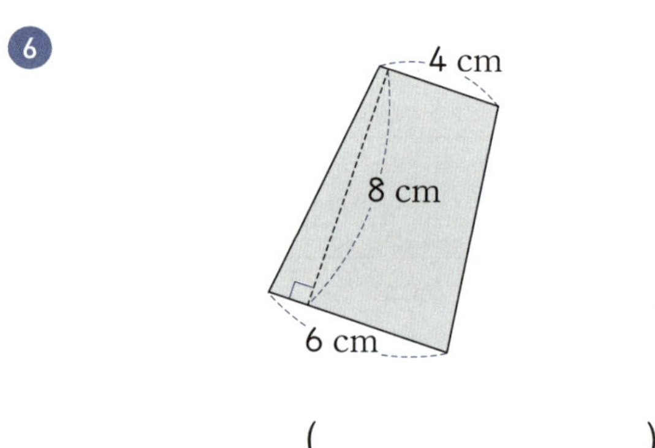

(   )

3
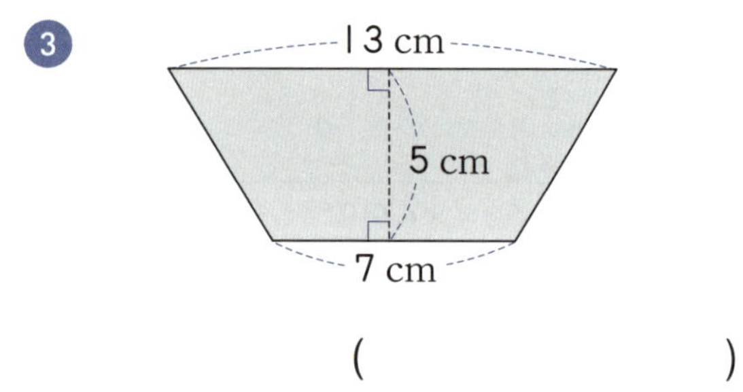

(   )

7
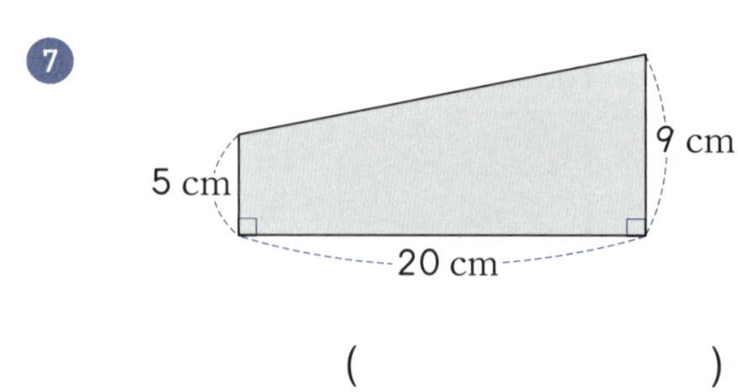

(   )

4
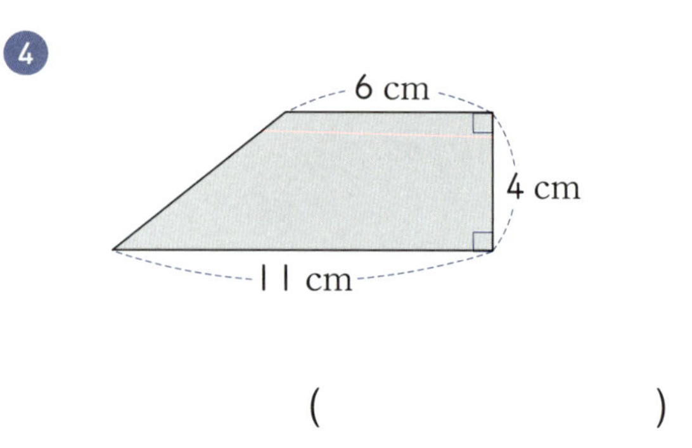

(   )

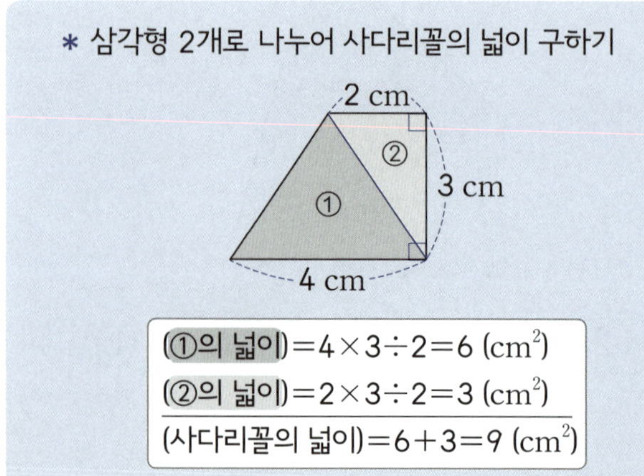

 58 생활 속 연산 – 다각형의 둘레와 넓이

✂ 그림을 보고 ☐ 안에 알맞은 수를 써넣으세요.

1 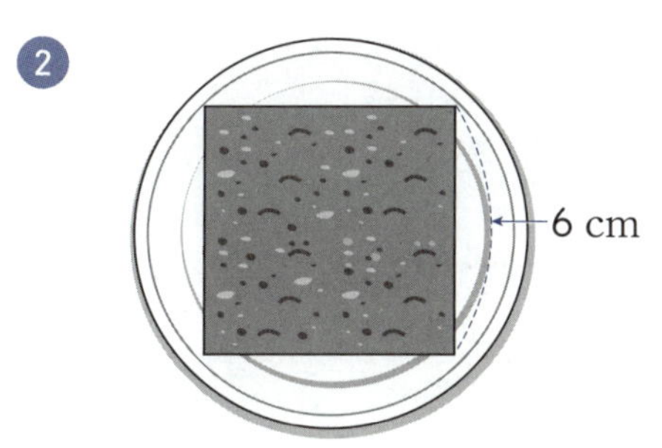

가로가 20 cm, 세로가 15 cm인 직사각형 모양의 태블릿이 있습니다. 이 태블릿의 둘레는 ☐ cm입니다.

2

방금 쪄낸 따끈따끈한 시루떡을 한 변의 길이가 6 cm인 정사각형 모양으로 잘라 접시에 담았습니다. 자른 시루떡의 넓이는 ☐ cm²입니다.

3 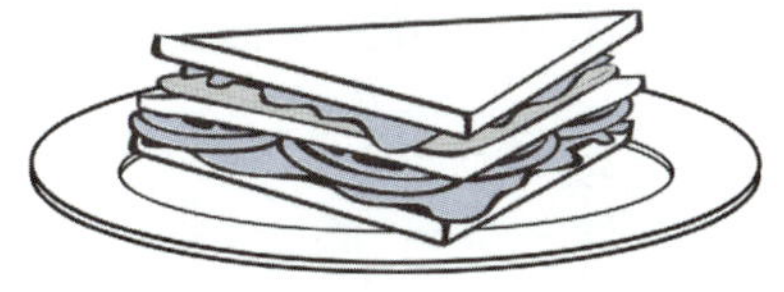

삼각형 모양의 샌드위치를 만들려고 합니다. 식빵을 밑변의 길이가 12 cm, 높이가 5 cm인 삼각형 모양으로 잘랐습니다. 자른 식빵 한 조각의 넓이는 ☐ cm²입니다.

4 

학교 동요 대회가 열린 무대는 윗변의 길이가 8 m, 아랫변의 길이가 14 m, 높이가 10 m인 사다리꼴 모양입니다. 이 무대의 넓이는 ☐ m²입니다.

❀ 동물 친구들이 주말농장에서 밭을 가꾸고 있습니다. 각 밭의 넓이를 구하여 ☐ 안에 써넣고, 가장 넓은 밭을 가꾸는 동물에 ◯표 하세요.

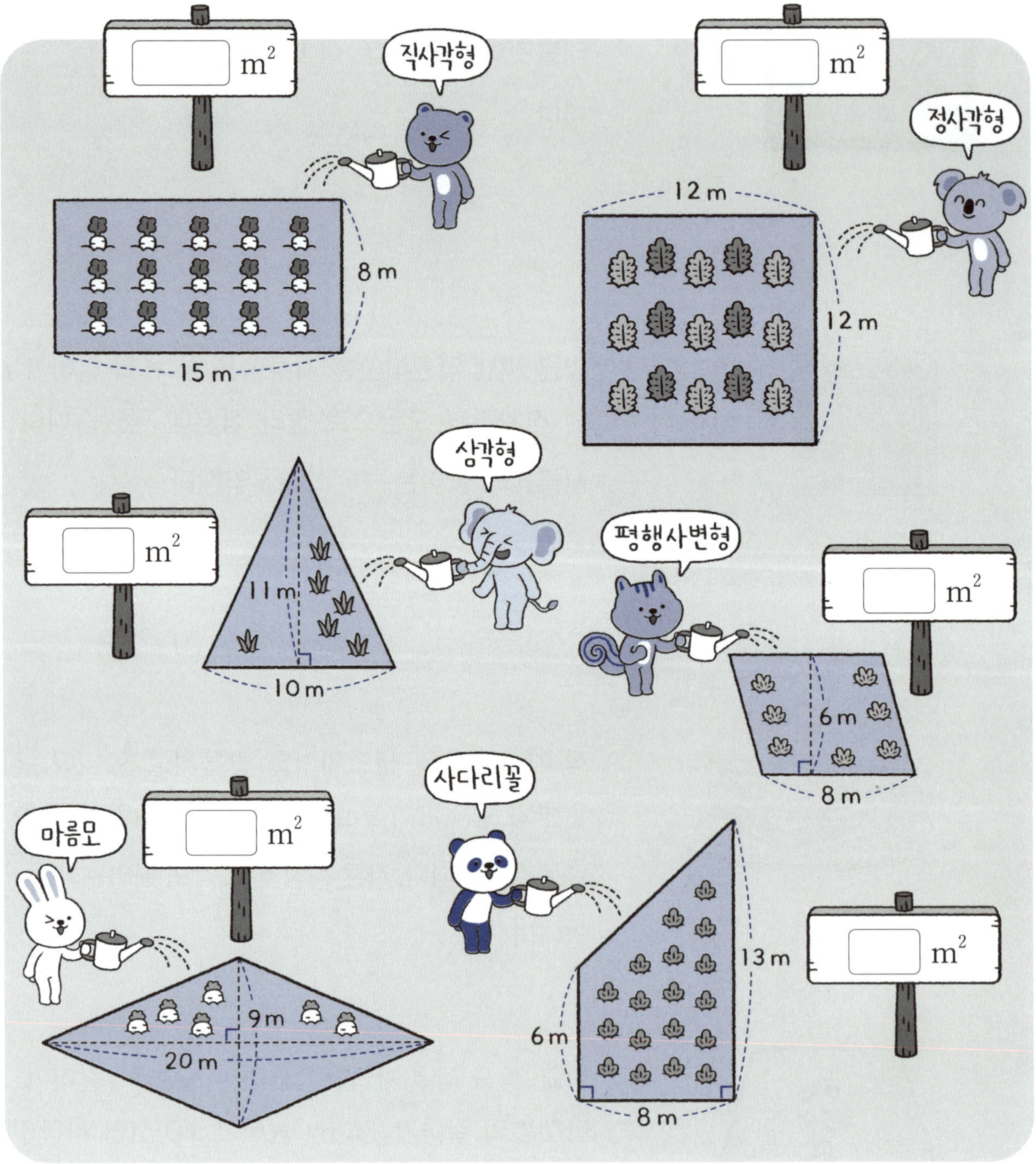

*틀린 문제는 꼭 다시 확인하고 넘어가요!

✂ ☐ 안에 알맞은 수를 써넣으세요.

1 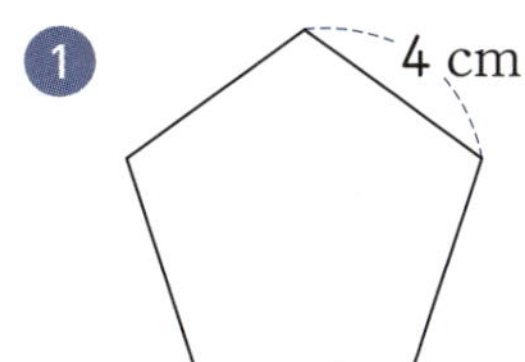

정오각형의 둘레: ☐ cm

2 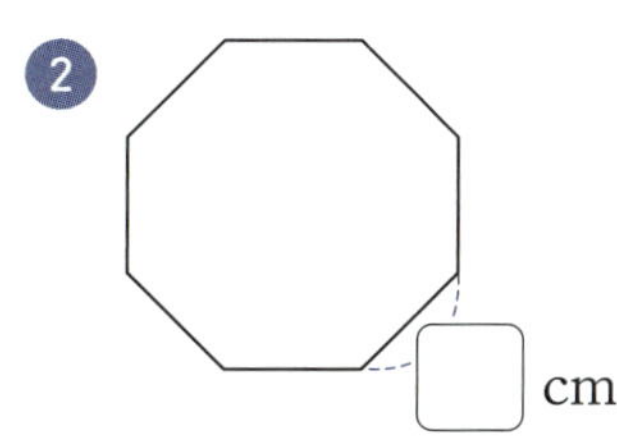

정팔각형의 둘레
: 24 cm

☐ cm

3 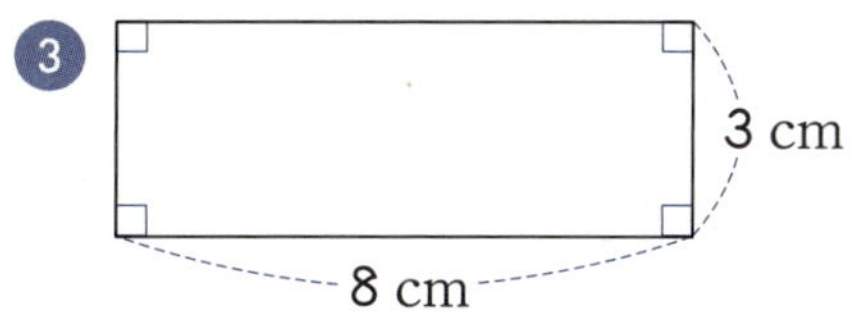

직사각형의 둘레: ☐ cm

4 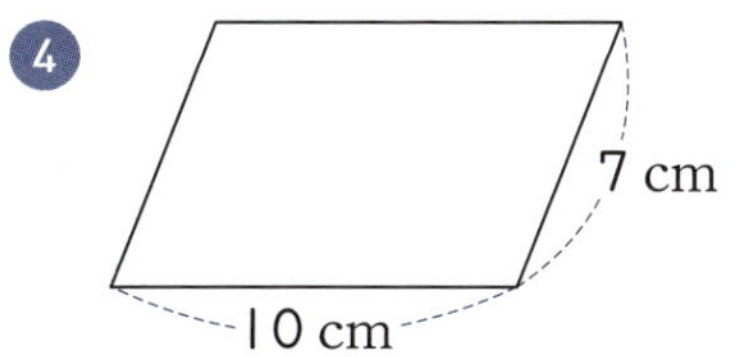

평행사변형의 둘레: ☐ cm

5 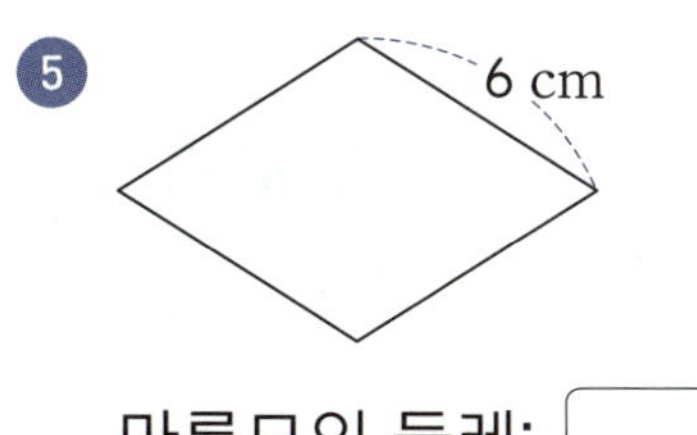

마름모의 둘레: ☐ cm

6 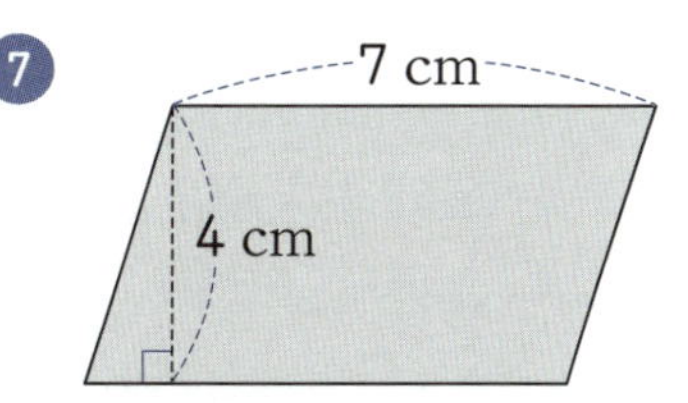

직사각형의 넓이: ☐ cm^2

7 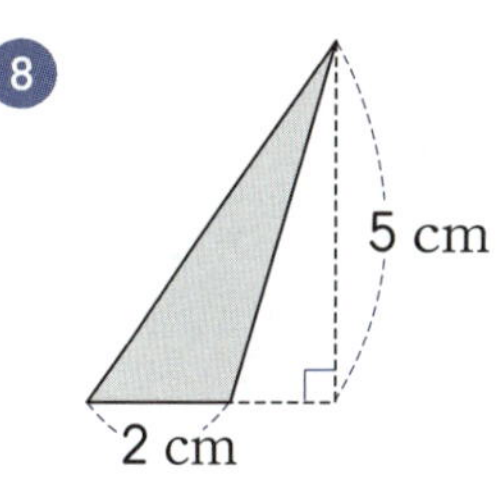

평행사변형의 넓이: ☐ cm^2

8 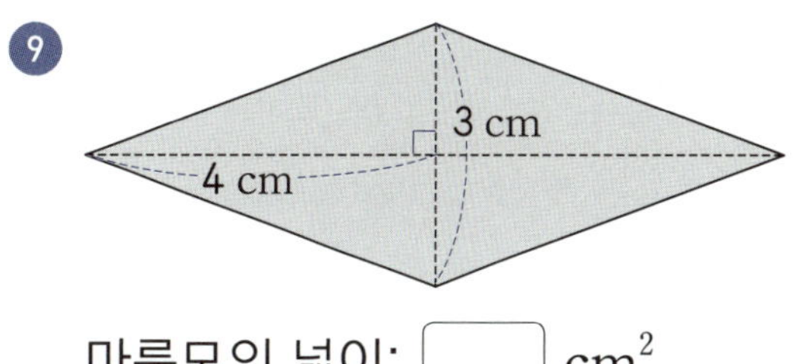

삼각형의 넓이: ☐ cm^2

9

마름모의 넓이: ☐ cm^2

10 윗변의 길이가 8 cm, 아랫변의 길이가 10 cm, 높이가 7 cm인 사다리꼴 모양 종이의 넓이는 ☐ cm^{2}입니다.

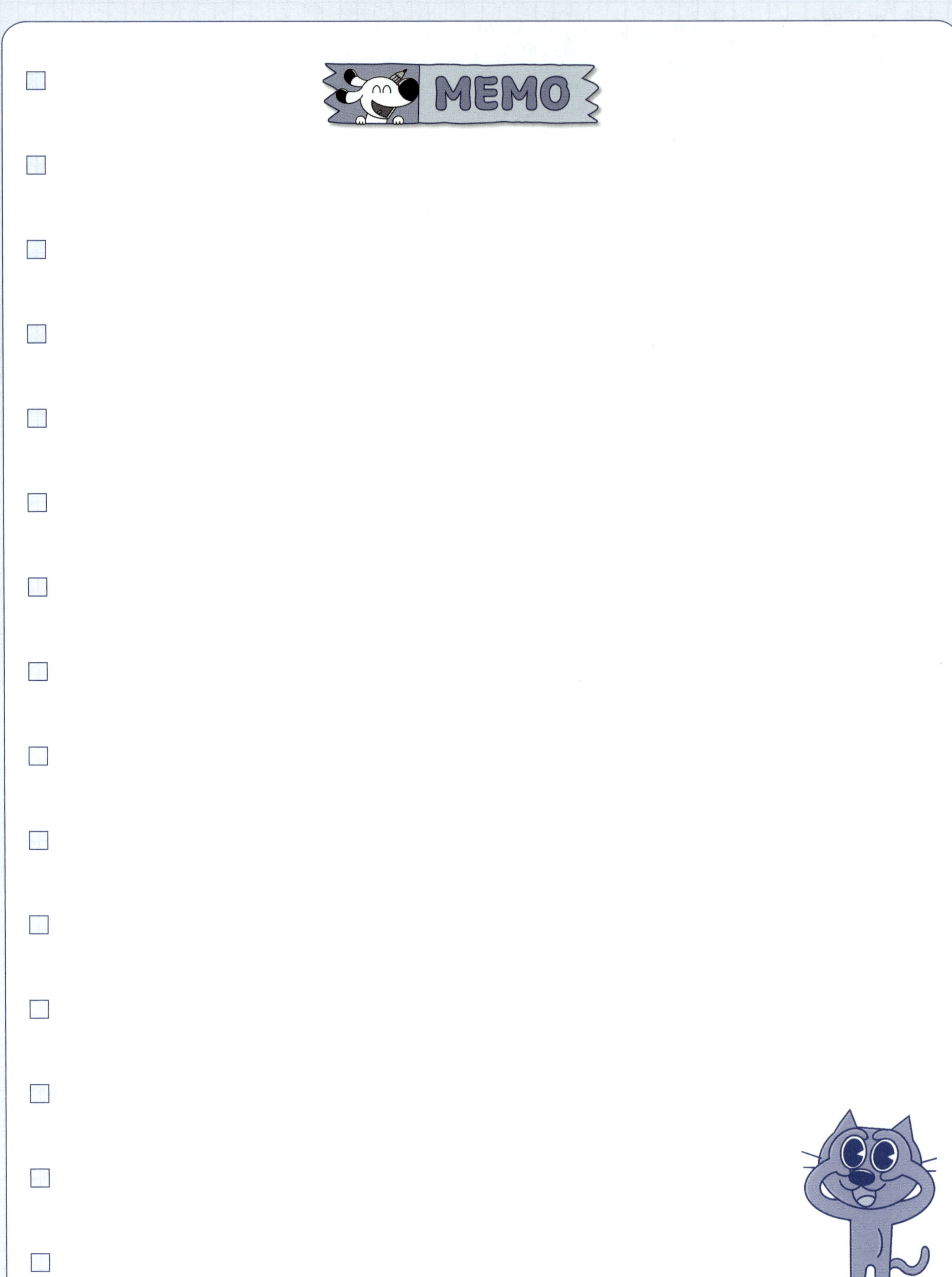

초등 수학 공부, 이렇게 하면 효과적!

"펑펑 내려야 눈이 쌓이듯 공부도 집중해야 실력이 쌓인다!"

학교 다닐 때는? 학기별 연산책 '바빠 교과서 연산'

'바빠 교과서 연산'부터 시작하세요. 학기별 진도에 딱 맞춘 쉬운 연산 책이니까요! 방학 동안 다음 학기 선행을 준비할 때도 '바빠 교과서 연산'으로 시작하세요! 교과서 순서대로 빠르게 공부할 수 있어, 첫 번째 수학 책으로 추천합니다.

시험이나 서술형 대비는? '나 혼자 푼다 바빠 수학 문장제'

학교 시험을 대비하고 싶다면 '나 혼자 푼다 수학 문장제'로 공부하세요. 너무 어렵지도 쉽지도 않은 딱 적당한 난이도로, 빈칸을 채우면 풀이 과정이 완성됩니다! 막막하지 않아요~ 요즘 학교 시험 풀이 과정을 손쉽게 연습할 수 있습니다.

방학 때는? 10일 완성 영역별 연산책 '바빠 연산법'

내가 부족한 영역만 골라 보충할 수 있어요! 예를 들어 4학년인데 나눗 셈이 어렵다면 나눗셈만, 분수가 어렵다면 분수만 골라 훈련하세요. 방학 때나 학습 결손이 생겼을 때, 취약한 연산 구멍을 빠르게 메꿀 수 있어요!

바빠 연산 영역 :
덧셈, 뺄셈, 구구단, 시계와 시간, 길이와 시간 계산, 곱셈, 나눗셈, 약수와 배수, 분수, 소수, 자연수의 혼합 계산, 분수와 소수의 혼합 계산, 평면도형 계산, 입체도형 계산, 비와 비례, 방정식, 확률과 통계, 19단

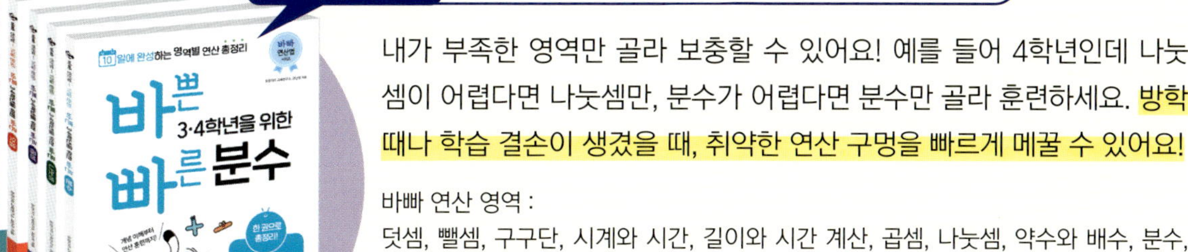

바빠 시리즈 초등 학년별 추천 도서

학년	학기별 연산책 바빠 교과서 연산 학기 중, 선행용으로 추천!	나 혼자 푼다 바빠 수학 문장제 학교 시험 서술형 완벽 대비!
1학년	·바빠 교과서 연산 1-1 ·바빠 교과서 연산 1-2	·나 혼자 푼다 바빠 수학 문장제 1-1 ·나 혼자 푼다 바빠 수학 문장제 1-2
2학년	·바빠 교과서 연산 2-1 ·바빠 교과서 연산 2-2	·나 혼자 푼다 바빠 수학 문장제 2-1 ·나 혼자 푼다 바빠 수학 문장제 2-2
3학년	·바빠 교과서 연산 3-1 ·바빠 교과서 연산 3-2	·나 혼자 푼다 바빠 수학 문장제 3-1 ·나 혼자 푼다 바빠 수학 문장제 3-2
4학년	·바빠 교과서 연산 4-1 ·바빠 교과서 연산 4-2	·나 혼자 푼다 바빠 수학 문장제 4-1 ·나 혼자 푼다 바빠 수학 문장제 4-2
5학년	·바빠 교과서 연산 5-1 ·바빠 교과서 연산 5-2	·나 혼자 푼다 바빠 수학 문장제 5-1 ·나 혼자 푼다 바빠 수학 문장제 5-2
6학년	·바빠 교과서 연산 6-1 ·바빠 교과서 연산 6-2	·나 혼자 푼다 바빠 수학 문장제 6-1 ·나 혼자 푼다 바빠 수학 문장제 6-2

이번 학기 공부 습관을 만드는 첫 연산 책!

바빠 교과서 연산

바쁜 친구들이 즐거워지는
빠른 학습법

5-1

정답 및 풀이

이지스에듀

이번 학기
공부 습관을 만드는
첫 연산 책!

01 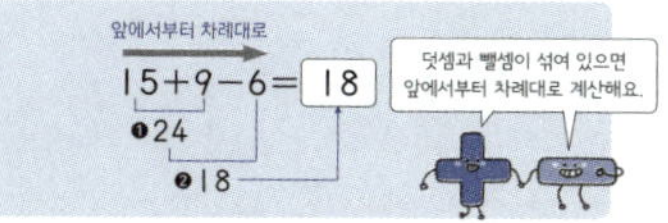 덧셈과 뺄셈이 섞인 식은 앞에서부터!

❋ 계산하세요.

앞에서부터 차례대로
$15+9-6=\boxed{18}$
❶24
❷18

덧셈과 뺄셈이 섞여 있으면 앞에서부터 차례대로 계산해요.

⑥ $35+7-13=29$

❶ $16-7+12=\boxed{21}$
　$\boxed{9}$
　$\boxed{21}$

⑦ $61-32+14=43$

❷ $23+29-16=36$

계산 순서를 식 아래에 표시하고 풀어 보세요.

⑧ $43+28-34=37$

❸ $30-13+25=42$

⑨ $54-37+12=29$

❹ $36+14-21=29$

⑩ $72+19-29=62$

❺ $45-29+17=33$

⑪ $80-54+35=61$

01

❋ 계산하세요.

( ) 안 먼저!
$17+(\!14-8\!)=\boxed{23}$
❶6
❷23

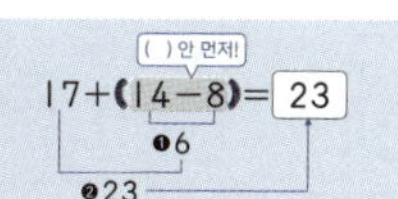

괄호 안 먼저! ⇨ 앞에서부터 차례대로!

⑥ $25+(24-7)=42$

❶ $30-(5+19)=\boxed{6}$
　$\boxed{24}$
　$\boxed{6}$

⑦ $61-(25+9)=27$

❷ $32+(23-15)=40$

계산 순서를 식 아래에 표시한 다음 계산하면 실수를 줄일 수 있어요.

⑧ $13+(50-12)=51$

❸ $52-(16+27)=9$

⑨ $80-(17+34)=29$

❹ $43+(26-18)=51$

⑩ $48+(63-45)=66$

❺ $70-(35+29)=6$

⑪ $76-(29+19)=28$

---

02 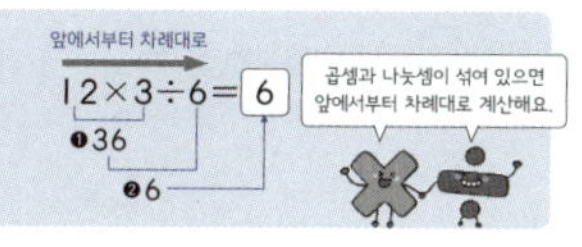 곱셈과 나눗셈이 섞인 식도 앞에서부터!

❋ 계산하세요.

앞에서부터 차례대로
$12\times3\div6=\boxed{6}$
❶36
❷6

곱셈과 나눗셈이 섞여 있으면 앞에서부터 차례대로 계산해요.

⑤ $42\div6\times10=70$

❶ $24\div8\times13=\boxed{39}$
　$\boxed{3}$
　$\boxed{39}$

⑥ $12\times7\div4=21$

❷ $15\times4\div3=20$

식 아래에 계산 순서를 표시하고 풀어 보세요~

⑦ $48\div3\times6=96$

❸ $35\div5\times8=56$

⑧ $33\times3\div9=11$

❹ $24\times3\div2=36$

⑨ $88\div11\times7=56$

02

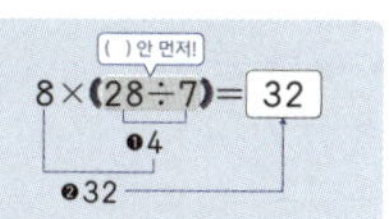

❋ 계산하세요.

( ) 안 먼저!
$8\times(\!28\div7\!)=\boxed{32}$
❶4
❷32

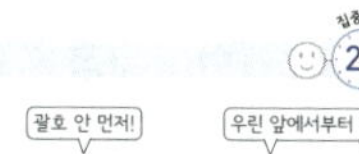

괄호 안 먼저! ⇨ 우린 앞에서부터 차례대로!

⑥ $14\times(28\div7)=56$

❶ $56\div(2\times7)=\boxed{4}$
　$\boxed{14}$
　$\boxed{4}$

⑦ $84\div(7\times3)=4$

❷ $5\times(54\div6)=45$

계산 순서를 식 아래에 표시한 다음 계산하면 실수를 줄일 수 있어요.

⑧ $3\times(60\div4)=45$

❸ $45\div(5\times3)=3$

⑨ $96\div(4\times8)=3$

❹ $7\times(18\div2)=63$

⑩ $4\times(65\div5)=52$

❺ $72\div(3\times6)=4$

⑪ $120\div(5\times4)=6$

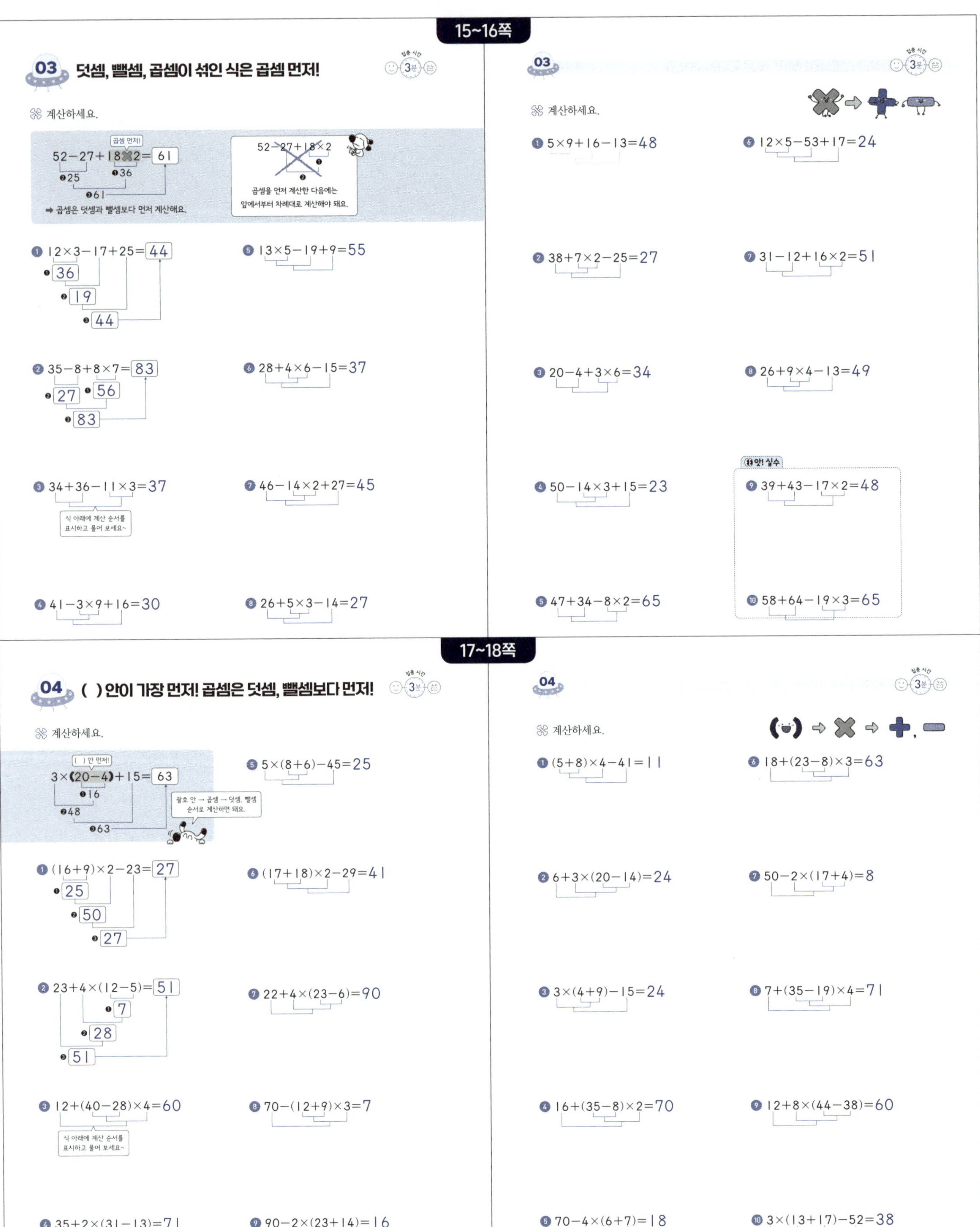

03 덧셈, 뺄셈, 곱셈이 섞인 식은 곱셈 먼저!
계산 시간 3분

계산하세요.

곱셈 먼저!
52-27+18×2= 61
●25 ●36
●61
➡ 곱셈은 덧셈과 뺄셈보다 먼저 계산해요.

52-27+18×2
곱셈을 먼저 계산한 다음에는
앞에서부터 차례대로 계산해야 돼요.

● 12×3-17+25= 44
● 36
● 19
● 44

● 35-8+8×7= 83
● 27 ● 56
● 83

● 34+36-11×3=37
식 아래에 계산 순서를 표시하고 풀어 보세요~

● 41-3×9+16=30

● 13×5-19+9=55

● 28+4×6-15=37

● 46-14×2+27=45

● 26+5×3-14=27

03
계산 시간 3분

계산하세요.

● 5×9+16-13=48

● 38+7×2-25=27

● 20-4+3×6=34

● 50-14×3+15=23

● 47+34-8×2=65

● 12×5-53+17=24

● 31-12+16×2=51

● 26+9×4-13=49

앗! 실수
● 39+43-17×2=48

● 58+64-19×3=65

04 ( )안이 가장 먼저! 곱셈은 덧셈, 뺄셈보다 먼저!
계산 시간 3분

계산하세요.

( )안 먼저!
3×(20-4)+15= 63
●16
●48
●63

괄호 안 → 곱셈 → 덧셈, 뺄셈
순서로 계산하면 돼요.

● (16+9)×2-23= 27
● 25
● 50
● 27

● 23+4×(12-5)= 51
● 7
● 28
● 51

● 12+(40-28)×4=60
식 아래에 계산 순서를 표시하고 풀어 보세요~

● 35+2×(31-13)=71

● 5×(8+6)-45=25

● (17+18)×2-29=41

● 22+4×(23-6)=90

● 70-(12+9)×3=7

● 90-2×(23+14)=16

04
계산 시간 3분

계산하세요.

● (5+8)×4-41=11

● 6+3×(20-14)=24

● 3×(4+9)-15=24

● 16+(35-8)×2=70

● 70-4×(6+7)=18

● 18+(23-8)×3=63

● 50-2×(17+4)=8

● 7+(35-19)×4=71

● 12+8×(44-38)=60

● 3×(13+17)-52=38

05 덧셈, 뺄셈, 나눗셈이 섞인 식은 나눗셈 먼저!

집중 시간 3분

※ 계산하세요.

$45-26+81\div 9 = \boxed{28}$

나눗셈 먼저!

➡ 나눗셈은 덧셈과 뺄셈보다 먼저 계산해요.

$45-26+81\div 9$

나눗셈을 먼저 계산한 다음에는
앞에서부터 차례대로 계산해야 돼요.

❶ $64\div 2-16+7 = \boxed{23}$
$\boxed{32}$ $\boxed{16}$ $\boxed{23}$

❷ $51-12+36\div 4 = \boxed{48}$
$\boxed{39}$ $\boxed{9}$ $\boxed{48}$

❸ $20-60\div 5+32 = 40$

식 아래에 계산 순서를
표시하고 풀어 보세요~

❹ $33+17-28\div 2 = 36$

❺ $24-51\div 3+13 = 20$

❻ $35+76\div 4-16 = 38$

❼ $30\div 2-8+27 = 34$

❽ $25+30\div 5-8 = 23$

05

집중 시간 3분

※ 계산하세요.

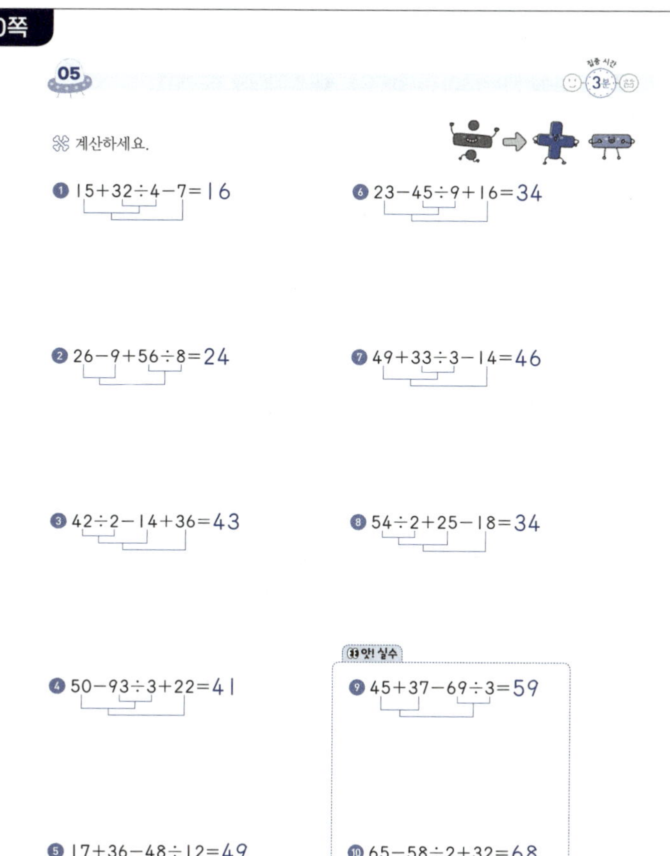

❶ $15+32\div 4-7 = 16$

❷ $26-9+56\div 8 = 24$

❸ $42\div 2-14+36 = 43$

❹ $50-93\div 3+22 = 41$

❺ $17+36-48\div 12 = 49$

❻ $23-45\div 9+16 = 34$

❼ $49+33\div 3-14 = 46$

❽ $54\div 2+25-18 = 34$

앗! 실수

❾ $45+37-69\div 3 = 59$

❿ $65-58\div 2+32 = 68$

---

06 ( )안이 가장 먼저! 나눗셈은 덧셈, 뺄셈보다 먼저!

집중 시간 3분

※ 계산하세요.

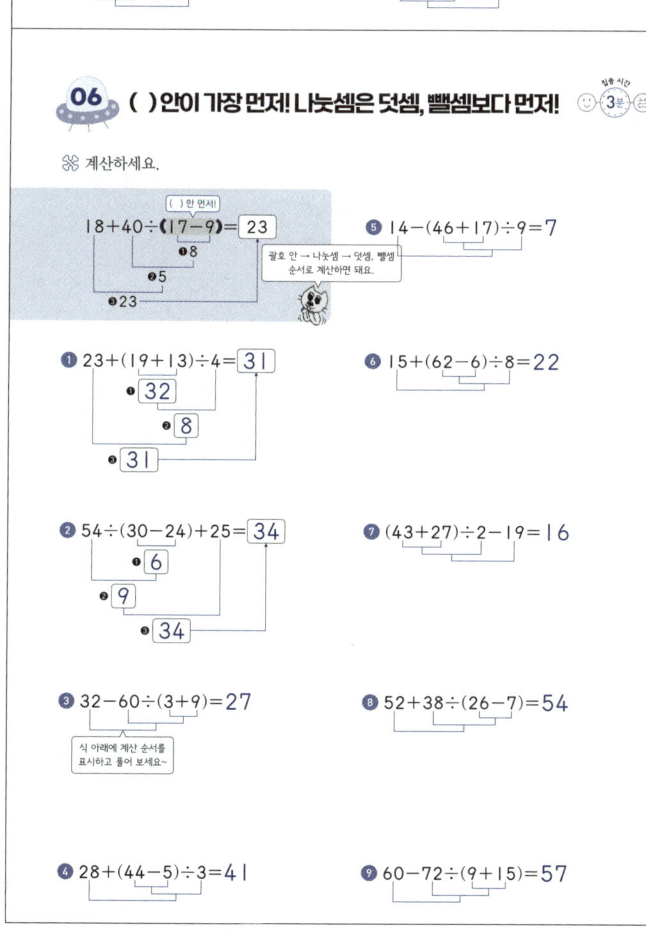

( )안 먼저!

$18+40\div(17-9) = \boxed{23}$

괄호 안 → 나눗셈 → 덧셈, 뺄셈
순서로 계산하면 돼요.

❶ $23+(19+13)\div 4 = \boxed{31}$
$\boxed{32}$ $\boxed{8}$ $\boxed{31}$

❷ $54\div(30-24)+25 = \boxed{34}$
$\boxed{6}$ $\boxed{9}$ $\boxed{34}$

❸ $32-60\div(3+9) = 27$

식 아래에 계산 순서를
표시하고 풀어 보세요~

❹ $28+(44-5)\div 3 = 41$

❺ $14-(46+17)\div 9 = 7$

❻ $15+(62-6)\div 8 = 22$

❼ $(43+27)\div 2-19 = 16$

❽ $52+38\div(26-9) = 54$

❾ $60-72\div(9+15) = 57$

06

집중 시간 3분

※ 계산하세요.

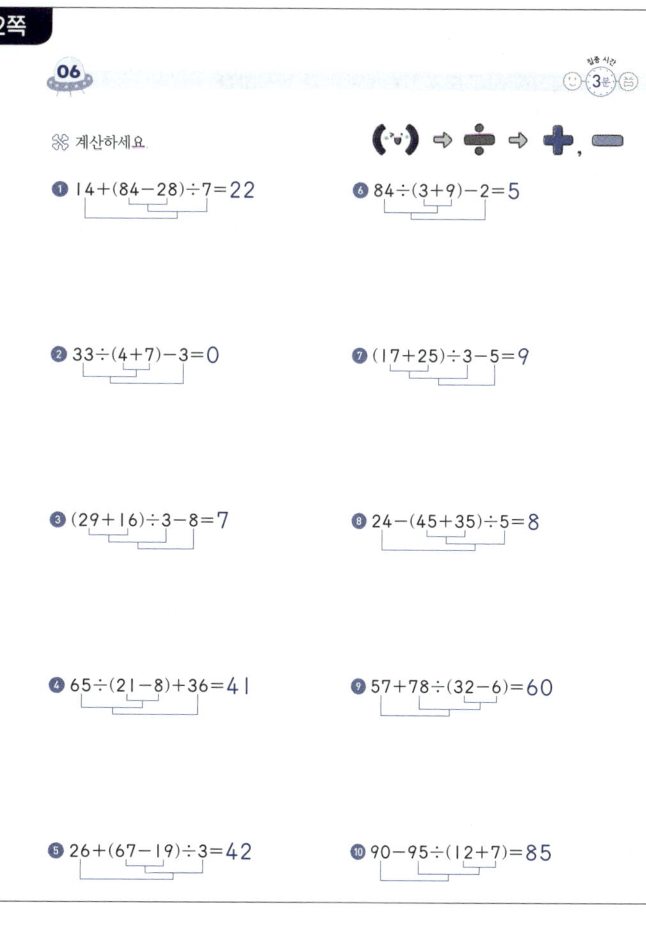

❶ $14+(84-28)\div 7 = 22$

❷ $33\div(4+7)-3 = 0$

❸ $(29+16)\div 3-8 = 7$

❹ $65\div(21-8)+36 = 41$

❺ $26+(67-19)\div 3 = 42$

❻ $84\div(3+9)-2 = 5$

❼ $(17+25)\div 3-5 = 9$

❽ $24-(45+35)\div 5 = 8$

❾ $57+78\div(32-6) = 60$

❿ $90-95\div(12+7) = 85$

---

07 곱셈, 나눗셈이 먼저! 덧셈, 뺄셈은 뒤에 계산하자

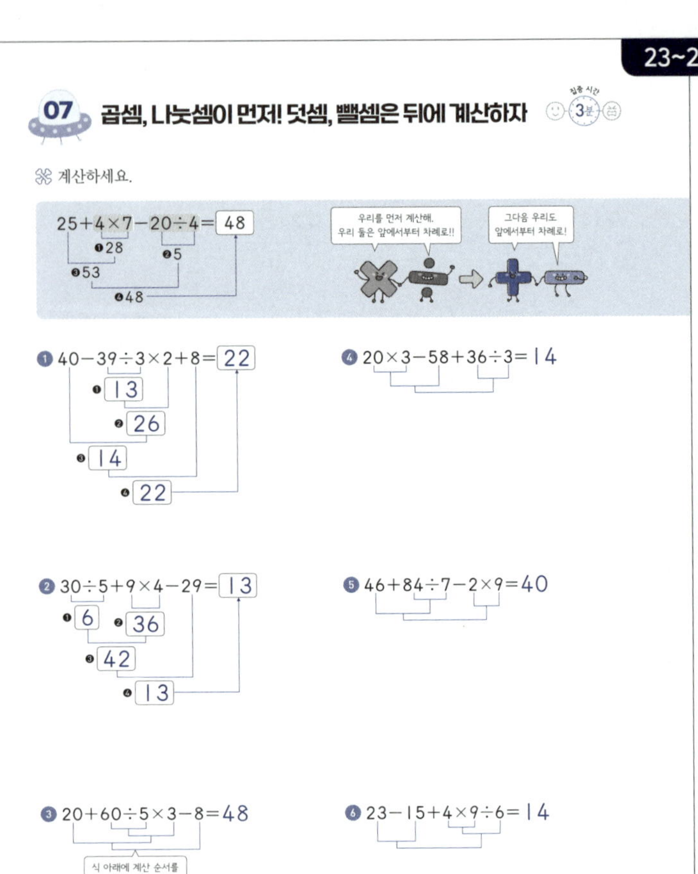

※ 계산하세요.

$25+4×7−20÷4=48$

① $40−39÷3×2+8=22$

② $30÷5+9×4−29=13$

③ $20+60÷5×3−8=48$

④ $20×3−58+36÷3=14$

⑤ $46+84÷7−2×9=40$

⑥ $23−15+4×9÷6=14$

식 아래에 계산 순서를 표시하고 풀어 보세요~

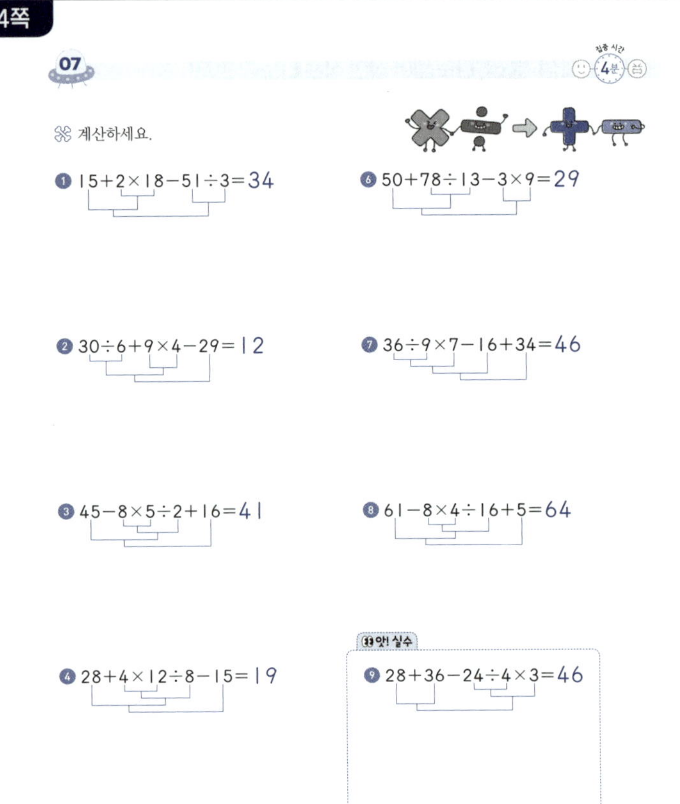

07

※ 계산하세요.

① $15+2×18−51÷3=34$

② $30÷6+9×4−29=12$

③ $45−8×5÷2+16=41$

④ $28+4×12÷8−15=19$

⑤ $70−9×6+64÷8=24$

⑥ $50+78÷13−3×9=29$

⑦ $36÷9×7−16+34=46$

⑧ $61−8×4÷16+5=64$

앗! 실수

⑨ $28+36−24÷4×3=46$

⑩ $41−12+4×36÷6=53$

08 복잡한 식도 무조건 ( )안 먼저 계산하자

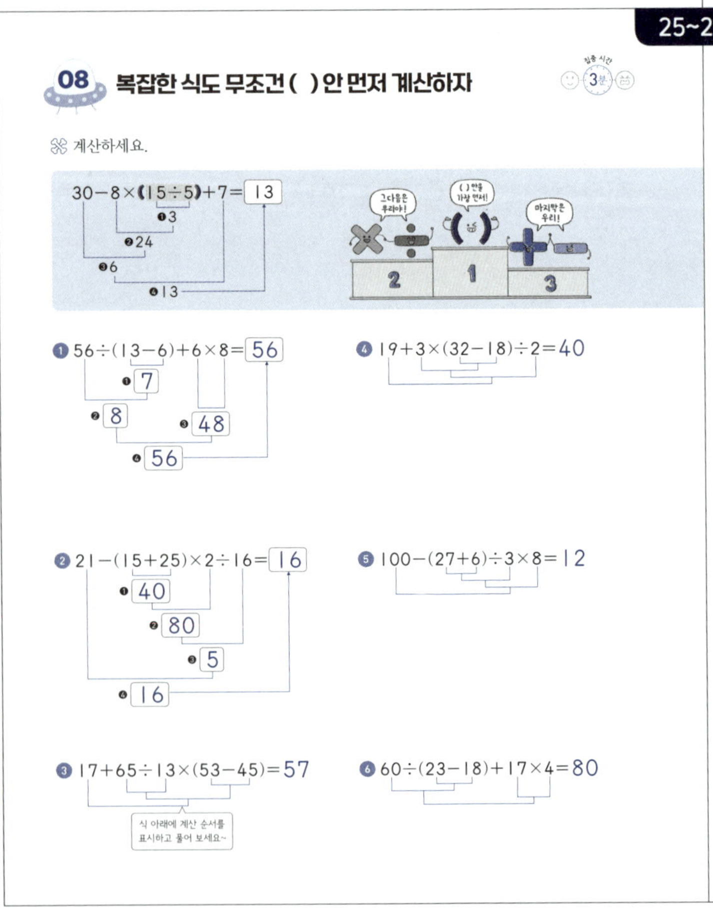

※ 계산하세요.

$30−8×(15÷5)+7=13$

① $56÷(13−6)+6×8=56$

② $21−(15+25)×2÷16=16$

③ $17+65÷13×(53−45)=57$

④ $19+3×(32−18)÷2=40$

⑤ $100−(27+6)÷3×8=12$

⑥ $60÷(23−18)+17×4=80$

식 아래에 계산 순서를 표시하고 풀어 보세요~

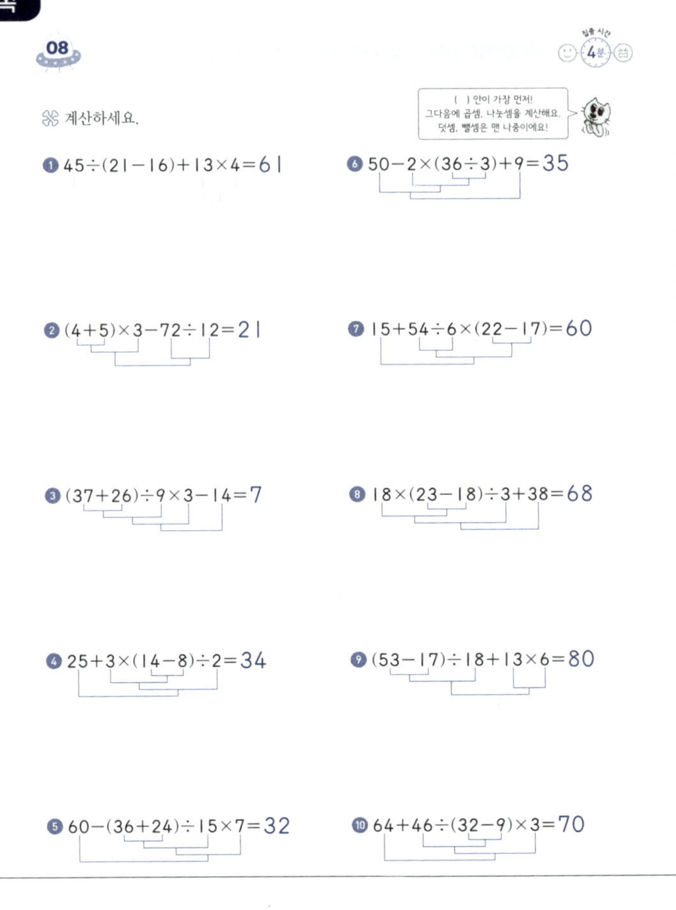

08

※ 계산하세요.

① $45÷(21−16)+13×4=61$

② $(4+5)×3−72÷12=21$

③ $(37+26)÷9×3−14=7$

④ $25+3×(14−8)÷2=34$

⑤ $60−(36+24)÷15×7=32$

⑥ $50−2×(36÷3)+9=35$

⑦ $15+54÷6×(22−17)=60$

⑧ $18×(23−18)÷3+38=68$

⑨ $(53−17)÷18+13×6=80$

⑩ $64+46÷(32−9)×3=70$

09 자연수의 혼합 계산 완벽하게 끝내기

※ 계산하세요. 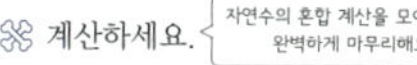
자연수의 혼합 계산을 모아 풀면서 완벽하게 마무리해요!

❶ $3 \times 18 \div 6 = 9$

❻ $96 \div (16 \times 3) = 2$

❷ $38 \div 2 + 7 - 8 = 18$

❼ $29 + 2 \times (11 - 4) = 43$

❸ $6 + 15 - 9 \times 4 \div 12 = 18$

❽ $32 - (25 + 15) \div 5 = 24$

❹ $25 + 2 \times 28 - 36 \div 9 = 77$

❾ $72 \div (6 + 2) \times 5 - 8 = 37$

❺ $(44 - 16) \div 4 + 8 \times 7 = 63$

❿ $6 + (21 - 5) \times 4 \div 8 = 14$

09

※ 계산을 하고, 계산 결과를 비교하여 ○ 안에 >, =, <를 알맞게 써넣으세요.

❶ $32 - 17 + 8 = \boxed{23}$ $>$ $32 - (17 + 8) = \boxed{7}$

괄호가 있을 때와 없을 때의 계산 결과를 비교해 봐요.

❷ $60 \div 3 \times 4 = \boxed{80}$ $>$ $60 \div (3 \times 4) = \boxed{5}$

❸ $41 + 9 - 5 \times 2 = \boxed{40}$ $<$ $41 + (9 - 5) \times 2 = \boxed{49}$

❹ $56 + 28 \div 7 - 9 = \boxed{51}$ $>$ $(56 + 28) \div 7 - 9 = \boxed{3}$

❺ $8 + 3 \times 20 - 12 \div 6 = \boxed{66}$ $>$ $8 + 3 \times (20 - 12) \div 6 = \boxed{12}$

10 생활 속 연산 – 자연수의 혼합 계산

※ 그림을 보고 □ 안에 알맞은 수를 써넣으세요.

❶ 

$\boxed{16} + \boxed{15} - \boxed{7} = \boxed{24}$

우리 반은 남학생이 16명, 여학생이 15명입니다.
이 중 안경을 쓴 학생이 7명이고, 안경을 쓰지 않은
학생은 $\boxed{24}$ 명입니다.

❷ 

$\boxed{24} - (\boxed{9} + \boxed{6}) = \boxed{9}$

마카롱이 24개 있었습니다. 그중에서 초코맛 마카롱
9개와 딸기맛 마카롱 6개를 상자에 담아 선물했다면
남은 마카롱은 $\boxed{9}$ 개입니다.

❸ 

$\boxed{12} \times \boxed{2} \div \boxed{3} = \boxed{8}$

연필 한 타는 12자루입니다. 연필 2타를 3명에게
똑같이 나누어 준다면 한 사람에게 $\boxed{8}$ 자루씩 나누어
줄 수 있습니다.

❹ 

$\boxed{30} - (\boxed{6} + \boxed{8}) \times \boxed{2} = \boxed{2}$

귤 30개를 남학생 6명과 여학생 8명에게 각각 2개씩
나누어 주면 남은 귤은 $\boxed{2}$ 개입니다.

10 꿀떡! 연산 간식

※ 숫자 4개와 수학 기호를 이용해 짝수가 나오는 식을 만들었어요. ○ 안에 +, −, ×, ÷ 중
알맞은 기호를 써넣어 식을 완성하세요.

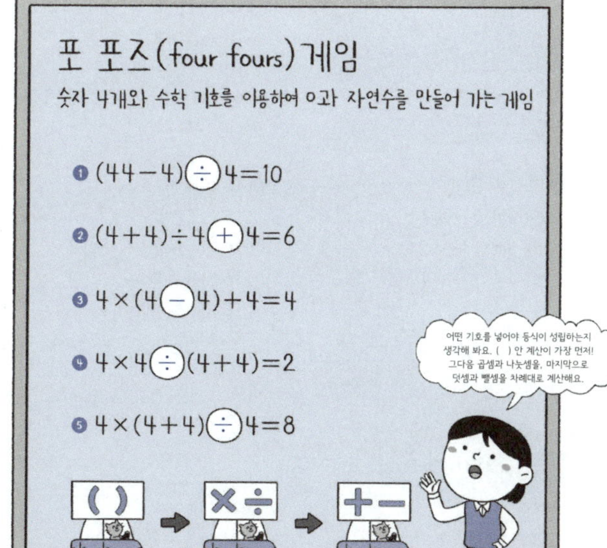

첫째 마당 통과 문제

*틀린 문제는 꼭 다시 확인하고 넘어가요!

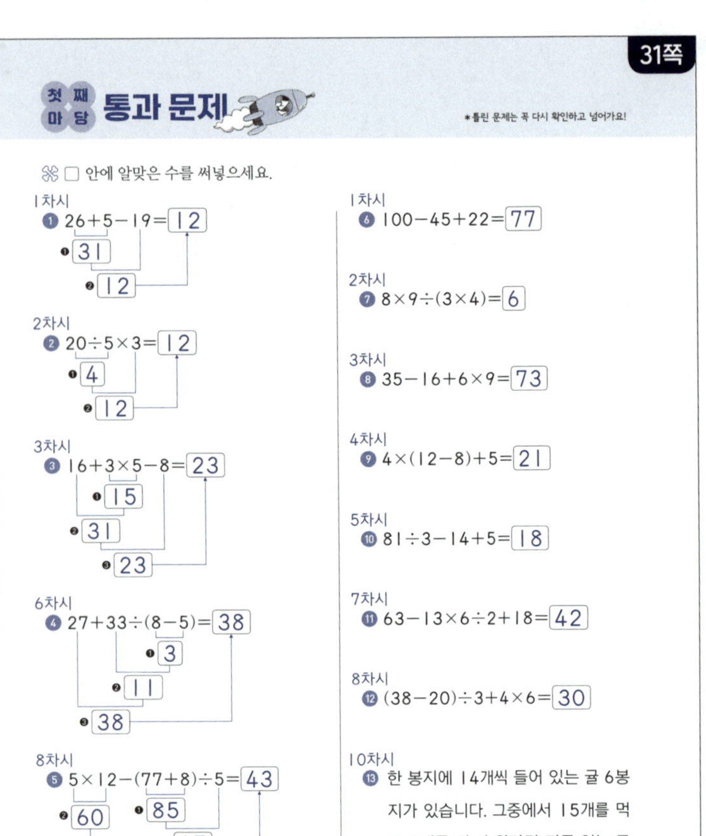

❀ □ 안에 알맞은 수를 써넣으세요.

I차시
① 26+5-19= 12
• 31
• 12

2차시
② 20÷5×3= 12
• 4
• 12

3차시
③ 16+3×5-8= 23
• 15
• 31
• 23

6차시
④ 27+33÷(8-5)= 38
• 3
• 11
• 38

8차시
⑤ 5×12-(77+8)÷5= 43
• 60
• 85
• 17
• 43

I차시
⑥ 100-45+22= 77

2차시
⑦ 8×9÷(3×4)= 6

3차시
⑧ 35-16+6×9= 73

4차시
⑨ 4×(12-8)+5= 21

5차시
⑩ 81÷3-14+5= 18

7차시
⑪ 63-13×6÷2+18= 42

8차시
⑫ (38-20)÷3+4×6= 30

10차시
⑬ 한 봉지에 14개씩 들어 있는 귤 6봉지가 있습니다. 그중에서 15개를 먹고 8개를 더 사 왔다면 지금 있는 귤은 77 개입니다.

11 약수는 어떤 수를 나누어떨어지게 하는 수

목표 시간 2분

❀ □ 안에 알맞은 수를 써넣고, 약수를 구하세요.

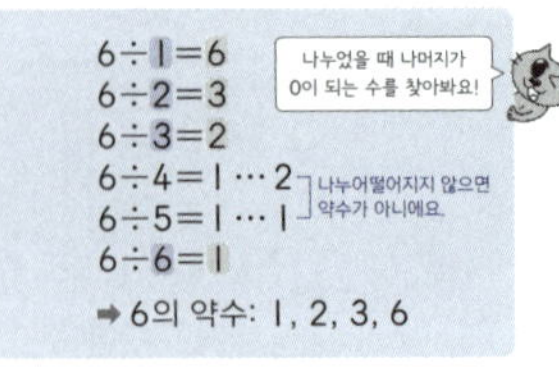

6÷1=6
6÷2=3
6÷3=2
6÷4=1…2
6÷5=1…1
6÷6=1
➡ 6의 약수: 1, 2, 3, 6

나누었을 때 나머지가 0이 되는 수를 찾아봐요!

나누어떨어지지 않으면 약수가 아니에요.

① 5÷1= 5
5÷2= 2 … 1
5÷3= 1 … 2
5÷4= 1 … 1
5÷5= 1
➡ 5의 약수: 1, 5

가장 작은 약수는 1, 가장 큰 약수는 자기 자신이에요!

② 8÷1= 8
8÷2=4
8÷4=2
8÷8=1
➡ 8의 약수: 1, 2, 4, 8

③ 10÷1= 10
10÷2= 5
10÷5= 2
10÷10= 1
➡ 10의 약수: 1, 2, 5, 10

④ 16÷1= 16
16÷2= 8
16÷4= 4
16÷8= 2
16÷16= 1
➡ 16의 약수: 1, 2, 4, 8, 16

⑤ 21÷1= 21
21÷3= 7
21÷7= 3
21÷21= 1
➡ 21의 약수: 1, 3, 7, 21

11

목표 시간 2분

❀ 나눗셈을 이용하여 약수를 모두 구하세요.

① 12의 약수
➡ 1, 2, 3, 4, 6, 12

② 14의 약수
➡ 1, 2, 7, 14

③ 18의 약수
➡ 1, 2, 3, 6, 9, 18

④ 22의 약수
➡ 1, 2, 11, 22

⑤ 24의 약수
➡ 1, 2, 3, 4, 6, 8, 12, 24

⑥ 26의 약수
➡ 1, 2, 13, 26

⑦ 32의 약수
➡ 1, 2, 4, 8, 16, 32

⑧ 35의 약수
➡ 1, 5, 7, 35

⑨ 49의 약수
➡ 1, 7, 49

⑩ 55의 약수
➡ 1, 5, 11, 55

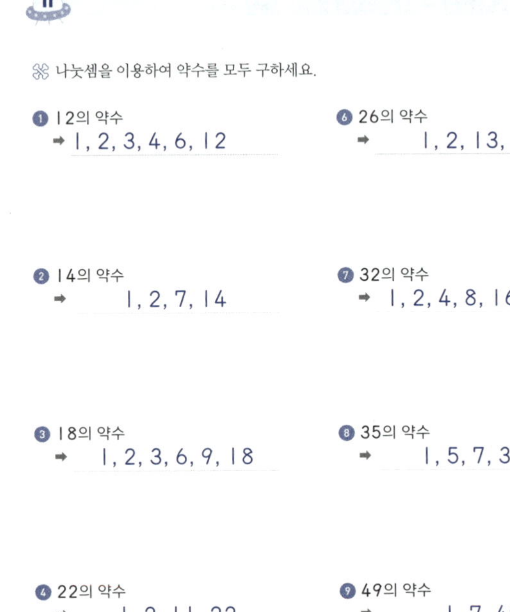

12 곱셈식으로 약수를 구할 수도 있어

 😊 3분

※ ☐ 안에 알맞은 수를 써넣고, 약수를 구하세요.

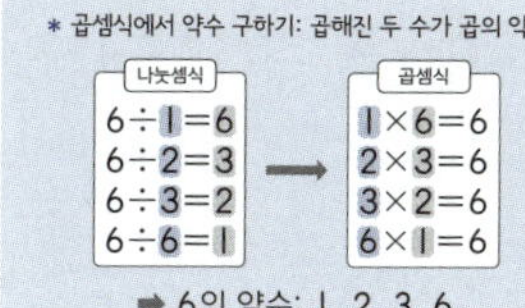

❶
$1 \times 9 = 9$
$3 \times 3 = 9$
➡ 9의 약수: 1, 3, 9

❷
$1 \times 28 = 28$
$2 \times 14 = 28$
$4 \times 7 = 28$
➡ 28의 약수: 1, 2, 4, 7, 14, 28

❸
$1 \times 30 = 30$
$2 \times 15 = 30$
$3 \times 10 = 30$
$5 \times 6 = 30$
➡ 30의 약수: 1, 2, 3, 5, 6, 10, 15, 30

❹
$1 \times 39 = 39$
$3 \times 13 = 39$
➡ 39의 약수: 1, 3, 13, 39

❺
$1 \times 81 = 81$
$3 \times 27 = 81$
$9 \times 9 = 81$
➡ 81의 약수: 1, 3, 9, 27, 81

❻
$1 \times 42 = 42$
$2 \times 21 = 42$
$3 \times 14 = 42$
$6 \times 7 = 42$
➡ 42의 약수: 1, 2, 3, 6, 7, 14, 21, 42

12

😊 3분

※ 약수를 모두 구하세요.

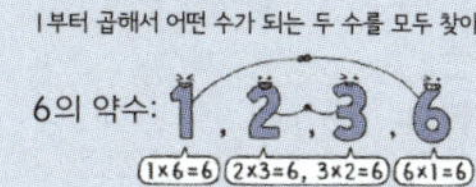 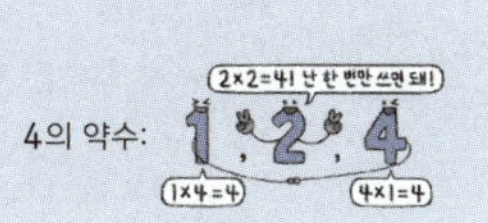

❶ 20의 약수 ➡ 1, 2, 4, 5, 10, 20

❷ 30의 약수 ➡ 1, 2, 3, 5, 6, 10, 15, 30

❸ 48의 약수 ➡ 1, 2, 3, 4, 6, 8, 12, 16, 24, 48

❹ 52의 약수 ➡ 1, 2, 4, 13, 26, 52

앗! 실수

❺ 36의 약수 ➡ 1, 2, 3, 4, 6, 9, 12, 18, 36

❻ 64의 약수 ➡ 1, 2, 4, 8, 16, 32, 64

❼ 100의 약수 ➡ 1, 2, 4, 5, 10, 20, 25, 50, 100

---

13 배수는 어떤 수를 몇 배 한 수

😊 2분

※ 배수를 가장 작은 수부터 차례대로 4개 쓰세요.

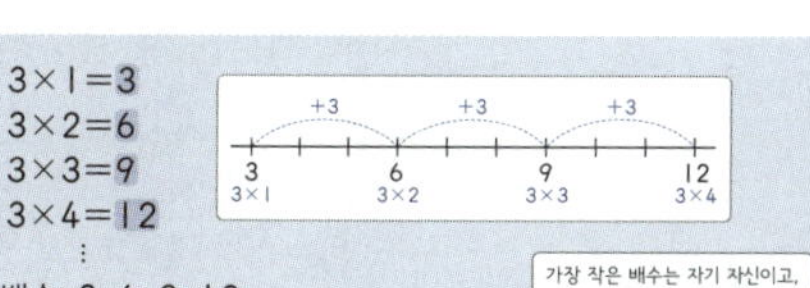

❶ 5의 배수
➡ 5, 10, 15, 20

❷ 6의 배수
➡ 6, 12, 18, 24

❸ 8의 배수
➡ 8, 16, 24, 32

❹ 9의 배수
➡ 9, 18, 27, 36

❺ 13의 배수
➡ 13, 26, 39, 52

❻ 14의 배수
➡ 14, 28, 42, 56

❼ 25의 배수
➡ 25, 50, 75, 100

❽ 30의 배수
➡ 30, 60, 90, 120

13

😊 3분

※ 배수를 가장 작은 수부터 차례대로 5개 쓰세요.

❶ 3의 배수
➡ 3, 6, 9, 12, 15

배수를 구할 때 자신을 빠뜨리는 경우가 있어요.
꼭 어떤 수의 1배인 자신부터 써요.

❷ 4의 배수
➡ 4, 8, 12, 16, 20

❸ 7의 배수
➡ 7, 14, 21, 28, 35

❹ 12의 배수
➡ 12, 24, 36, 48, 60

❺ 15의 배수
➡ 15, 30, 45, 60, 75

❻ 16의 배수
➡ 16, 32, 48, 64, 80

❼ 20의 배수
➡ 20, 40, 60, 80, 100

❽ 24의 배수
➡ 24, 48, 72, 96, 120

앗! 실수

❾ 27의 배수
➡ 27, 54, 81, 108, 135

❿ 35의 배수
➡ 35, 70, 105, 140, 175

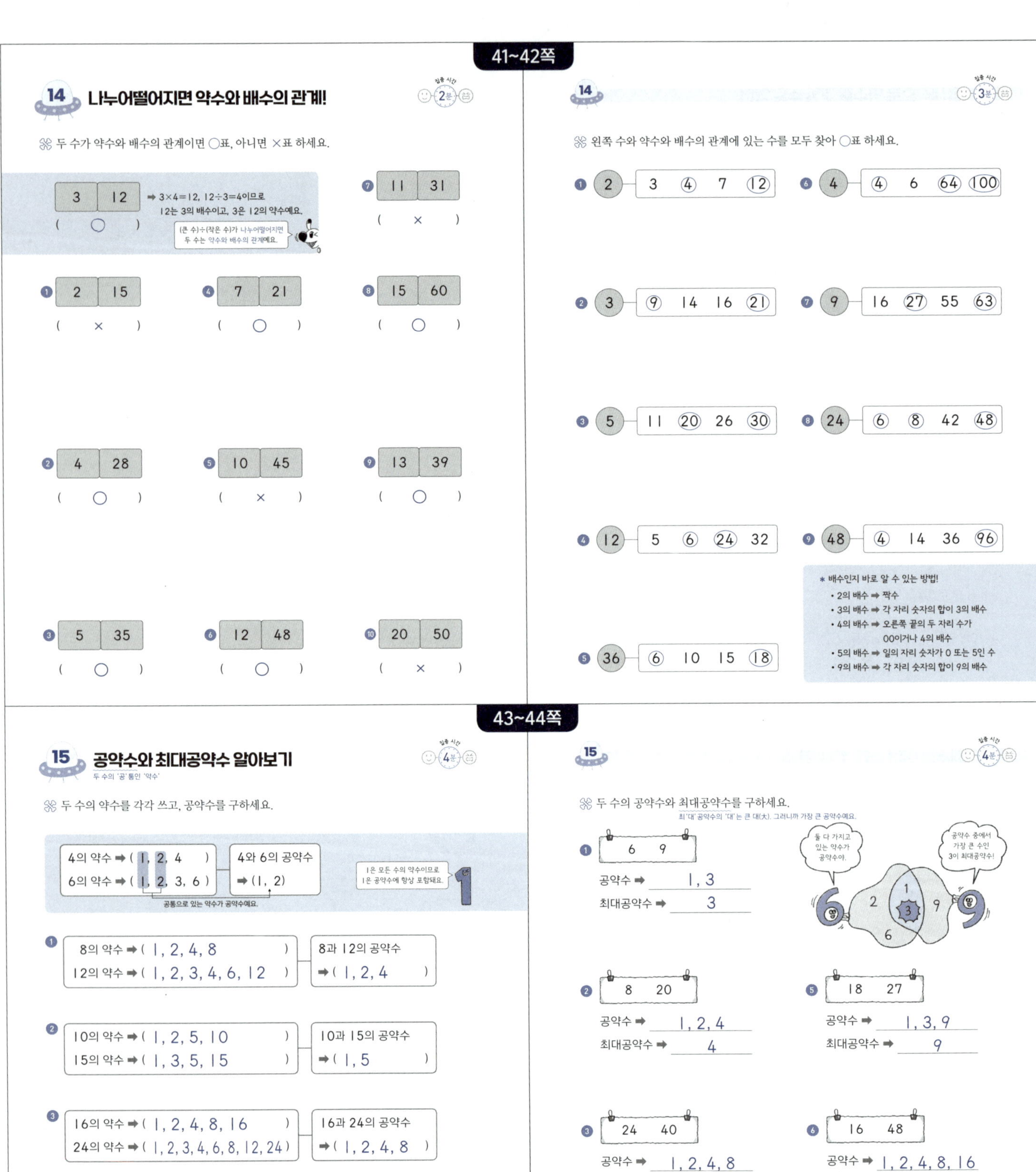

14 나누어떨어지면 약수와 배수의 관계!

두 수가 약수와 배수의 관계이면 ○표, 아니면 ×표 하세요.

3 | 12 ⇒ 3×4=12, 12÷3=4이므로 12는 3의 배수이고, 3은 12의 약수예요.
(○)

(큰 수)÷(작은 수)가 나누어떨어지면 두 수는 약수와 배수의 관계예요.

⑦ 11 | 31 (×)

① 2 | 15 (×)
④ 7 | 21 (○)
⑧ 15 | 60 (○)

② 4 | 28 (○)
⑤ 10 | 45 (×)
⑨ 13 | 39 (○)

③ 5 | 35 (○)
⑥ 12 | 48 (○)
⑩ 20 | 50 (×)

14

왼쪽 수와 약수와 배수의 관계에 있는 수를 모두 찾아 ○표 하세요.

① 2 — 3 (4) 7 (12)
⑥ 4 — (4) 6 (64) (100)

② 3 — (9) 14 16 (21)
⑦ 9 — 16 (27) 55 (63)

③ 5 — 11 (20) 26 (30)
⑧ 24 — (6) (8) 42 (48)

④ 12 — 5 (6) (24) 32
⑨ 48 — (4) 14 36 (96)

⑤ 36 — (6) 10 15 (18)

* 배수인지 바로 알 수 있는 방법!
• 2의 배수 ⇒ 짝수
• 3의 배수 ⇒ 각 자리 숫자의 합이 3의 배수
• 4의 배수 ⇒ 오른쪽 끝의 두 자리 수가 00이거나 4의 배수
• 5의 배수 ⇒ 일의 자리 숫자가 0 또는 5인 수
• 9의 배수 ⇒ 각 자리 숫자의 합이 9의 배수

15 공약수와 최대공약수 알아보기

두 수의 '공통인 '약수'

두 수의 약수를 각각 쓰고, 공약수를 구하세요.

4의 약수 ➡ (1, 2, 4)
6의 약수 ➡ (1, 2, 3, 6)
4와 6의 공약수 ➡ (1, 2)
공통으로 있는 약수가 공약수예요.

1은 모든 수의 약수이므로 1은 공약수에 항상 포함돼요. 1

① 8의 약수 ➡ (1, 2, 4, 8)
12의 약수 ➡ (1, 2, 3, 4, 6, 12)
8과 12의 공약수 ➡ (1, 2, 4)

② 10의 약수 ➡ (1, 2, 5, 10)
15의 약수 ➡ (1, 3, 5, 15)
10과 15의 공약수 ➡ (1, 5)

③ 16의 약수 ➡ (1, 2, 4, 8, 16)
24의 약수 ➡ (1, 2, 3, 4, 6, 8, 12, 24)
16과 24의 공약수 ➡ (1, 2, 4, 8)

④ 27의 약수 ➡ (1, 3, 9, 27)
45의 약수 ➡ (1, 3, 5, 9, 15, 45)
27과 45의 공약수 ➡ (1, 3, 9)

⑤ 40의 약수 ➡ (1, 2, 4, 5, 8, 10, 20, 40)
50의 약수 ➡ (1, 2, 5, 10, 25, 50)
40과 50의 공약수 ➡ (1, 2, 5, 10)

15

두 수의 공약수와 최대공약수를 구하세요.

최'대' 공약수의 '대'는 큰 대(大). 그러니까 가장 큰 공약수예요.

① 6 9
공약수 ➡ 1, 3
최대공약수 ➡ 3

② 8 20
공약수 ➡ 1, 2, 4
최대공약수 ➡ 4

⑤ 18 27
공약수 ➡ 1, 3, 9
최대공약수 ➡ 9

③ 24 40
공약수 ➡ 1, 2, 4, 8
최대공약수 ➡ 8

⑥ 16 48
공약수 ➡ 1, 2, 4, 8, 16
최대공약수 ➡ 16

④ 20 28
공약수 ➡ 1, 2, 4
최대공약수 ➡ 4

⑦ 30 45
공약수 ➡ 1, 3, 5, 15
최대공약수 ➡ 15

16 최대공약수는 공통으로 들어 있는 수들의 곱!

 걸린 시간 2분

❈ 두 수의 최대공약수를 구하세요.

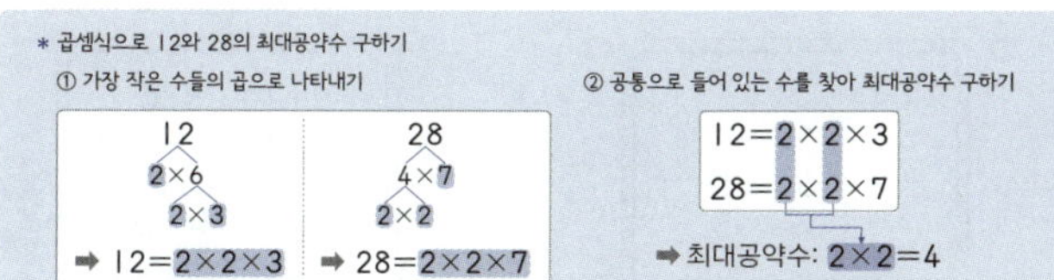

* 곱셈식으로 12와 28의 최대공약수 구하기
① 가장 작은 수들의 곱으로 나타내기
12 → 2×6 → 3 → 12=2×2×3
28 → 4×7 → 2×2 → 28=2×2×7
② 공통으로 들어 있는 수를 찾아 최대공약수 구하기
12=2×2×3
28=2×2×7
→ 최대공약수: 2×2=4

① 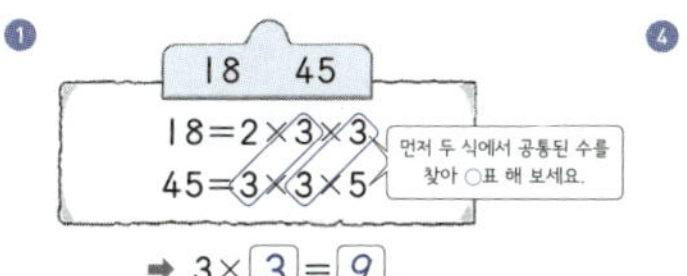
18 45
18=2×3×3
45=3×3×5
(먼저 두 식에서 공통된 수를 찾아 ○표 해 보세요.)
→ 3×3=9

④ 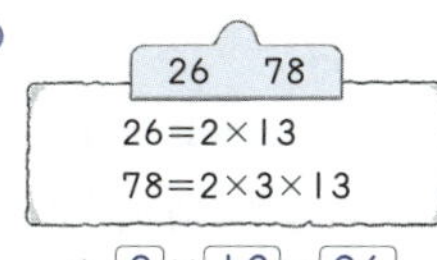
26 78
26=2×13
78=2×3×13
→ 2×13=26

② 20 30
20=2×2×5
30=2×3×5
→ 2×5=10

⑤ 24 16
24=2×2×2×3
16=2×2×2×2
→ 2×2×2=8

③ 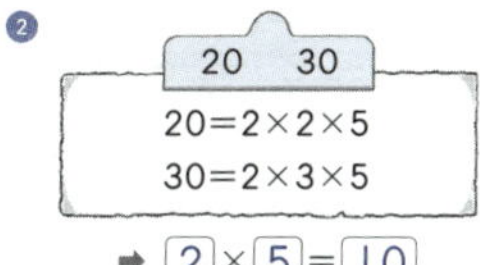
14 70
14=2×7
70=2×5×7
→ 2×7=14

⑥ 36 60
36=2×2×3×3
60=2×2×3×5
→ 2×2×3=12

16

  걸린 시간 3분

❈ 두 수의 최대공약수를 구하세요.

① 20 12
20=2×2×5
12=2×2×3
(더 이상 쪼개지지 않을 때까지 나눠요.)
→ (4)

⑤ 28 70
28=2×2×7
70=2×5×7
→ (14)

② 42 24
42=2×3×7
24=2×2×2×3
→ (6)

⑥ 45 60
45=3×3×5
60=2×2×3×5
→ (15)

③ 36 63
36=2×2×3×3
63=3×3×7
→ (9)

⑦ 28 56
28=2×2×7
56=2×2×2×7
→ (28)

④ 30 40
30=2×3×5
40=2×2×2×5
→ (10)

⑧ 44 66
44=2×2×11
66=2×3×11
→ (22)

---

17 두 수의 공약수가 1뿐일 때까지 나누자

 걸린 시간 3분

❈ 두 수의 최대공약수를 구하세요.

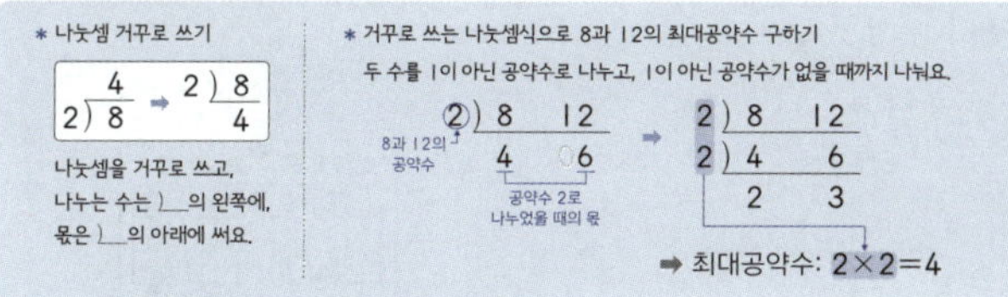

* 나눗셈 거꾸로 쓰기

2)8 → 2)8
 4   4

나눗셈을 거꾸로 쓰고, 나누는 수는)의 왼쪽에, 몫은)의 아래에 써요.

* 거꾸로 쓰는 나눗셈식으로 8과 12의 최대공약수 구하기
두 수를 1이 아닌 공약수로 나누고, 1이 아닌 공약수가 없을 때까지 나눠요.
8과 12의 공약수 2) 8 12 → 2) 8 12
              4 6   2) 4 6
                           2 3
→ 최대공약수: 2×2=4

① 3) 15 24
    5   8
→ 3

공약수 중에서 1을 제외한 가장 작은 수부터 나눠요!

④ 2) 50 20
   5) 25 10
      5   2
→ 2×5=10

② 3) 27 36
   3) 9 12
       3   4
→ 3×3=9

⑤ 2) 28 42
   7) 14 21
      2   3
→ 2×7=14

③ 2) 18 30
   3) 9 15
       3   5
→ 2×3=6

⑥ 2) 54 24
   3) 27 12
      9   4
→ 2×3=6

17

  걸린 시간 3분

❈ 두 수의 최대공약수를 구하세요.

① 2) 18 24
   3) 9 12
       3   4
→ (6)

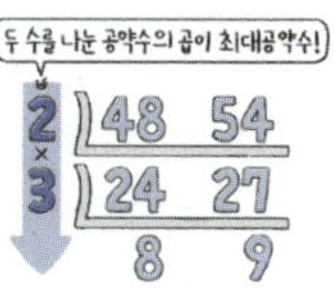
(두 수를 나눈 공약수의 곱이 최대공약수!)
2) 48 54
3) 24 27
    8   9

② 2) 30 12
   3) 15   6
       5   2
→ (6)

⑤ 3) 45 75
   5) 15 25
       3   5
→ (15)

③ 3) 15 45
   5) 5 15
       1   3
→ (15)

(두 수가 약수와 배수의 관계이면 더 작은 수가 최대공약수가 돼요.)

⑥ 2) 42 70
   7) 21 35
       3   5
→ (14)

④ 2) 56 24
   2) 28 12
   2) 14   6
       7   3
→ (8)

⑦ 2) 64 72
   2) 32 36
   2) 16 18
       8   9
→ (8)

18 최대공약수 구하기 연습 한 번 더!

※ 두 수의 최대공약수를 구하세요.

① 2) 54 18
　3) 27 9
　3) 9 3
　　 3 1

➡ (18)

⑤ 2) 48 84
　2) 24 42
　3) 12 21
　　 4 7

➡ (12)

② 2) 16 28
　2) 8 14
　　 4 7

➡ (4)

앗! 실수

⑥ 7) 84 91
　　 12 13

➡ (7)

③ 3) 45 60
　5) 15 20
　　 3 4

➡ (15)

⑦ 2) 52 78
　13) 26 39
　　 2 3

➡ (26)

④ 13) 26 39
　　 2 3

➡ (13)

* 외워 두면 좋은 13의 배수
13, 26, 39, 52, 65, 78, 91

18

※ 두 수의 최대공약수를 구하세요. ⟨공약수가 1뿐일 때까지 나누어 봐요.⟩

① 

➡ (12)

④ 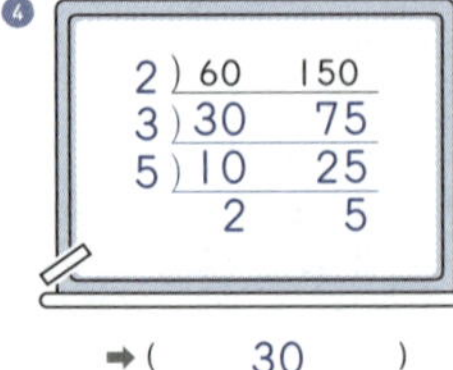

➡ (30)

② 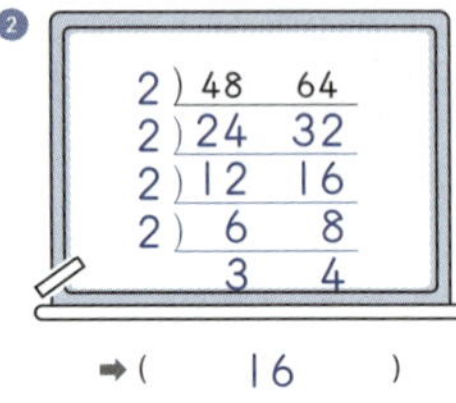

➡ (16)

⑤ 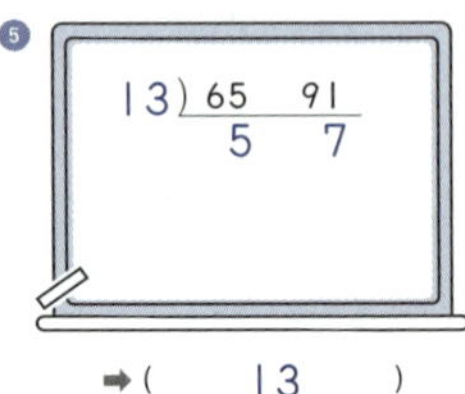

➡ (13)

③ 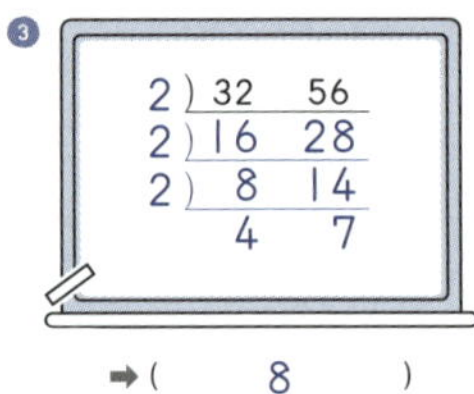

➡ (8)

⑥ 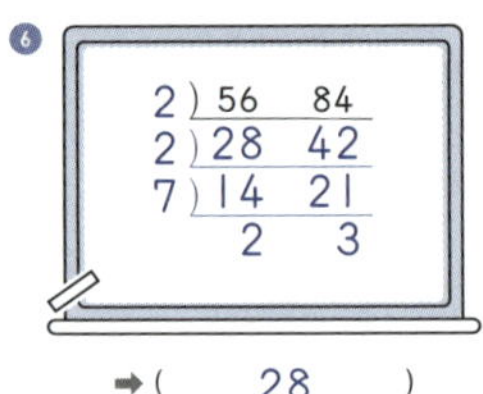

➡ (28)

---

19 공배수와 최소공배수 알아보기

※ 두 수의 배수를 가장 작은 수부터 차례대로 각각 6개씩 쓰고, 공배수를 구하세요.

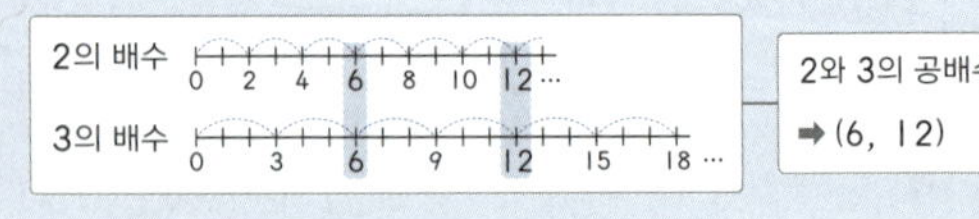

① 4의 배수 ➡ (4, 8, 12, 16, 20, 24)
　5의 배수 ➡ (5, 10, 15, 20, 25, 30)
4와 5의 공배수
➡ (20)

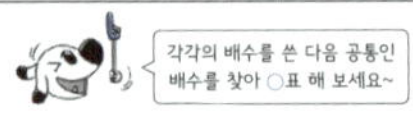

② 6의 배수 ➡ (6, 12, 18, 24, 30, 36)
　10의 배수 ➡ (10, 20, 30, 40, 50, 60)
6과 10의 공배수
➡ (30)

③ 8의 배수 ➡ (8, 16, 24, 32, 40, 48)
　12의 배수 ➡ (12, 24, 36, 48, 60, 72)
8과 12의 공배수
➡ (24, 48)

④ 9의 배수 ➡ (9, 18, 27, 36, 45, 54)
　15의 배수 ➡ (15, 30, 45, 60, 75, 90)
9와 15의 공배수
➡ (45)

19

※ 두 수의 공배수를 가장 작은 수부터 2개 쓰고, 최소공배수를 구하세요.
최'소'공배수의 '소'는 작을 소(小). 그러니까 가장 작은 공배수예요.

① 3 4
공배수 ➡ 12, 24
최소공배수 ➡ 12

② 2 6
공배수 ➡ 6, 12
최소공배수 ➡ 6

③ 6 8
공배수 ➡ 24, 48
최소공배수 ➡ 24

⑥ 18 4
공배수 ➡ 36, 72
최소공배수 ➡ 36

④ 4 10
공배수 ➡ 20, 40
최소공배수 ➡ 20

⑦ 6 21
공배수 ➡ 42, 84
최소공배수 ➡ 42

⑤ 12 15
공배수 ➡ 60, 120
최소공배수 ➡ 60

⑧ 27 18
공배수 ➡ 54, 108
최소공배수 ➡ 54

20 공통으로 들어 있는 곱에 남은 수를 곱하자

두 수의 최소공배수를 구하세요.

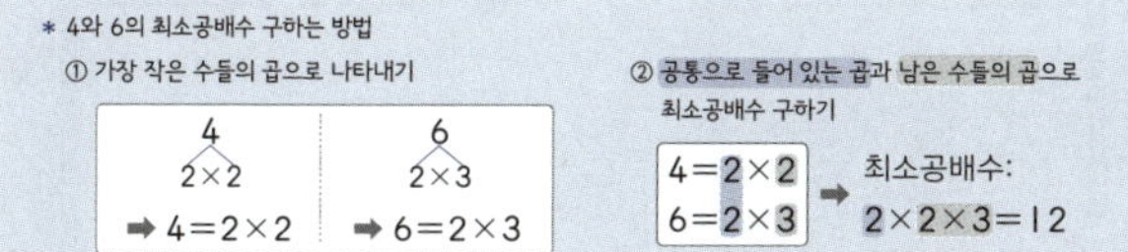

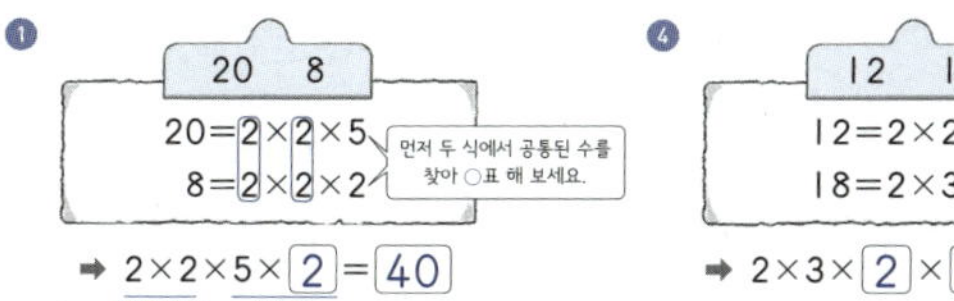

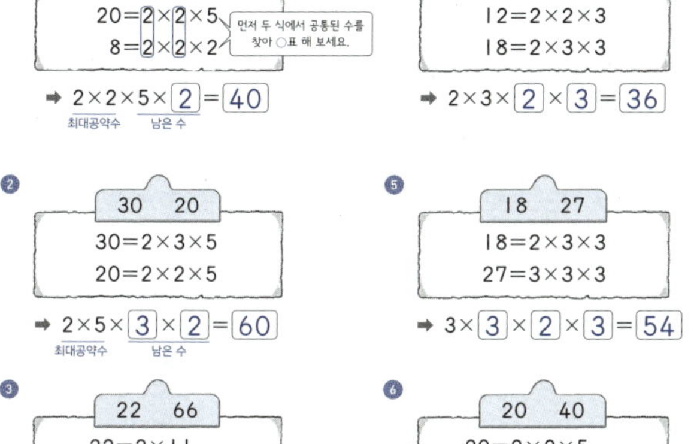

20

두 수의 최소공배수를 구하세요.

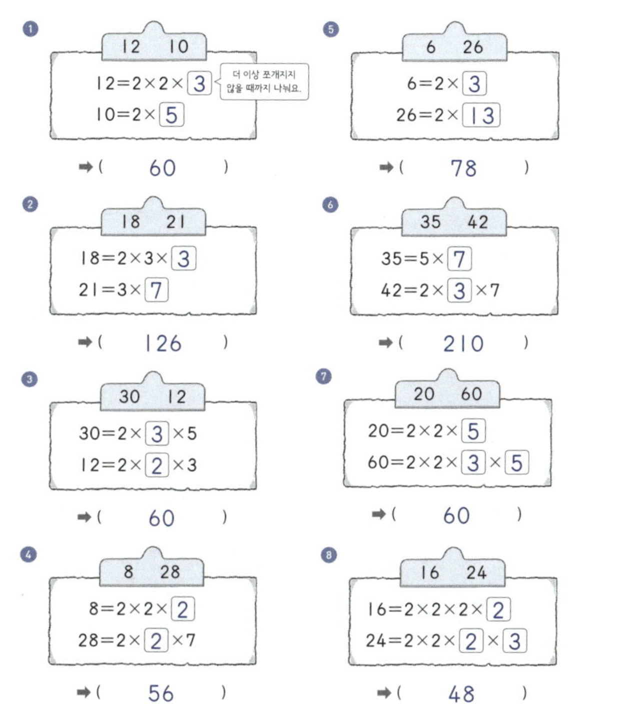

---

21 최소공배수는 나눈 공약수와 남은 수들의 곱!

두 수의 최소공배수를 구하세요.

21

두 수의 최소공배수를 구하세요.

22 최소공배수 구하기 연습 한 번 더!

❋ 두 수의 최소공배수를 구하세요.

❶
```
3) 9  21
   3   7
```
➡ (63)

❺
```
2) 50  70
5) 25  35
   5   7
```
➡ (350)

❷
```
2) 18  24
3)  9  12
    3   4
```
➡ (72)

❻
```
3) 42  63
7) 14  21
   2   3
```
➡ (126)

❸
```
2) 36  30
3) 18  15
    6   5
```
➡ (180)

❹
```
2) 28  70
7) 14  35
    2   5
```
➡ (140)

앗! 실수

❼
```
13) 65  39
     5   3
```
➡ (195)

공약수가 바로 안 보이나요?
두 수 모두 짝수니까 2로 나누어 봐요.

❽
```
 2) 52  78
13) 26  39
     2   3
```
➡ (156)

22

❋ 두 수의 최소공배수를 구하세요. 공약수가 1일 때까지 나누어 봐요.

❶
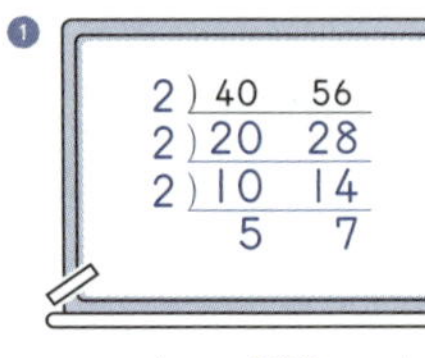
```
2) 40  56
2) 20  28
2) 10  14
   5   7
```
➡ (280)

❹
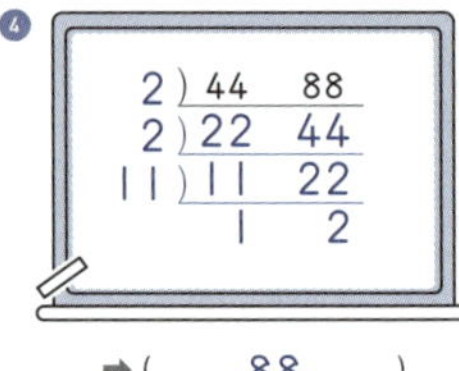
```
 2) 44  88
 2) 22  44
11) 11  22
     1   2
```
➡ (88)

❷
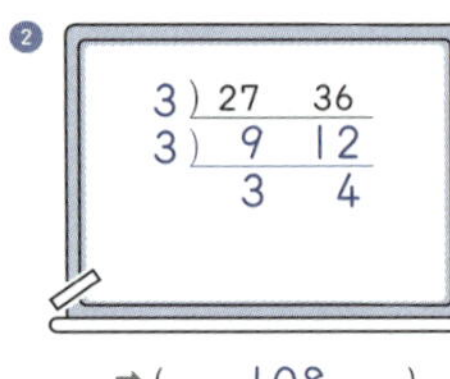
```
3) 27  36
3)  9  12
    3   4
```
➡ (108)

❺
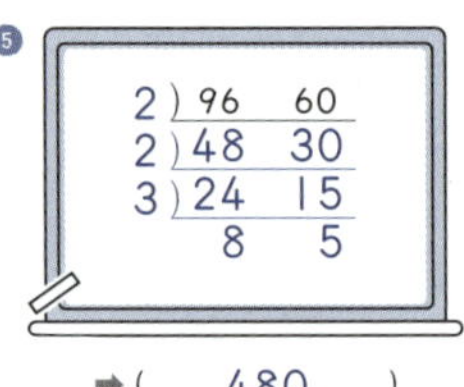
```
2) 96  60
2) 48  30
3) 24  15
   8   5
```
➡ (480)

❸
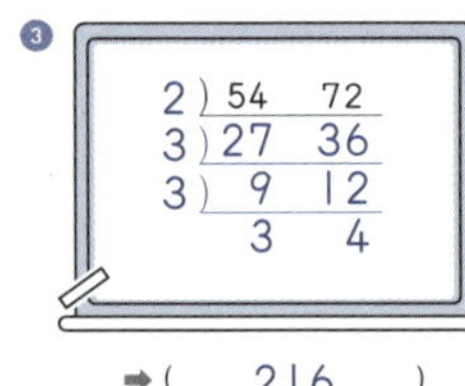
```
2) 54  72
3) 27  36
3)  9  12
    3   4
```
➡ (216)

❻
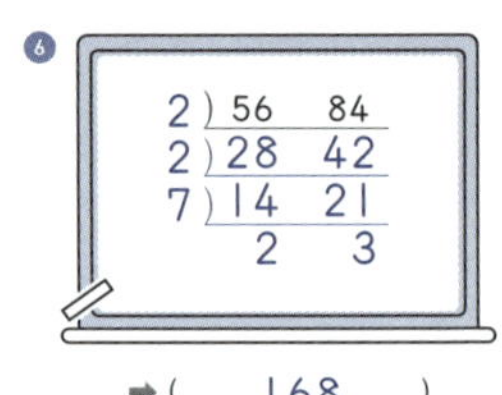
```
2) 56  84
2) 28  42
7) 14  21
   2   3
```
➡ (168)

23 생활 속 연산 – 약수와 배수

❋ 그림을 보고 □ 안에 알맞은 수를 써넣으세요.

❶ 
공책 16권을 남김없이 똑같이 나누어 주려고 합니다.
남김없이 나누어 줄 수 있는 사람 수는 1명, 2 명,
4 명, 8 명, 16명입니다.

❷ 
최대공약수를 구하는 문제예요.
사탕 24개, 초콜릿 30개를 최대한 많은 친구들에게
똑같이 나누어 주려고 합니다. 최대 6 명에게 나누어
줄 수 있습니다.

❸ 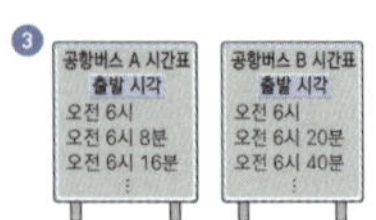

공항으로 가는 버스가 오전 6시부터 A 버스는 8분 간격
으로, B 버스는 20분 간격으로 출발합니다. 오전 6시
에 두 버스가 동시에 출발했다면 다음번에 두 버스가
동시에 출발하는 시각은 6 시 40 분입니다.

❹ 

진아는 4일마다, 서준이는 6일마다 수영장에 옵니다.
오늘 두 사람이 수영장에서 만났다면 다음번에 다시
수영장에서 만나는 날은 오늘부터 12 일 후입니다.

최소공배수를 구하는 문제예요.

23 꿀떡! 연산 간식

❋ 주연이의 노트북을 켜려면 비밀번호를 알아야 합니다. 화면에 적힌 답을 순서대로 이어 쓰
면 비밀번호를 알 수 있어요. 빈칸에 알맞은 수를 써넣어 비밀번호를 구하세요.

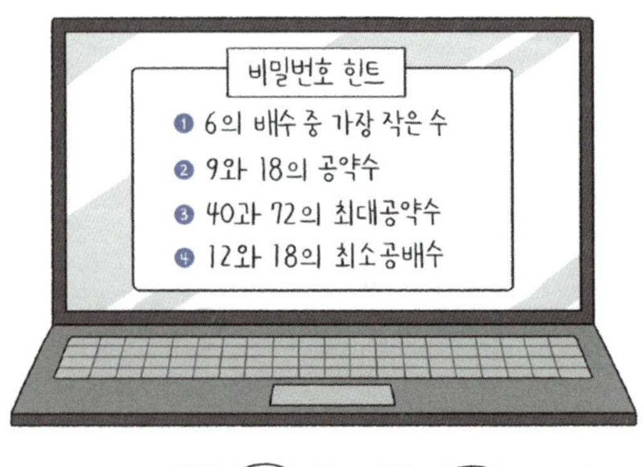

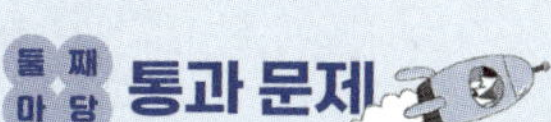

둘째 마당 통과 문제

*틀린 문제는 꼭 다시 확인하고 넘어가요!

※ □ 안에 알맞은 수를 작은 수부터 차례대로 써넣으세요.

11차시
① 15의 약수
➡ 1, 3, 5, 15

11차시
② 36의 약수
➡ 1, 2, 3, 4, 6, 9, 12, 18, 36

13차시
③ 7의 배수
➡ 7, 14, 21, 28

13차시
④ 24의 배수
➡ 24, 48, 72, 96

15차시
⑤ 12와 15의 공약수
➡ 1, 3

15차시
⑥ 42와 21의 공약수
➡ 1, 3, 7, 21

19차시
⑦ 18과 12의 공배수
➡ 36, 72, 108

19차시
⑧ 9와 6의 공배수
➡ 18, 36, 54

17차시, 21차시
⑨
$2\,)\,\underline{18\quad 24}$
$3\,)\,\underline{\ 9\quad 12}$
$\quad\ \ 3\quad\ 4$
➡ 최대공약수: 6
➡ 최소공배수: 72

17차시, 21차시
⑩
$2\,)\,\underline{28\quad 32}$
$2\,)\,\underline{14\quad 16}$
$\quad\ \ 7\quad\ 8$
➡ 최대공약수: 4
➡ 최소공배수: 224

15차시
⑪ 12와 30의 최대공약수가 6일 때 두 수의 공약수는 1, 2, 3, 6 입니다.

19차시
⑫ 4와 6의 최소공배수가 12일 때 두 수의 공배수는 12, 24, 36, 48 입니다.

24 곱해서 크기가 같은 분수 만들기
집중 시간 2분

※ □ 안에 알맞은 수를 써넣어 크기가 같은 분수를 만드세요.

① $\dfrac{1}{3}$

$\dfrac{1}{3}=\dfrac{2}{6}$, $\dfrac{1}{3}=\dfrac{3}{9}$, $\dfrac{1}{3}=\dfrac{4}{12}$

* 곱셈으로 크기가 같은 분수 만드는 방법
$$\dfrac{\bullet}{\blacksquare}=\dfrac{\bullet\times\blacktriangle}{\blacksquare\times\blacktriangle}$$
➡ 분모와 분자에 0이 아닌 같은 수를 곱해요.

② $\dfrac{3}{4}$
$\dfrac{3}{4}=\dfrac{6}{8}$, $\dfrac{3}{4}=\dfrac{9}{12}$, $\dfrac{3}{4}=\dfrac{12}{16}$, $\dfrac{3}{4}=\dfrac{15}{20}$

③ $\dfrac{5}{6}$
$\dfrac{5}{6}=\dfrac{10}{12}$, $\dfrac{5}{6}=\dfrac{15}{18}$, $\dfrac{5}{6}=\dfrac{20}{24}$, $\dfrac{5}{6}=\dfrac{25}{30}$

④ $\dfrac{4}{7}$
$\dfrac{4}{7}=\dfrac{8}{14}$, $\dfrac{4}{7}=\dfrac{12}{21}$, $\dfrac{4}{7}=\dfrac{16}{28}$, $\dfrac{4}{7}=\dfrac{20}{35}$

⑤ $\dfrac{3}{8}$
$\dfrac{3}{8}=\dfrac{6}{16}$, $\dfrac{3}{8}=\dfrac{9}{24}$, $\dfrac{3}{8}=\dfrac{12}{32}$, $\dfrac{3}{8}=\dfrac{15}{40}$

⑥ $\dfrac{2}{9}$
$\dfrac{2}{9}=\dfrac{4}{18}$, $\dfrac{2}{9}=\dfrac{6}{27}$, $\dfrac{2}{9}=\dfrac{8}{36}$, $\dfrac{2}{9}=\dfrac{10}{45}$

24
집중 시간 3분

분모와 분자에 반드시 0이 아닌 같은 수를 곱해야 해요.

※ 크기가 같은 분수를 분모가 작은 것부터 차례대로 3개 쓰세요.

① $\dfrac{2}{3}$ ➡ $\dfrac{4}{6}$, $\dfrac{6}{9}$, $\dfrac{8}{12}$

② $\dfrac{1}{4}$ ➡ $\dfrac{2}{8}$, $\dfrac{3}{12}$, $\dfrac{4}{16}$

③ $\dfrac{3}{5}$ ➡ $\dfrac{6}{10}$, $\dfrac{9}{15}$, $\dfrac{12}{20}$

④ $\dfrac{6}{7}$ ➡ $\dfrac{12}{14}$, $\dfrac{18}{21}$, $\dfrac{24}{28}$

⑤ $\dfrac{5}{8}$ ➡ $\dfrac{10}{16}$, $\dfrac{15}{24}$, $\dfrac{20}{32}$

⑥ $\dfrac{4}{9}$ ➡ $\dfrac{8}{18}$, $\dfrac{12}{27}$, $\dfrac{16}{36}$

⑦ $\dfrac{7}{10}$ ➡ $\dfrac{14}{20}$, $\dfrac{21}{30}$, $\dfrac{28}{40}$

⑧ $\dfrac{6}{11}$ ➡ $\dfrac{12}{22}$, $\dfrac{18}{33}$, $\dfrac{24}{44}$

⑨ $\dfrac{5}{12}$ ➡ $\dfrac{10}{24}$, $\dfrac{15}{36}$, $\dfrac{20}{48}$

⑩ $\dfrac{4}{13}$ ➡ $\dfrac{8}{26}$, $\dfrac{12}{39}$, $\dfrac{16}{52}$

⑪ $\dfrac{9}{14}$ ➡ $\dfrac{18}{28}$, $\dfrac{27}{42}$, $\dfrac{36}{56}$

⑫ $\dfrac{7}{15}$ ➡ $\dfrac{14}{30}$, $\dfrac{21}{45}$, $\dfrac{28}{60}$

25 나누어서 크기가 같은 분수 만들기

집중 시간 2분

❋ □ 안에 알맞은 수를 써넣어 크기가 같은 분수를 만드세요.

* 나눗셈으로 크기가 같은 분수 만드는 방법
▲ = ▲÷★
● = ●÷★
➡ 분모와 분자를 0이 아닌 같은 수로 나눠요.

① $\frac{8}{12}$ $\frac{8}{12} = \frac{4}{6}$, $\frac{8}{12} = \frac{2}{3}$

② $\frac{6}{18}$ $\frac{6}{18} = \frac{3}{9}$, $\frac{6}{18} = \frac{2}{6}$, $\frac{6}{18} = \frac{1}{3}$

6과 18의 공약수 중 1을 제외한 2, 3, 6으로 분모와 분자를 각각 나눠요.

③ $\frac{15}{30}$ $\frac{15}{30} = \frac{5}{10}$, $\frac{15}{30} = \frac{3}{6}$, $\frac{15}{30} = \frac{1}{2}$

④ $\frac{20}{36}$ $\frac{20}{36} = \frac{10}{18}$, $\frac{20}{36} = \frac{5}{9}$

⑤ $\frac{24}{42}$ $\frac{24}{42} = \frac{12}{21}$, $\frac{24}{42} = \frac{8}{14}$, $\frac{24}{42} = \frac{4}{7}$

⑥ $\frac{16}{48}$ $\frac{16}{48} = \frac{8}{24}$, $\frac{16}{48} = \frac{4}{12}$, $\frac{16}{48} = \frac{2}{6}$, $\frac{16}{48} = \frac{1}{3}$

25

집중 시간 3분

❋ 분모와 분자를 공약수로 나누어 크기가 같은 분수를 분모가 큰 것부터 차례대로 2개 쓰세요.

① $\frac{4}{12}$ ➡ $\frac{2}{6}$, $\frac{1}{3}$
$\frac{4÷2}{12÷2}$ $\frac{4÷4}{12÷4}$

⑦ $\frac{6}{36}$ ➡ $\frac{3}{18}$, $\frac{2}{12}$

② $\frac{12}{18}$ ➡ $\frac{6}{9}$, $\frac{4}{6}$

⑧ $\frac{16}{40}$ ➡ $\frac{8}{20}$, $\frac{4}{10}$

③ $\frac{8}{20}$ ➡ $\frac{4}{10}$, $\frac{2}{5}$

⑨ $\frac{32}{48}$ ➡ $\frac{16}{24}$, $\frac{8}{12}$

④ $\frac{9}{27}$ ➡ $\frac{3}{9}$, $\frac{1}{3}$

⑩ $\frac{24}{54}$ ➡ $\frac{12}{27}$, $\frac{8}{18}$

⑤ $\frac{12}{30}$ ➡ $\frac{6}{15}$, $\frac{4}{10}$

⑪ $\frac{45}{60}$ ➡ $\frac{15}{20}$, $\frac{9}{12}$

이건 꿀팁!
두 수가 모두 짝수이면 공약수에는 무조건 2가 포함되어 있어요.

⑥ $\frac{16}{32}$ ➡ $\frac{8}{16}$, $\frac{4}{8}$

⑫ $\frac{14}{70}$ ➡ $\frac{7}{35}$, $\frac{2}{10}$

26 약분하면 분수가 간단해져

집중 시간 2분

❋ 분수를 약분하여 □ 안에 알맞은 수를 써넣으세요.

* 분모와 분자의 공약수로 나누어 약분하기

$\frac{4}{20}$ 공약수: 1, 2, 4 ➡ ·공약수 2로 나누기 $\frac{4}{20} = \frac{4÷2}{20÷2} = \frac{2}{10}$ ·공약수 4로 나누기 $\frac{4}{20} = \frac{4÷4}{20÷4} = \frac{1}{5}$

공약수 1로 약분하면 결과가 같아요. 1

➡ $\frac{4}{20}$ 를 분모와 분자의 공약수인 2와 4로 약분하면 각각 $\frac{2}{10}$, $\frac{1}{5}$ 입니다.

① $\frac{6}{12}$ ➡ $\frac{3}{6}$, $\frac{2}{4}$, $\frac{1}{2}$

② $\frac{8}{16}$ ➡ $\frac{4}{8}$, $\frac{2}{4}$, $\frac{1}{2}$

③ $\frac{16}{24}$ ➡ $\frac{8}{12}$, $\frac{4}{6}$, $\frac{2}{3}$

④ $\frac{20}{30}$ ➡ $\frac{10}{15}$, $\frac{4}{6}$, $\frac{2}{3}$

⑤ $\frac{9}{36}$ ➡ $\frac{3}{12}$, $\frac{1}{4}$

⑥ $\frac{14}{42}$ ➡ $\frac{7}{21}$, $\frac{2}{6}$, $\frac{1}{3}$

⑦ $\frac{30}{54}$ ➡ $\frac{15}{27}$, $\frac{10}{18}$, $\frac{5}{9}$

⑧ $\frac{32}{56}$ ➡ $\frac{16}{28}$, $\frac{8}{14}$, $\frac{4}{7}$

⑨ $\frac{21}{63}$ ➡ $\frac{7}{21}$, $\frac{3}{9}$, $\frac{1}{3}$

⑩ $\frac{45}{75}$ ➡ $\frac{15}{25}$, $\frac{9}{15}$, $\frac{3}{5}$

26

집중 시간 4분

❋ 약분한 분수를 모두 쓰세요.

* 분모와 분자를 /표시로 지워 바로 약분하기

$\frac{12}{16}$ ➡ ·2로 나누기 $\frac{12÷2}{16÷2} = \frac{6}{8}$ ·4로 나누기 $\frac{12÷4}{16÷4} = \frac{3}{4}$ ➡ $\frac{12}{16} = \frac{6}{8} = \frac{3}{4}$

① $\frac{16}{20}$ ➡ $\frac{8}{10}$, $\frac{4}{5}$

② $\frac{4}{24}$ ➡ $\frac{2}{12}$, $\frac{1}{6}$

③ $\frac{12}{30}$ ➡ $\frac{6}{15}$, $\frac{4}{10}$, $\frac{2}{5}$

④ $\frac{27}{36}$ ➡ $\frac{9}{12}$, $\frac{3}{4}$

⑤ $\frac{36}{45}$ ➡ $\frac{12}{15}$, $\frac{4}{5}$

⑥ $\frac{40}{50}$ ➡ $\frac{20}{25}$, $\frac{8}{10}$, $\frac{4}{5}$

⑦ $\frac{28}{70}$ ➡ $\frac{14}{35}$, $\frac{4}{10}$, $\frac{2}{5}$

⑧ $\frac{70}{100}$ ➡ $\frac{35}{50}$, $\frac{14}{20}$, $\frac{7}{10}$

양심수

⑨ $\frac{32}{48}$ ➡ $\frac{16}{24}$, $\frac{8}{12}$, $\frac{4}{6}$, $\frac{2}{3}$

⑩ $\frac{54}{72}$ ➡ $\frac{27}{36}$, $\frac{18}{24}$, $\frac{9}{12}$, $\frac{6}{8}$, $\frac{3}{4}$

27 더 이상 약분이 안되는 분수가 기약분수!

집중 시간 3분

❊ 기약분수로 나타내세요.
분모와 분자의 공약수가 1뿐인 분수예요.

* 기약분수로 나타내기

방법 1 분모와 분자의 공약수로 더 이상 나누어지지 않을 때까지 나누기

$$\frac{6}{12}=\frac{3}{6}=\frac{1}{2}$$

방법 2 분모와 분자의 최대공약수로 한번에 나누기

바로 기약분수!

$$\frac{6}{12} \quad 최대공약수: 6 \Rightarrow \frac{6}{12}=\frac{1}{2}$$

① $\frac{9}{15} \Rightarrow \frac{3}{5}$ ⑥ $\frac{36}{45} \Rightarrow \frac{4}{5}$

② $\frac{18}{24} \Rightarrow \frac{3}{4}$ ⑦ $\frac{26}{52} \Rightarrow \frac{1}{2}$

③ $\frac{16}{28} \Rightarrow \frac{4}{7}$ ⑧ $\frac{16}{56} \Rightarrow \frac{2}{7}$

④ $\frac{24}{30} \Rightarrow \frac{4}{5}$ ⑨ $\frac{27}{81} \Rightarrow \frac{1}{3}$

⑤ $\frac{22}{44} \Rightarrow \frac{1}{2}$ ⑩ $\frac{25}{100} \Rightarrow \frac{1}{4}$

27

집중 시간 3분

아래의 수들을 외워 두었다가 차례로 약분해 봐요!
2 → 3 → 5 → 7 → 11 → 13 → 17 → 19

❊ 기약분수로 나타내세요.

① $\frac{8}{28} \Rightarrow \frac{2}{7}$ ⑦ $\frac{28}{56} \Rightarrow \frac{1}{2}$

② $\frac{20}{32} \Rightarrow \frac{5}{8}$ ⑧ $\frac{27}{63} \Rightarrow \frac{3}{7}$

③ $\frac{18}{36} \Rightarrow \frac{1}{2}$ ⑨ $\frac{16}{80} \Rightarrow \frac{1}{5}$

④ $\frac{16}{40} \Rightarrow \frac{2}{5}$ ⑩ $\frac{24}{72} \Rightarrow \frac{1}{3}$

⑤ $\frac{12}{52} \Rightarrow \frac{3}{13}$

앗 실수

⑪ $\frac{48}{84} \Rightarrow \frac{4}{7}$

⑥ $\frac{12}{54} \Rightarrow \frac{2}{9}$ ⑫ $\frac{54}{90} \Rightarrow \frac{3}{5}$

28 두 분모의 곱을 이용하면 통분이 빨라져

집중 시간 3분

❊ 두 분모의 곱을 공통분모로 하여 통분하세요.

* 두 분모의 곱을 공통분모로 통분하기

$$\left(\frac{1}{2},\frac{3}{3}\right) \Rightarrow \left(\frac{1\times3}{2\times3},\frac{2\times2}{3\times2}\right) \Rightarrow \left(\frac{3}{6},\frac{4}{6}\right)$$

두 분모의 곱   공통분모

분모가 다른 분수의 분모를 같게 나타내는 것을 통분한다고 하고, 통분한 분모를 공통분모라고 해요.

① $\left(\frac{4}{5},\frac{1}{3}\right) \Rightarrow \left(\frac{12}{15},\frac{5}{15}\right)$ ⑥ $\left(\frac{3}{8},\frac{7}{9}\right) \Rightarrow \left(\frac{27}{72},\frac{56}{72}\right)$

② $\left(\frac{3}{4},\frac{5}{8}\right) \Rightarrow \left(\frac{24}{32},\frac{20}{32}\right)$ ⑦ $\left(\frac{5}{6},\frac{3}{10}\right) \Rightarrow \left(\frac{50}{60},\frac{18}{60}\right)$

③ $\left(\frac{2}{3},\frac{2}{7}\right) \Rightarrow \left(\frac{14}{21},\frac{6}{21}\right)$ ⑧ $\left(1\frac{1}{2},\frac{2}{3}\right) \Rightarrow \left(1\frac{3}{6},\frac{4}{6}\right)$

$1\frac{1}{2}=1\frac{3}{6}$ 대분수의 자연수 부분은 그대로 쓰고 분수 부분만 통분해요.

④ $\left(\frac{1}{6},\frac{5}{9}\right) \Rightarrow \left(\frac{9}{54},\frac{30}{54}\right)$ ⑨ $\left(\frac{5}{12},2\frac{1}{4}\right) \Rightarrow \left(\frac{20}{48},2\frac{12}{48}\right)$

⑤ $\left(\frac{8}{11},\frac{4}{5}\right) \Rightarrow \left(\frac{40}{55},\frac{44}{55}\right)$ ⑩ $\left(3\frac{4}{13},3\frac{2}{5}\right) \Rightarrow \left(3\frac{20}{65},3\frac{26}{65}\right)$

28

집중 시간 3분

❊ 두 분모의 곱을 공통분모로 하여 통분하세요.

① $\left(\frac{1}{2},\frac{3}{5}\right) \Rightarrow \left(\frac{5}{10},\frac{6}{10}\right)$ ⑦ $\left(\frac{3}{10},\frac{2}{5}\right) \Rightarrow \left(\frac{15}{50},\frac{20}{50}\right)$

② $\left(\frac{2}{3},\frac{1}{4}\right) \Rightarrow \left(\frac{8}{12},\frac{3}{12}\right)$ ⑧ $\left(\frac{1}{2},\frac{10}{13}\right) \Rightarrow \left(\frac{13}{26},\frac{20}{26}\right)$

③ $\left(\frac{1}{6},\frac{2}{7}\right) \Rightarrow \left(\frac{7}{42},\frac{12}{42}\right)$ ⑨ $\left(2\frac{5}{6},\frac{7}{8}\right) \Rightarrow \left(2\frac{40}{48},\frac{42}{48}\right)$

통분할 때 대분수의 자연수 부분을 빠뜨리지 않도록 해요.

④ $\left(\frac{3}{8},\frac{3}{4}\right) \Rightarrow \left(\frac{12}{32},\frac{24}{32}\right)$ ⑩ $\left(\frac{4}{9},3\frac{8}{11}\right) \Rightarrow \left(\frac{44}{99},3\frac{72}{99}\right)$

⑤ $\left(\frac{2}{5},\frac{4}{9}\right) \Rightarrow \left(\frac{18}{45},\frac{20}{45}\right)$

앗 실수

⑪ $\left(2\frac{9}{14},\frac{3}{4}\right) \Rightarrow \left(2\frac{36}{56},\frac{42}{56}\right)$

⑥ $\left(\frac{1}{4},\frac{5}{6}\right) \Rightarrow \left(\frac{6}{24},\frac{20}{24}\right)$ ⑫ $\left(\frac{12}{17},3\frac{2}{3}\right) \Rightarrow \left(\frac{36}{51},3\frac{34}{51}\right)$

75~76쪽

29 두 분모의 최소공배수로 통분하면 수가 간단해져

집중 시간 3분

※ 두 분모의 최소공배수를 공통분모로 하여 통분하세요.

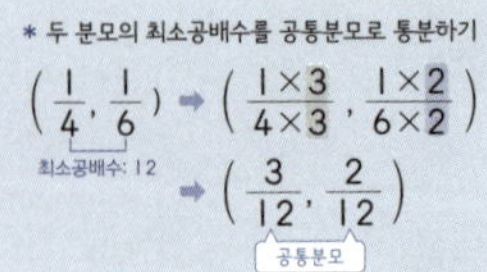

* 두 분모의 최소공배수를 공통분모로 통분하기

$\left(\frac{1}{4}, \frac{1}{6}\right) \Rightarrow \left(\frac{1\times3}{4\times3}, \frac{1\times2}{6\times2}\right) \Rightarrow \left(\frac{3}{12}, \frac{2}{12}\right)$

최소공배수: 12 / 공통분모

❶ $\left(\frac{1}{3}, \frac{2}{15}\right) \Rightarrow \left(\frac{5}{15}, \frac{2}{15}\right)$ (먼저 두 분모의 최소공배수를 구해 봐요.)

❷ $\left(\frac{5}{6}, \frac{4}{9}\right) \Rightarrow \left(\frac{15}{18}, \frac{8}{18}\right)$

❸ $\left(\frac{3}{16}, \frac{3}{8}\right) \Rightarrow \left(\frac{6}{32}, \frac{12}{32}\right)$

❹ $\left(\frac{3}{4}, \frac{9}{10}\right) \Rightarrow \left(\frac{15}{20}, \frac{18}{20}\right)$

❺ $\left(\frac{7}{8}, \frac{5}{12}\right) \Rightarrow \left(\frac{21}{24}, \frac{10}{24}\right)$

❻ $\left(1\frac{3}{8}, \frac{7}{10}\right) \Rightarrow \left(1\frac{15}{40}, \frac{28}{40}\right)$ (대분수의 자연수 부분은 그대로 쓰고 분수 부분만 통분해요.)

❼ $\left(\frac{5}{12}, 3\frac{2}{9}\right) \Rightarrow \left(\frac{15}{36}, 3\frac{8}{36}\right)$

❽ $\left(1\frac{1}{14}, 1\frac{5}{6}\right) \Rightarrow \left(1\frac{3}{42}, 1\frac{35}{42}\right)$

❾ $\left(2\frac{5}{9}, 1\frac{4}{15}\right) \Rightarrow \left(2\frac{25}{45}, 1\frac{12}{45}\right)$

* 최소공배수로 빠르게 통분하는 꿀팁!

$\left(\frac{5}{9}, \frac{4}{15}\right) \Rightarrow \left(\frac{5\times5}{9\times5}, \frac{4\times3}{15\times3}\right) \Rightarrow \left(\frac{25}{45}, \frac{12}{45}\right)$

3) 9 15 / 3 5 → 최소공배수: 45

두 분모를 최대공약수로 나눈 몫을 자리를 바꾸어 각 분모와 분자에 곱해 줘요.

29

집중 시간 3분

※ 두 분모의 최소공배수를 공통분모로 하여 통분하세요.

❶ $\left(\frac{1}{6}, \frac{5}{8}\right) \Rightarrow \left(\frac{4}{24}, \frac{15}{24}\right)$

❷ $\left(\frac{3}{10}, \frac{5}{6}\right) \Rightarrow \left(\frac{9}{30}, \frac{25}{30}\right)$

❸ $\left(\frac{2}{9}, \frac{5}{12}\right) \Rightarrow \left(\frac{8}{36}, \frac{15}{36}\right)$

❹ $\left(\frac{8}{15}, \frac{9}{10}\right) \Rightarrow \left(\frac{16}{30}, \frac{27}{30}\right)$

❺ $\left(\frac{1}{8}, \frac{5}{14}\right) \Rightarrow \left(\frac{7}{56}, \frac{20}{56}\right)$

❻ $\left(\frac{3}{10}, \frac{5}{12}\right) \Rightarrow \left(\frac{18}{60}, \frac{25}{60}\right)$

❼ $\left(\frac{3}{4}, \frac{11}{18}\right) \Rightarrow \left(\frac{27}{36}, \frac{22}{36}\right)$

❽ $\left(\frac{9}{20}, \frac{7}{15}\right) \Rightarrow \left(\frac{27}{60}, \frac{28}{60}\right)$

❾ $\left(\frac{6}{13}, 1\frac{9}{26}\right) \Rightarrow \left(\frac{12}{26}, 1\frac{9}{26}\right)$

❿ $\left(3\frac{5}{6}, \frac{7}{22}\right) \Rightarrow \left(3\frac{55}{66}, \frac{21}{66}\right)$

앗! 실수

⓫ $\left(2\frac{5}{12}, 4\frac{5}{16}\right) \Rightarrow \left(2\frac{20}{48}, 4\frac{15}{48}\right)$

⓬ $\left(3\frac{9}{14}, 3\frac{8}{21}\right) \Rightarrow \left(3\frac{27}{42}, 3\frac{16}{42}\right)$

77~78쪽

30 분모가 다른 분수의 크기 비교는 통분 먼저!

집중 시간 2분

※ 통분하여 두 분수의 크기를 비교하세요.

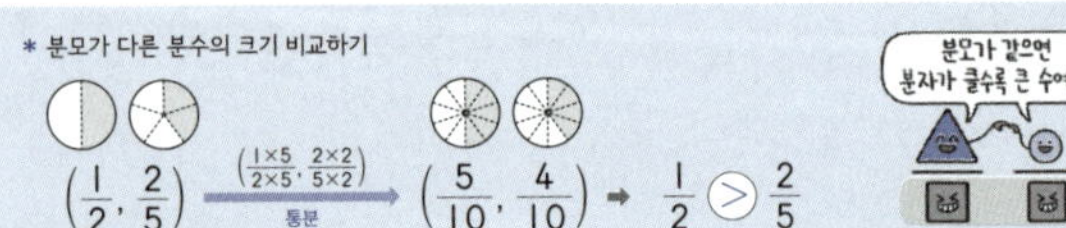

* 분모가 다른 분수의 크기 비교하기

$\left(\frac{1}{2}, \frac{2}{5}\right) \xrightarrow[\text{통분}]{\left(\frac{1\times5}{2\times5}, \frac{2\times2}{5\times2}\right)} \left(\frac{5}{10}, \frac{4}{10}\right) \Rightarrow \frac{1}{2} > \frac{2}{5}$

❶ $\left(\frac{2}{3}, \frac{5}{7}\right) \Rightarrow$ 예 $\left(\frac{14}{21}, \frac{15}{21}\right) \Rightarrow \frac{2}{3} < \frac{5}{7}$ (두 분모의 최소공배수로 통분하면 분자가 간단해져 계산이 편리해요.)

❷ $\left(\frac{3}{4}, \frac{5}{6}\right) \Rightarrow$ 예 $\left(\frac{9}{12}, \frac{10}{12}\right) \Rightarrow \frac{3}{4} < \frac{5}{6}$

❸ $\left(\frac{5}{6}, \frac{7}{9}\right) \Rightarrow$ 예 $\left(\frac{15}{18}, \frac{14}{18}\right) \Rightarrow \frac{5}{6} > \frac{7}{9}$

❹ $\left(\frac{7}{10}, \frac{5}{8}\right) \Rightarrow$ 예 $\left(\frac{28}{40}, \frac{25}{40}\right) \Rightarrow \frac{7}{10} > \frac{5}{8}$

❺ $\left(\frac{3}{8}, \frac{5}{12}\right) \Rightarrow$ 예 $\left(\frac{9}{24}, \frac{10}{24}\right) \Rightarrow \frac{3}{8} < \frac{5}{12}$

❻ $\left(\frac{11}{15}, \frac{13}{20}\right) \Rightarrow$ 예 $\left(\frac{44}{60}, \frac{39}{60}\right) \Rightarrow \frac{11}{15} > \frac{13}{20}$

30

집중 시간 3분

※ 두 분수의 크기를 비교하여 ○ 안에 >, =, <를 알맞게 써넣으세요. (분모가 다른 두 분수의 크기 비교는 통분 먼저!)

❶ $\frac{5}{6} < \frac{13}{15}$

❷ $\frac{3}{5} < \frac{5}{8}$

❸ $\frac{3}{8} > \frac{5}{24}$

❹ $\frac{7}{10} < \frac{11}{15}$

❺ $\frac{4}{9} > \frac{5}{12}$

❻ $\frac{9}{26} > \frac{4}{13}$

❼ $\frac{7}{12} < \frac{11}{18}$

❽ $\frac{3}{14} < \frac{11}{42}$

❾ $3\frac{2}{5} > 3\frac{4}{11}$

❿ $1\frac{9}{16} > 1\frac{13}{24}$

⓫ $4\frac{13}{20} > 4\frac{19}{30}$

* 두 분수의 크기 비교가 빨라지는 꿀팁!

분모를 서로 다른 분자에 곱한 값만 비교하면 빨라요.

$390 > 380$: $\frac{13}{20}, \frac{19}{30} \Rightarrow \frac{13}{20} > \frac{19}{30}$

통분하면 분모가 같아지니까 분자가 더 큰 쪽이 더 큰 분수예요.

31 두 분수씩 짝지어 비교하기

※ 두 분수의 크기를 비교하여 더 큰 분수를 위의 ☐ 안에 써넣으세요.

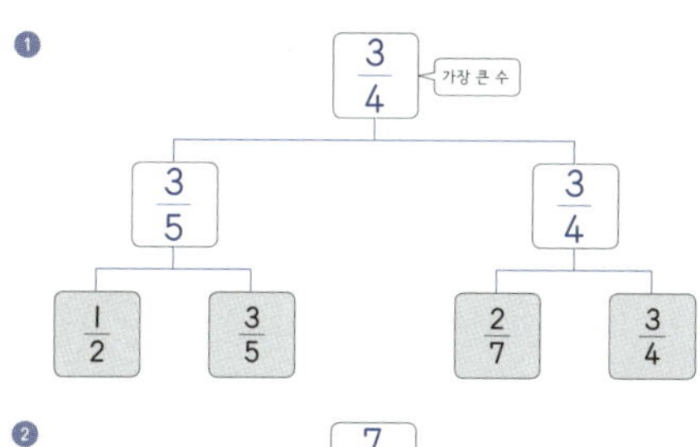

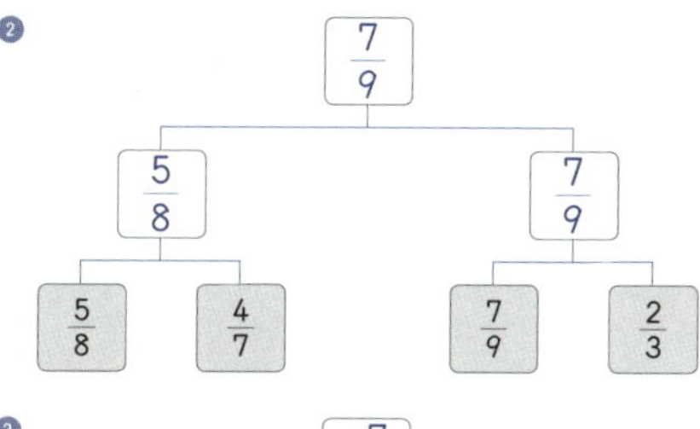

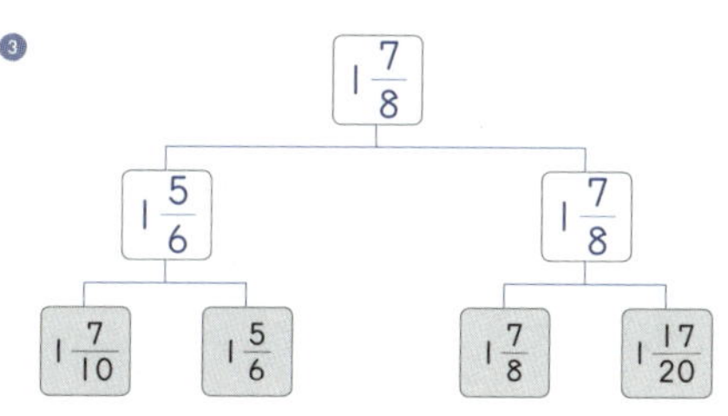

31

※ 두 분수의 크기를 비교하여 더 작은 분수를 아래의 ☐ 안에 써넣으세요.

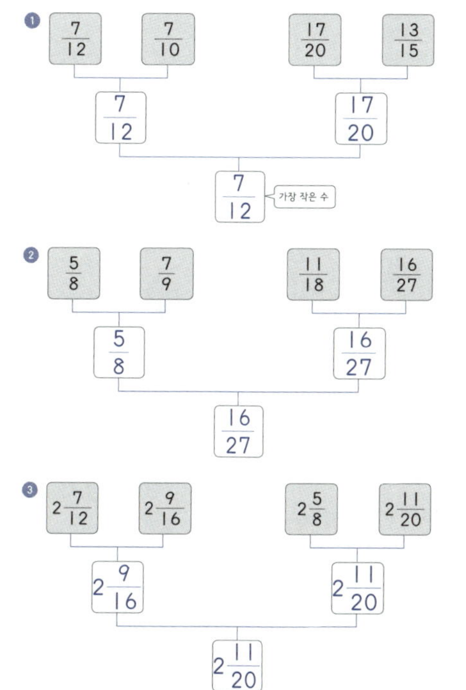

32 세 분수는 두 분수씩 차례로 비교하자

※ 세 분수의 크기를 비교하려고 합니다. 빈 곳에 알맞게 써넣으세요.

① $\dfrac{2}{3}$ $\dfrac{3}{4}$ $\dfrac{5}{7}$

분모가 다른 세 분수의 크기는 두 분수씩 차례로 비교하면 돼요.

$$\left(\dfrac{2}{3}, \dfrac{3}{4}\right) \xrightarrow{\text{예}} \left(\dfrac{8}{12}, \dfrac{9}{12}\right) \Rightarrow \dfrac{2}{3} < \dfrac{3}{4}$$

$$\left(\dfrac{3}{4}, \dfrac{5}{7}\right) \xrightarrow{\text{예}} \left(\dfrac{21}{28}, \dfrac{20}{28}\right) \Rightarrow \dfrac{3}{4} > \dfrac{5}{7}$$

$$\left(\dfrac{2}{3}, \dfrac{5}{7}\right) \xrightarrow{\text{예}} \left(\dfrac{14}{21}, \dfrac{15}{21}\right) \Rightarrow \dfrac{2}{3} < \dfrac{5}{7}$$

$$\Rightarrow \dfrac{3}{4} > \dfrac{5}{7} > \dfrac{2}{3}$$

답을 쓸 때는 통분한 분수가 아니라 원래의 세 분수를 써야 해요~

② $\dfrac{5}{12}$ $\dfrac{4}{9}$ $\dfrac{7}{18}$

$$\left(\dfrac{5}{12}, \dfrac{4}{9}\right) \xrightarrow{\text{예}} \left(\dfrac{15}{36}, \dfrac{16}{36}\right) \Rightarrow \dfrac{5}{12} < \dfrac{4}{9}$$

$$\left(\dfrac{4}{9}, \dfrac{7}{18}\right) \xrightarrow{\text{예}} \left(\dfrac{8}{18}, \dfrac{7}{18}\right) \Rightarrow \dfrac{4}{9} > \dfrac{7}{18}$$

$$\left(\dfrac{5}{12}, \dfrac{7}{18}\right) \xrightarrow{\text{예}} \left(\dfrac{15}{36}, \dfrac{14}{36}\right) \Rightarrow \dfrac{5}{12} > \dfrac{7}{18}$$

$$\Rightarrow \dfrac{4}{9} > \dfrac{5}{12} > \dfrac{7}{18}$$

32

※ 세 분수의 크기를 비교하려고 합니다. 빈 곳에 알맞게 써넣으세요.

① $\dfrac{1}{5}$ $\dfrac{3}{10}$ $\dfrac{4}{15}$

$$\dfrac{1}{5} < \dfrac{3}{10} \quad \dfrac{3}{10} > \dfrac{4}{15} \quad \dfrac{1}{5} < \dfrac{4}{15}$$

$$\rightarrow \dfrac{3}{10} > \dfrac{4}{15} > \dfrac{1}{5}$$

② $\dfrac{5}{7}$ $\dfrac{3}{5}$ $\dfrac{47}{70}$

$$\dfrac{5}{7} > \dfrac{3}{5} \quad \dfrac{3}{5} < \dfrac{47}{70} \quad \dfrac{5}{7} > \dfrac{47}{70}$$

$$\rightarrow \dfrac{5}{7} > \dfrac{47}{70} > \dfrac{3}{5}$$

③ $\dfrac{5}{8}$ $\dfrac{7}{10}$ $\dfrac{13}{20}$ $\rightarrow$ $\dfrac{7}{10} > \dfrac{13}{20} > \dfrac{5}{8}$

④ $\dfrac{3}{5}$ $\dfrac{5}{9}$ $\dfrac{7}{15}$ $\rightarrow$ $\dfrac{3}{5} > \dfrac{5}{9} > \dfrac{7}{15}$

⑤ $\dfrac{7}{12}$ $\dfrac{11}{16}$ $\dfrac{13}{24}$ $\rightarrow$ $\dfrac{11}{16} > \dfrac{7}{12} > \dfrac{13}{24}$

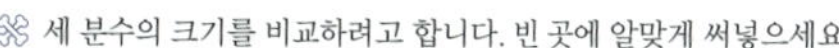

33 분수와 소수의 크기 비교하기

집중 시간 3분

❀ 두 수의 크기를 비교하여 ○ 안에 >, =, <를 알맞게 써넣으세요.

① $\frac{1}{2}$ ⊙> 0.4

＊ 분수를 소수로 바꾸어 비교하기
$\frac{1}{2} = \frac{5}{10} = 0.5$ ⊙> 0.4

② $\frac{2}{5}$ ⊙< 0.5

③ $\frac{3}{4}$ ⊙< 0.85

④ $\frac{7}{20}$ ⊙< 0.36

⑤ $\frac{6}{25}$ ⊙> 0.19

⑥ $\frac{3}{8}$ ⊙< 0.4

⑦ 0.7 ⊙> $\frac{3}{5}$

＊ 소수를 분수로 바꾸어 비교하기
$0.7 = \frac{7}{10}$ ⊙> $\frac{3}{5} = \frac{6}{10}$

⑧ 0.16 ⊙< $\frac{9}{50}$

⑨ 0.57 ⊙> $\frac{14}{25}$

⑩ 0.73 ⊙< $\frac{37}{50}$

⑪ 0.591 ⊙< $\frac{5}{8}$

＊ 분모를 10, 100, 1000인 분수로 바꿀 때 꿀팁!
• 분모가 2, 5이면 → 분모를 10으로!
• 분모가 4, 20, 25, 50이면 → 분모를 100으로!
• 분모가 8, 125이면 → 분모를 1000으로!
기억해 두면 분수를 소수로 바꿀 때 편리해요.

33

집중 시간 3분

❀ 두 수의 크기를 비교하여 ○ 안에 >, =, <를 알맞게 써넣으세요.

① $\frac{3}{4}$ ⊙< 0.8

② 0.42 ⊙> $\frac{2}{5}$

③ $\frac{2}{25}$ ⊙< 0.09

④ 0.83 ⊙< $\frac{9}{10}$

⑤ $\frac{19}{50}$ ⊙< 0.4

⑥ 0.61 ⊙> $\frac{11}{20}$

⑦ 4.4 ⊙< $4\frac{1}{2}$

⑧ $5\frac{1}{5}$ ⊙= 5.2

⑨ 2.724 ⊙> $2\frac{5}{8}$

⑩ $6\frac{7}{25}$ ⊙> 6.27

＊ 외워 두면 편한 분수와 소수!
• $\frac{1}{2} = 0.5$ • $\frac{1}{5} = 0.2$
• $\frac{1}{4} = 0.25$ • $\frac{3}{4} = 0.75$
• $\frac{1}{8} = 0.125$ • $\frac{3}{8} = 0.375$
• $\frac{5}{8} = 0.625$ • $\frac{7}{8} = 0.875$

---

34 생활 속 연산 – 약분과 통분

집중 시간 3분

❀ 그림을 보고 ☐ 안에 알맞은 수나 분수 또는 말을 써넣으세요.

①

은주와 다정이는 같은 크기의 피자를 각각 4조각, 8조각으로 똑같이 나누었습니다. 다정이가 은주와 같은 양을 먹으려면 다정이는 ☐2☐ 조각을 먹어야 합니다.

②

멜론 36통 중에서 30통이 팔렸습니다. 팔린 멜론 수는 처음에 있던 멜론 수의 몇 분의 몇인지 기약분수로 나타내면 ☐$\frac{5}{6}$☐ 입니다.

③

서하는 $\frac{7}{9}$ 시간 동안 낮잠을 잤고, 소혜는 $\frac{11}{15}$ 시간 동안 낮잠을 잤습니다. 낮잠을 더 오래 잔 사람은 ☐서하☐ 입니다.

④

주스, 우유, 콜라가 각각 한 병씩 있습니다. 이 중에서 양이 가장 많은 음료는 ☐우유☐ 입니다.

34 꿀떡! 연산 간식

집중 시간 3분

❀ 택배 상자에 적힌 두 분수를 최소공배수로 통분하면 배달해야 할 집을 찾을 수 있어요. 택배 상자와 배달해야 할 집을 선으로 이어 보세요.

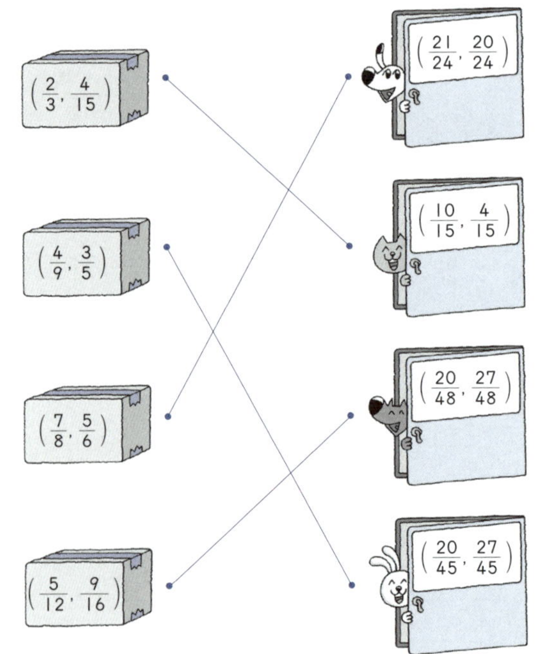

 셋째 마당 **통과 문제**

*틀린 문제는 꼭 다시 확인하고 넘어가요!

❈ □ 안에 알맞은 수 또는 분수를 써넣으세요.

24차시
❶ $\dfrac{3}{5} = \dfrac{9}{15} = \dfrac{15}{25}$

24차시
❷ $\dfrac{2}{9} = \dfrac{10}{45} = \dfrac{14}{63}$

25차시
❸ $\dfrac{8}{20} = \dfrac{4}{10} = \dfrac{2}{5}$

25차시
❹ $\dfrac{15}{45} = \dfrac{5}{15} = \dfrac{1}{3}$

27차시
❺ $\dfrac{21}{63}$ ➡ 기약분수: $\dfrac{1}{3}$

27차시
❻ $\dfrac{16}{42}$ ➡ 기약분수: $\dfrac{8}{21}$

29차시
❼ $\left(\dfrac{7}{10}, \dfrac{3}{5} \right)$ ➡ $\left(\dfrac{14}{20}, \dfrac{12}{20} \right)$

29차시
❽ $\left(\dfrac{5}{12}, 2\dfrac{1}{9} \right)$ ➡ $\left(\dfrac{15}{36}, 2\dfrac{4}{36} \right)$

29차시
❾ $\left(\dfrac{3}{4}, \dfrac{5}{14} \right)$ ➡ $\left(\dfrac{21}{28}, \dfrac{10}{28} \right)$

32차시
❿ $2\dfrac{3}{4} \quad 2\dfrac{2}{7} \quad 2\dfrac{4}{5}$

➡ 가장 작은 수: $2\dfrac{2}{7}$

33차시
⓫ $0.75 \quad \dfrac{11}{12}$

➡ 더 큰 수: $\dfrac{11}{12}$

34차시
⓬ 진아는 딸기 20개 중에서 14개를 먹었습니다. 먹고 남은 딸기 수는 처음에 있던 딸기 수의 몇 분의 몇인지 기약분수로 나타내면 $\dfrac{3}{10}$ 입니다.

---

35 분모가 다르면 통분한 다음 더하자

집중 시간 3분

❈ 계산하여 기약분수로 나타내세요.
분모와 분자의 공약수가 1뿐인 분수예요.

* 분모가 다른 분수의 덧셈

방법1 두 분모의 최소공배수를 공통분모로 하여 통분한 다음 계산하기

$$\dfrac{3}{8} + \dfrac{1}{6} = \dfrac{9}{24} + \dfrac{4}{24} = \dfrac{13}{24}$$

최소공배수: 24

분모의 최소공배수로 통분하면 수가 간단해서 계산이 편리해요.

방법2 두 분모의 곱을 공통분모로 하여 통분한 다음 계산하기

$$\dfrac{3}{8} + \dfrac{1}{6} = \dfrac{18}{48} + \dfrac{8}{48} = \dfrac{26}{48} = \dfrac{13}{24}$$

분모의 곱: 8×6=48

공통분모를 구하기 쉬워요.

❶ $\dfrac{1}{2} + \dfrac{1}{5} = \dfrac{5}{10} + \dfrac{2}{10} = \dfrac{7}{10}$

❷ $\dfrac{3}{4} + \dfrac{1}{8} = \dfrac{6}{8} + \dfrac{1}{8} = \dfrac{7}{8}$

❸ $\dfrac{4}{5} + \dfrac{1}{10} = \dfrac{9}{10}$

❹ $\dfrac{1}{12} + \dfrac{1}{8} = \dfrac{5}{24}$

❺ $\dfrac{1}{3} + \dfrac{1}{2} = \dfrac{5}{6}$

❻ $\dfrac{1}{6} + \dfrac{2}{7} = \dfrac{19}{42}$

❼ $\dfrac{4}{7} + \dfrac{2}{9} = \dfrac{50}{63}$

❽ $\dfrac{5}{8} + \dfrac{1}{12} = \dfrac{17}{24}$

❾ $\dfrac{3}{10} + \dfrac{3}{8} = \dfrac{27}{40}$

❿ $\dfrac{2}{9} + \dfrac{5}{12} = \dfrac{23}{36}$

35

❈ 계산하여 기약분수로 나타내세요.

❶ $\dfrac{1}{2} + \dfrac{4}{9} = \dfrac{17}{18}$

❷ $\dfrac{2}{3} + \dfrac{1}{15} = \dfrac{11}{15}$

❸ $\dfrac{3}{7} + \dfrac{1}{9} = \dfrac{34}{63}$

❹ $\dfrac{1}{6} + \dfrac{3}{4} = \dfrac{11}{12}$

❺ $\dfrac{2}{7} + \dfrac{3}{5} = \dfrac{31}{35}$

❻ $\dfrac{3}{8} + \dfrac{11}{24} = \dfrac{5}{6}$

❼ $\dfrac{5}{6} + \dfrac{2}{15} = \dfrac{29}{30}$

❽ $\dfrac{1}{6} + \dfrac{5}{12} = \dfrac{7}{12}$

❾ $\dfrac{3}{14} + \dfrac{1}{21} = \dfrac{11}{42}$

❿ $\dfrac{1}{8} + \dfrac{3}{10} = \dfrac{17}{40}$

* 공통분모를 쉽게 구하는 방법!

• 분모의 공약수가 1뿐인 경우

$$\dfrac{1}{2} + \dfrac{1}{3} = \dfrac{3}{6} + \dfrac{2}{6}$$

분모의 곱

➡ (공통분모)=(분모의 곱)

• 한 분모가 다른 분모의 배수인 경우

$$\dfrac{1}{2} + \dfrac{1}{4} = \dfrac{2}{4} + \dfrac{1}{4}$$

4는 2의 배수

➡ (공통분모)=(분모 중 더 큰 수)

36 계산 결과가 가분수이면 대분수로 나타내 

※ 계산하여 기약분수로 나타내세요. 〔계산 결과가 가분수이면 대분수로 나타내요.〕

① $\frac{1}{2} + \frac{2}{3} = \frac{3}{6} + \frac{4}{6} = \frac{7}{6} = 1\frac{1}{6}$
　　통분　　　가분수 → 대분수

⑦ $\frac{1}{4} + \frac{9}{10} = 1\frac{3}{20}$

② $\frac{3}{4} + \frac{5}{6} = 1\frac{7}{12}$

⑧ $\frac{11}{12} + \frac{4}{9} = 1\frac{13}{36}$

③ $\frac{1}{3} + \frac{7}{9} = 1\frac{1}{9}$

⑨ $\frac{4}{5} + \frac{8}{15} = 1\frac{1}{3}$

④ $\frac{3}{5} + \frac{5}{8} = 1\frac{9}{40}$

⑩ $\frac{3}{4} + \frac{5}{18} = 1\frac{1}{36}$

⑤ $\frac{4}{21} + \frac{6}{7} = 1\frac{1}{21}$

⑪ $\frac{7}{10} + \frac{11}{15} = 1\frac{13}{30}$

⑥ $\frac{7}{8} + \frac{7}{20} = 1\frac{9}{40}$

---

36 

※ 계산하여 기약분수로 나타내세요. 〔계산 결과가 가분수이면 대분수로 나타내요.〕

① $\frac{1}{2} + \frac{5}{8} = 1\frac{1}{8}$

⑦ $\frac{2}{3} + \frac{5}{6} = 1\frac{1}{2}$

② $\frac{2}{5} + \frac{6}{7} = 1\frac{9}{35}$

⑧ $\frac{1}{4} + \frac{10}{13} = 1\frac{1}{52}$

③ $\frac{3}{4} + \frac{5}{12} = 1\frac{1}{6}$

⑨ $\frac{5}{8} + \frac{7}{12} = 1\frac{5}{24}$

④ $\frac{3}{5} + \frac{7}{10} = 1\frac{3}{10}$

⑩ $\frac{1}{3} + \frac{11}{16} = 1\frac{1}{48}$

⑤ $\frac{8}{9} + \frac{7}{18} = 1\frac{5}{18}$

⑪ $\frac{5}{9} + \frac{4}{5} = 1\frac{16}{45}$

⑥ $\frac{9}{10} + \frac{1}{6} = 1\frac{1}{15}$

⑫ $\frac{8}{15} + \frac{13}{20} = 1\frac{11}{60}$

---

37 통분한 다음 자연수끼리, 분수끼리 더하자

※ 자연수끼리, 분수끼리 계산하여 기약분수로 나타내세요.

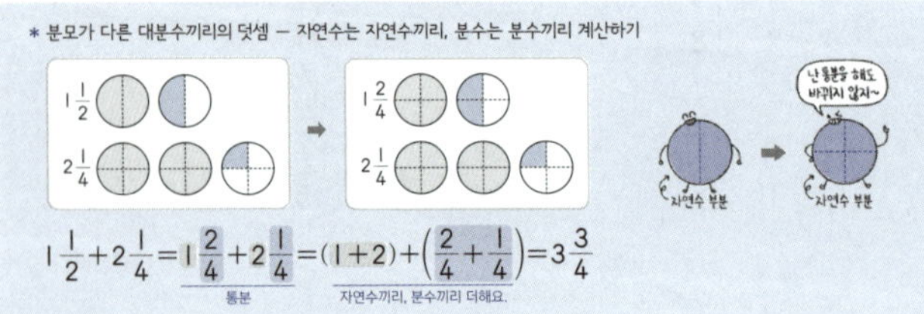

* 분모가 다른 대분수끼리의 덧셈 − 자연수는 자연수끼리, 분수는 분수끼리 계산하기

$1\frac{1}{2} + 2\frac{1}{4} = 1\frac{2}{4} + 2\frac{1}{4} = (1+2) + \left(\frac{2}{4} + \frac{1}{4}\right) = 3\frac{3}{4}$
　　통분　　　자연수끼리, 분수끼리 더해요.

① $2\frac{3}{4} + 1\frac{1}{6} = 2\frac{9}{12} + 1\frac{2}{12} = (2+1) + \left(\frac{9}{12} + \frac{2}{12}\right) = 3\frac{11}{12}$

② $1\frac{1}{5} + 3\frac{1}{2} = 1\frac{2}{10} + 3\frac{5}{10} = (1+3) + \left(\frac{2}{10} + \frac{5}{10}\right) = 4\frac{7}{10}$

③ $2\frac{1}{4} + 2\frac{2}{7} = 2\frac{7}{28} + 2\frac{8}{28} = (2+2) + \left(\frac{7}{28} + \frac{8}{28}\right) = 4\frac{15}{28}$

④ $2\frac{2}{9} + 4\frac{5}{18} = 2\frac{4}{18} + 4\frac{5}{18} = (2+4) + \left(\frac{4}{18} + \frac{5}{18}\right) = 6\frac{9}{18} = 6\frac{1}{2}$

⑤ $4\frac{1}{6} + 1\frac{5}{8} = 4\frac{4}{24} + 1\frac{15}{24} = (4+1) + \left(\frac{4}{24} + \frac{15}{24}\right) = 5\frac{19}{24}$

---

37 

※ 자연수끼리, 분수끼리 계산하여 기약분수로 나타내세요.

① $2\frac{2}{9} + 1\frac{1}{3} = 2\frac{2}{9} + 1\frac{3}{9} = 3\frac{5}{9}$

② $2\frac{1}{10} + 3\frac{1}{2} = 5\frac{3}{5}$

⑦ $4\frac{1}{3} + 1\frac{5}{12} = 5\frac{3}{4}$

③ $2\frac{1}{3} + 2\frac{1}{5} = 4\frac{8}{15}$

⑧ $3\frac{3}{8} + 1\frac{1}{12} = 4\frac{11}{24}$

④ $1\frac{3}{7} + 1\frac{5}{14} = 2\frac{11}{14}$

⑨ $1\frac{1}{6} + 4\frac{3}{8} = 5\frac{13}{24}$

⑤ $2\frac{1}{4} + 3\frac{2}{9} = 5\frac{17}{36}$

⑩ $1\frac{2}{15} + 3\frac{3}{10} = 4\frac{13}{30}$

⑥ $6\frac{1}{10} + 2\frac{3}{4} = 8\frac{17}{20}$

⑪ $5\frac{1}{4} + 1\frac{7}{18} = 6\frac{23}{36}$

38 분수끼리의 합이 가분수이면 대분수로 나타내 

자연수끼리, 분수끼리 계산하여 기약분수로 나타내세요.

> 분수끼리의 합이 가분수이면 대분수로 나타내요.

1) $2\frac{1}{2} + 1\frac{2}{3} = 2\frac{3}{6} + 1\frac{4}{6} = (2+1) + \left(\frac{3}{6} + \frac{4}{6}\right) = 3\frac{7}{6} = 4\frac{1}{6}$
통분 / 자연수끼리, 분수끼리 더해요. / 가분수 → 대분수

2) $1\frac{1}{2} + 3\frac{3}{5} = 1\frac{5}{10} + 3\frac{6}{10} = (1+3) + \left(\frac{5}{10} + \frac{6}{10}\right) = 4\frac{11}{10} = 5\frac{1}{10}$

3) $1\frac{1}{3} + 1\frac{3}{4} = 1\frac{4}{12} + 1\frac{9}{12} = (1+1) + \left(\frac{4}{12} + \frac{9}{12}\right) = 2\frac{13}{12} = 3\frac{1}{12}$

4) $2\frac{1}{4} + 2\frac{5}{6} = 2\frac{3}{12} + 2\frac{10}{12} = (2+2) + \left(\frac{3}{12} + \frac{10}{12}\right) = 4\frac{13}{12} = 5\frac{1}{12}$

5) $1\frac{5}{6} + 2\frac{2}{3} = 1\frac{5}{6} + 2\frac{4}{6} = (1+2) + \left(\frac{5}{6} + \frac{4}{6}\right) = 3\frac{9}{6} = 4\frac{1}{2}$

6) $3\frac{5}{6} + 2\frac{7}{15} = 3\frac{25}{30} + 2\frac{14}{30} = (3+2) + \left(\frac{25}{30} + \frac{14}{30}\right) = 5\frac{39}{30} = 6\frac{3}{10}$

7) $3\frac{7}{8} + 1\frac{7}{40} = 3\frac{35}{40} + 1\frac{7}{40} = (3+1) + \left(\frac{35}{40} + \frac{7}{40}\right) = 4\frac{42}{40} = 5\frac{1}{20}$

38  

자연수끼리, 분수끼리 계산하여 기약분수로 나타내세요.

1) $1\frac{3}{4} + 2\frac{1}{3} = 1\frac{9}{12} + 2\frac{4}{12} = 3\frac{13}{12} = 4\frac{1}{12}$

2) $2\frac{7}{8} + 3\frac{1}{4} = 6\frac{1}{8}$
7) $2\frac{7}{10} + 2\frac{3}{4} = 5\frac{9}{20}$

3) $4\frac{7}{9} + 1\frac{1}{3} = 6\frac{1}{9}$
8) $3\frac{7}{12} + 2\frac{11}{16} = 6\frac{13}{48}$

4) $6\frac{1}{2} + 1\frac{9}{14} = 8\frac{1}{7}$
9) $3\frac{4}{5} + 5\frac{9}{20} = 9\frac{1}{4}$

5) $1\frac{13}{15} + 4\frac{1}{3} = 6\frac{1}{5}$
10) $3\frac{5}{6} + 3\frac{7}{8} = 7\frac{17}{24}$

6) $1\frac{3}{5} + 1\frac{4}{9} = 3\frac{2}{45}$
11) $4\frac{5}{18} + 3\frac{3}{4} = 8\frac{1}{36}$

39 대분수를 가분수로 나타내어 더하는 연습도 필요해 

대분수를 가분수로 나타내고 계산하여 기약분수로 나타내세요.

> * 분모가 다른 대분수끼리의 덧셈 — 대분수를 가분수로 나타내어 계산하기
> $3\frac{1}{2} + 1\frac{1}{3} = \frac{7}{2} + \frac{4}{3} = \frac{21}{6} + \frac{8}{6} = \frac{29}{6} = 4\frac{5}{6}$
> 대분수 → 가분수 / 통분 / 가분수 → 대분수

1) $1\frac{2}{5} + 1\frac{3}{10} = \frac{7}{5} + \frac{13}{10} = \frac{14}{10} + \frac{13}{10} = \frac{27}{10} = 2\frac{7}{10}$

2) $1\frac{2}{3} + 2\frac{1}{4} = \frac{5}{3} + \frac{9}{4} = \frac{20}{12} + \frac{27}{12} = \frac{47}{12} = 3\frac{11}{12}$

3) $4\frac{1}{2} + 1\frac{3}{7} = \frac{9}{2} + \frac{10}{7} = \frac{63}{14} + \frac{20}{14} = \frac{83}{14} = 5\frac{13}{14}$

4) $1\frac{1}{6} + 1\frac{4}{9} = \frac{7}{6} + \frac{13}{9} = \frac{21}{18} + \frac{26}{18} = \frac{47}{18} = 2\frac{11}{18}$

5) $2\frac{7}{10} + 1\frac{7}{15} = \frac{27}{10} + \frac{22}{15} = \frac{81}{30} + \frac{44}{30} = \frac{125}{30} = 4\frac{1}{6}$

6) $1\frac{3}{8} + 1\frac{9}{10} = \frac{11}{8} + \frac{19}{10} = \frac{55}{40} + \frac{76}{40} = \frac{131}{40} = 3\frac{11}{40}$

39  

대분수를 가분수로 나타내고 계산하여 기약분수로 나타내세요.

> 가분수로 나타내어 푸는 연습도 해 두면 교과서를 풀 때 자신감이 생길 거예요.

1) $5\frac{1}{2} + 3\frac{1}{4} = \frac{11}{2} + \frac{13}{4} = \frac{22}{4} + \frac{13}{4} = \frac{35}{4} = 8\frac{3}{4}$

2) $2\frac{1}{4} + 2\frac{2}{5} = 4\frac{13}{20}$
7) $1\frac{3}{5} + 1\frac{5}{6} = 3\frac{13}{30}$

3) $1\frac{1}{3} + 1\frac{2}{9} = 2\frac{5}{9}$
8) $1\frac{7}{10} + 1\frac{3}{20} = 2\frac{17}{20}$

4) $2\frac{2}{5} + 1\frac{2}{3} = 4\frac{1}{15}$

5) $2\frac{1}{4} + 1\frac{5}{16} = 3\frac{9}{16}$

6) $1\frac{4}{9} + 4\frac{1}{6} = 5\frac{11}{18}$

앗! 실수

9) $3\frac{1}{8} + 1\frac{7}{12} = 4\frac{17}{24}$

> 조심! 가분수로 나타내어 통분할 때 분자가 커져서 실수하기 쉬워요.

10) $1\frac{4}{7} + 2\frac{1}{5} = 3\frac{27}{35}$

11) $2\frac{9}{11} + 3\frac{10}{33} = 6\frac{4}{33}$

 **40** 대분수를 가분수로 나타내어 더하는 연습 한 번 더! 

※ 대분수를 가분수로 나타내고 계산하여 기약분수로 나타내세요.

1. $1\frac{5}{6}+1\frac{2}{3}=\dfrac{11}{6}+\dfrac{5}{3}=\dfrac{11}{6}+\dfrac{10}{6}=\dfrac{21}{6}=\dfrac{7}{2}=3\frac{1}{2}$

계산 결과가 약분이 되면 약분해 줘요.

2. $2\frac{1}{2}+3\frac{7}{10}=6\frac{1}{5}$

3. $2\frac{3}{4}+4\frac{1}{3}=7\frac{1}{12}$

4. $1\frac{1}{3}+1\frac{6}{7}=3\frac{4}{21}$

5. $2\frac{5}{6}+1\frac{5}{9}=4\frac{7}{18}$

6. $1\frac{5}{8}+1\frac{7}{12}=3\frac{5}{24}$

7. $1\frac{2}{7}+1\frac{9}{14}=2\frac{13}{14}$

8. $2\frac{1}{5}+2\frac{17}{20}=5\frac{1}{20}$

9. $2\frac{7}{10}+1\frac{8}{15}=4\frac{7}{30}$

10. $1\frac{4}{5}+2\frac{2}{7}=4\frac{3}{35}$

11. $1\frac{3}{11}+2\frac{1}{3}=3\frac{20}{33}$

 **40**

※ 대분수를 가분수로 나타내고 계산하여 기약분수로 나타내세요.

1. $1\frac{1}{3}+2\frac{2}{5}=\dfrac{4}{3}+\dfrac{12}{5}=\dfrac{20}{15}+\dfrac{36}{15}=\dfrac{56}{15}=3\frac{11}{15}$

2. $1\frac{4}{5}+3\frac{1}{2}=5\frac{3}{10}$

3. $2\frac{4}{7}+1\frac{9}{14}=4\frac{3}{14}$

4. $2\frac{3}{4}+2\frac{1}{3}=5\frac{1}{12}$

5. $4\frac{1}{2}+1\frac{3}{5}=6\frac{1}{10}$

6. $2\frac{2}{5}+2\frac{3}{7}=4\frac{29}{35}$

7. $2\frac{1}{4}+1\frac{9}{10}=4\frac{3}{20}$

8. $1\frac{5}{12}+2\frac{3}{20}=3\frac{17}{30}$

9. $1\frac{2}{9}+3\frac{4}{5}=5\frac{1}{45}$

10. $1\frac{5}{6}+2\frac{7}{8}=4\frac{17}{24}$

11. $1\frac{11}{18}+1\frac{7}{12}=3\frac{7}{36}$

 **41** 받아올림이 있는 분수의 덧셈 집중 연습

※ 계산하여 기약분수로 나타내세요.

1. $1\frac{2}{3}+1\frac{5}{9}=3\frac{2}{9}$

2. $4\frac{2}{5}+1\frac{7}{10}=6\frac{1}{10}$

3. $2\frac{7}{8}+3\frac{5}{16}=6\frac{3}{16}$

4. $2\frac{1}{2}+4\frac{13}{22}=7\frac{1}{11}$

5. $1\frac{4}{7}+2\frac{10}{21}=4\frac{1}{21}$

6. $3\frac{7}{15}+2\frac{17}{30}=6\frac{1}{30}$

7. $1\frac{3}{4}+2\frac{4}{7}=4\frac{9}{28}$

8. $2\frac{4}{5}+5\frac{5}{6}=8\frac{19}{30}$

9. $4\frac{1}{2}+1\frac{6}{11}=6\frac{1}{22}$

10. $2\frac{5}{6}+3\frac{4}{9}=6\frac{5}{18}$

11. $4\frac{7}{10}+1\frac{8}{15}=6\frac{7}{30}$

12. $1\frac{5}{12}+2\frac{19}{20}=4\frac{11}{30}$

 **41**

※ 계산하여 기약분수로 나타내세요.

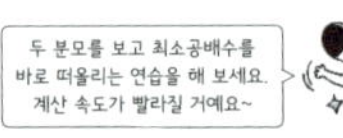

1. $1\frac{6}{7}+5\frac{1}{4}=7\frac{3}{28}$

2. $1\frac{2}{3}+2\frac{5}{8}=4\frac{7}{24}$

3. $1\frac{7}{10}+1\frac{13}{30}=3\frac{2}{15}$

4. $1\frac{5}{8}+1\frac{13}{24}=3\frac{1}{6}$

5. $1\frac{9}{10}+2\frac{5}{6}=4\frac{11}{15}$

6. $3\frac{8}{9}+2\frac{5}{18}=6\frac{1}{6}$

7. $2\frac{1}{6}+1\frac{19}{20}=4\frac{7}{60}$

8. $2\frac{7}{8}+1\frac{11}{12}=4\frac{19}{24}$

9. $4\frac{13}{15}+1\frac{7}{20}=6\frac{13}{60}$

앗! 실수

10. $2\frac{7}{12}+1\frac{11}{16}=4\frac{13}{48}$

11. $3\frac{3}{4}+1\frac{5}{14}=5\frac{3}{28}$

42 분모가 다른 분수의 덧셈 완벽하게 끝내기

3분

❀ 계산하여 기약분수로 나타내세요.

1. $\dfrac{5}{9} + \dfrac{7}{12} = 1\dfrac{5}{36}$

2. $\dfrac{5}{6} + \dfrac{8}{21} = 1\dfrac{3}{14}$

3. $3\dfrac{2}{9} + 2\dfrac{7}{15} = 5\dfrac{31}{45}$

4. $2\dfrac{5}{12} + 1\dfrac{4}{20} = 3\dfrac{37}{60}$

5. $4\dfrac{9}{10} + 1\dfrac{4}{25} = 6\dfrac{3}{50}$

6. $2\dfrac{9}{16} + 2\dfrac{7}{10} = 5\dfrac{21}{80}$

7. $1\dfrac{5}{18} + 2\dfrac{3}{4} = 4\dfrac{1}{36}$

8. $1\dfrac{13}{14} + 4\dfrac{10}{21} = 6\dfrac{17}{42}$

앗! 실수

9. $\dfrac{3}{10} + \dfrac{7}{18} = \dfrac{31}{45}$

10. $4\dfrac{11}{30} + 2\dfrac{3}{4} = 7\dfrac{7}{60}$

11. $2\dfrac{13}{20} + 3\dfrac{23}{30} = 6\dfrac{5}{12}$

42

3분

❀ 빈칸에 알맞은 기약분수를 써넣으세요. 〈 계산 결과가 가분수이면 대분수로 나타내요.

1.
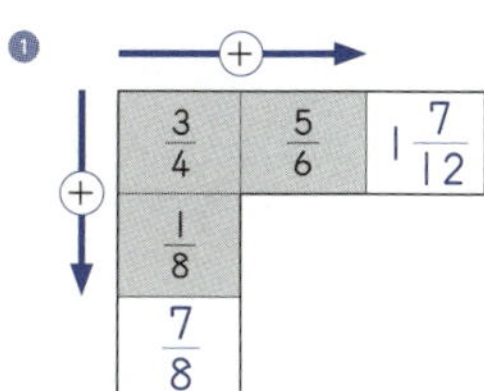

4.
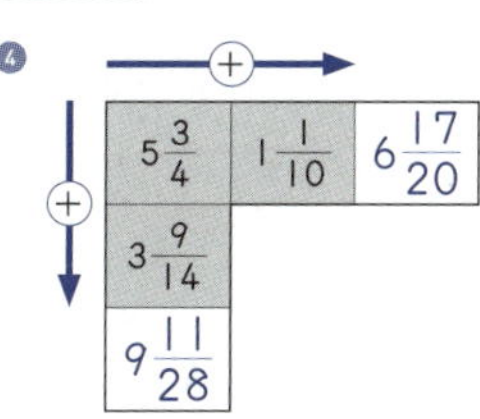

2.
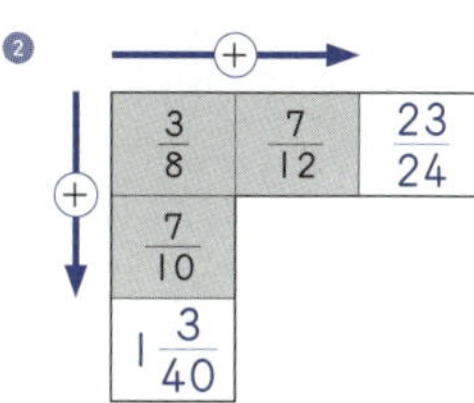

5.
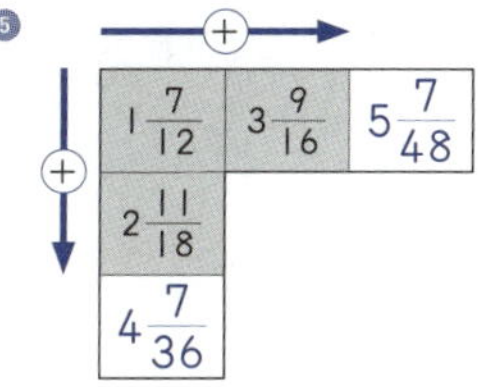

3.
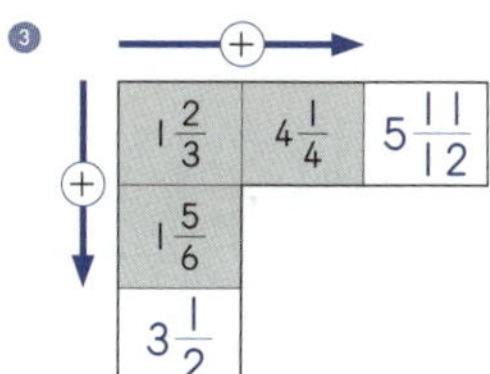

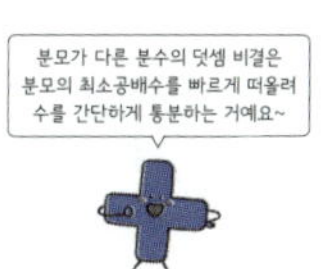

43 분모가 다르면 통분한 다음 빼자

3분

❀ 계산하여 기약분수로 나타내세요.

★ 분모가 다른 분수의 뺄셈

[방법 1] 두 분모의 최소공배수를 공통분모로 하여 통분한 다음 계산하기

$$\dfrac{5}{6} - \dfrac{5}{9} = \dfrac{15}{18} - \dfrac{10}{18} = \dfrac{5}{18}$$

최소공배수: 18

[방법 2] 두 분모의 곱을 공통분모로 하여 통분한 다음 계산하기

$$\dfrac{5}{6} - \dfrac{5}{9} = \dfrac{45}{54} - \dfrac{30}{54} = \dfrac{15}{54} = \dfrac{5}{18}$$

분모의 곱: $6 \times 9 = 54$

1. $\dfrac{2}{3} - \dfrac{1}{2} = \dfrac{\boxed{4}}{6} - \dfrac{\boxed{3}}{6} = \dfrac{\boxed{1}}{6}$

2. $\dfrac{5}{8} - \dfrac{1}{4} = \dfrac{5}{8} - \dfrac{\boxed{2}}{8} = \dfrac{\boxed{3}}{8}$

3. $\dfrac{1}{2} - \dfrac{2}{7} = \dfrac{3}{14}$

4. $\dfrac{3}{4} - \dfrac{2}{5} = \dfrac{7}{20}$

5. $\dfrac{4}{5} - \dfrac{3}{10} = \dfrac{1}{2}$

6. $\dfrac{3}{8} - \dfrac{1}{6} = \dfrac{5}{24}$

7. $\dfrac{9}{10} - \dfrac{7}{15} = \dfrac{13}{30}$

8. $\dfrac{2}{3} - \dfrac{6}{11} = \dfrac{4}{33}$

9. $\dfrac{6}{7} - \dfrac{5}{14} = \dfrac{1}{2}$

10. $\dfrac{4}{9} - \dfrac{5}{12} = \dfrac{1}{36}$

43

3분

❀ 계산하여 기약분수로 나타내세요.

1. $\dfrac{1}{2} - \dfrac{1}{4} = \dfrac{1}{4}$

2. $\dfrac{7}{15} - \dfrac{1}{3} = \dfrac{2}{15}$

3. $\dfrac{7}{9} - \dfrac{1}{2} = \dfrac{5}{18}$

4. $\dfrac{6}{7} - \dfrac{2}{5} = \dfrac{16}{35}$

5. $\dfrac{4}{5} - \dfrac{3}{8} = \dfrac{17}{40}$

6. $\dfrac{25}{28} - \dfrac{9}{14} = \dfrac{1}{4}$

7. $\dfrac{2}{3} - \dfrac{2}{9} = \dfrac{4}{9}$

8. $\dfrac{4}{9} - \dfrac{1}{6} = \dfrac{5}{18}$

9. $\dfrac{5}{12} - \dfrac{3}{8} = \dfrac{1}{24}$

10. $\dfrac{8}{9} - \dfrac{11}{15} = \dfrac{7}{45}$

11. $\dfrac{5}{6} - \dfrac{3}{10} = \dfrac{8}{15}$

12. $\dfrac{13}{20} - \dfrac{5}{12} = \dfrac{7}{30}$

44 통분한 다음 자연수끼리, 분수끼리 빼자

⚘ 자연수끼리, 분수끼리 계산하여 기약분수로 나타내세요.

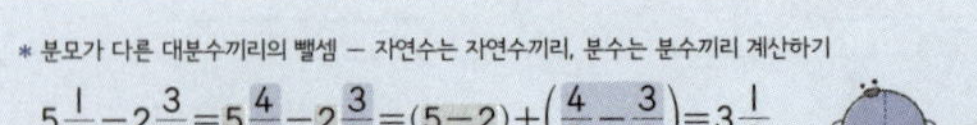
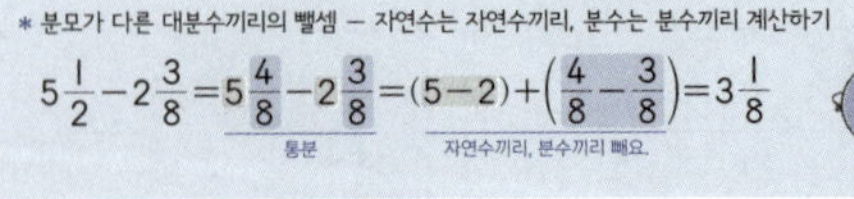
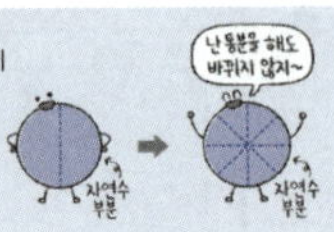

$$5\frac{1}{2}-2\frac{3}{8}=5\frac{4}{8}-2\frac{3}{8}=(5-2)+\left(\frac{4}{8}-\frac{3}{8}\right)=3\frac{1}{8}$$

① $4\frac{2}{3}-3\frac{1}{2}=4\frac{4}{6}-3\frac{3}{6}=(4-3)+\left(\frac{4}{6}-\frac{3}{6}\right)=1\frac{1}{6}$

② $2\frac{3}{5}-1\frac{1}{4}=2\frac{12}{20}-1\frac{5}{20}=(2-1)+\left(\frac{12}{20}-\frac{5}{20}\right)=1\frac{7}{20}$

③ $6\frac{1}{8}-4\frac{1}{9}=6\frac{9}{72}-4\frac{8}{72}=(6-4)+\left(\frac{9}{72}-\frac{8}{72}\right)=2\frac{1}{72}$

④ $3\frac{6}{7}-1\frac{11}{14}=3\frac{12}{14}-1\frac{11}{14}=(3-1)+\left(\frac{12}{14}-\frac{11}{14}\right)=2\frac{1}{14}$

⑤ $5\frac{7}{8}-3\frac{5}{6}=5\frac{21}{24}-3\frac{20}{24}=(5-3)+\left(\frac{21}{24}-\frac{20}{24}\right)=2\frac{1}{24}$

⑥ $4\frac{5}{9}-1\frac{5}{12}=4\frac{20}{36}-1\frac{15}{36}=(4-1)+\left(\frac{20}{36}-\frac{15}{36}\right)=3\frac{5}{36}$

44

⚘ 자연수끼리, 분수끼리 계산하여 기약분수로 나타내세요.

① $8\frac{1}{2}-5\frac{1}{4}=8\frac{2}{4}-5\frac{1}{4}=3\frac{1}{4}$

② $5\frac{3}{4}-2\frac{2}{3}=3\frac{1}{12}$

③ $4\frac{5}{6}-1\frac{5}{12}=3\frac{5}{12}$

④ $6\frac{5}{8}-3\frac{2}{5}=3\frac{9}{40}$

⑤ $5\frac{5}{6}-1\frac{3}{8}=4\frac{11}{24}$

⑥ $6\frac{7}{10}-2\frac{12}{25}=4\frac{11}{50}$

⑦ $8\frac{7}{15}-4\frac{4}{9}=4\frac{1}{45}$

⑧ $4\frac{11}{18}-2\frac{5}{12}=2\frac{7}{36}$

⑨ $7\frac{5}{6}-5\frac{7}{18}=2\frac{4}{9}$

⑩ $4\frac{7}{12}-2\frac{13}{36}=2\frac{2}{9}$

⑪ $5\frac{9}{10}-1\frac{11}{15}=4\frac{1}{6}$

---

45 자연수 부분에서 1만큼을 가분수로 나타내어 빼자

⚘ 자연수끼리, 분수끼리 계산하여 기약분수로 나타내세요.

$$4\frac{1}{2}-2\frac{2}{3}=4\frac{3}{6}-2\frac{4}{6}=3\frac{9}{6}-2\frac{4}{6}$$
$$=(3-2)+\left(\frac{9}{6}-\frac{4}{6}\right)=1\frac{5}{6}$$

① $6\frac{1}{4}-3\frac{5}{8}=6\frac{2}{8}-3\frac{5}{8}=5\frac{10}{8}-3\frac{5}{8}=(5-3)+\left(\frac{10}{8}-\frac{5}{8}\right)=2\frac{5}{8}$

② $7\frac{1}{3}-4\frac{3}{5}=7\frac{5}{15}-4\frac{9}{15}=6\frac{20}{15}-4\frac{9}{15}=(6-4)+\left(\frac{20}{15}-\frac{9}{15}\right)$
$$=2\frac{11}{15}$$

③ $5\frac{1}{2}-3\frac{4}{5}=5\frac{5}{10}-3\frac{8}{10}=4\frac{15}{10}-3\frac{8}{10}=(4-3)+\left(\frac{15}{10}-\frac{8}{10}\right)$
$$=1\frac{7}{10}$$

④ $3\frac{4}{11}-1\frac{13}{22}=3\frac{8}{22}-1\frac{13}{22}=2\frac{30}{22}-1\frac{13}{22}=(2-1)+\left(\frac{30}{22}-\frac{13}{22}\right)$
$$=1\frac{17}{22}$$

⑤ $6\frac{3}{10}-5\frac{5}{6}=6\frac{9}{30}-5\frac{25}{30}=5\frac{39}{30}-5\frac{25}{30}=(5-5)+\left(\frac{39}{30}-\frac{25}{30}\right)$
$$=\frac{14}{30}=\frac{7}{15}$$

45

⚘ 자연수끼리, 분수끼리 계산하여 기약분수로 나타내세요.

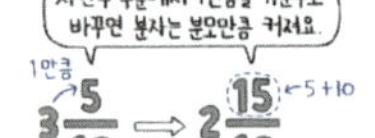

① $3\frac{1}{2}-2\frac{3}{5}=3\frac{5}{10}-2\frac{6}{10}=2\frac{15}{10}-2\frac{6}{10}=\frac{9}{10}$

② $4\frac{1}{5}-2\frac{3}{4}=1\frac{9}{20}$

③ $5\frac{1}{2}-1\frac{5}{8}=3\frac{7}{8}$

④ $9\frac{1}{3}-3\frac{6}{7}=5\frac{10}{21}$

⑤ $4\frac{1}{10}-2\frac{2}{3}=1\frac{13}{30}$

⑥ $3\frac{1}{8}-1\frac{5}{9}=1\frac{41}{72}$

⑦ $7\frac{1}{6}-2\frac{3}{8}=4\frac{19}{24}$

⑧ $8\frac{1}{9}-4\frac{5}{6}=3\frac{5}{18}$

⑨ $6\frac{2}{5}-3\frac{7}{15}=2\frac{14}{15}$

⑩ $5\frac{1}{4}-2\frac{3}{10}=2\frac{19}{20}$

⑪ $7\frac{2}{15}-4\frac{7}{12}=2\frac{11}{20}$

46 대분수를 가분수로 나타내어 빼는 연습도 필요해

 집중 시간 3분

❀ 대분수를 가분수로 나타내고 계산하여 기약분수로 나타내세요.

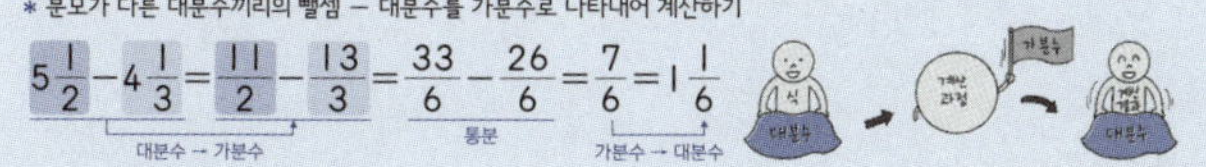

* 분모가 다른 대분수끼리의 뺄셈 — 대분수를 가분수로 나타내어 계산하기

$$5\frac{1}{2} - 4\frac{1}{3} = \frac{11}{2} - \frac{13}{3} = \frac{33}{6} - \frac{26}{6} = \frac{7}{6} = 1\frac{1}{6}$$

대분수 → 가분수 　　통분　　 가분수 → 대분수

❶ $2\frac{5}{9} - 1\frac{1}{6} = \frac{23}{9} - \frac{7}{6} = \frac{46}{18} - \frac{21}{18} = \frac{25}{18} = 1\frac{7}{18}$

❷ $4\frac{3}{5} - 1\frac{1}{2} = \frac{23}{5} - \frac{3}{2} = \frac{46}{10} - \frac{15}{10} = \frac{31}{10} = 3\frac{1}{10}$

❸ $5\frac{2}{3} - 2\frac{1}{4} = \frac{17}{3} - \frac{9}{4} = \frac{68}{12} - \frac{27}{12} = \frac{41}{12} = 3\frac{5}{12}$

❹ $4\frac{3}{4} - 3\frac{7}{12} = \frac{19}{4} - \frac{43}{12} = \frac{57}{12} - \frac{43}{12} = \frac{14}{12} = 1\frac{1}{6}$

❺ $6\frac{1}{3} - 2\frac{3}{7} = \frac{19}{3} - \frac{17}{7} = \frac{133}{21} - \frac{51}{21} = \frac{82}{21} = 3\frac{19}{21}$

❻ $3\frac{1}{6} - 1\frac{3}{10} = \frac{19}{6} - \frac{13}{10} = \frac{95}{30} - \frac{39}{30} = \frac{56}{30} = 1\frac{13}{15}$

46

 집중 시간 4분

❀ 대분수를 가분수로 나타내고 계산하여 기약분수로 나타내세요.

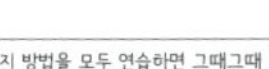

❶ $6\frac{3}{4} - 2\frac{1}{2} = \frac{27}{4} - \frac{5}{2} = \frac{27}{4} - \frac{10}{4} = \frac{17}{4} = 4\frac{1}{4}$

❷ $4\frac{1}{3} - 2\frac{2}{7} = 2\frac{1}{21}$

❸ $3\frac{1}{4} - 1\frac{1}{6} = 2\frac{1}{12}$

❹ $2\frac{2}{3} - 1\frac{3}{5} = 1\frac{1}{15}$

❺ $5\frac{5}{12} - 2\frac{3}{4} = 2\frac{2}{3}$

❻ $4\frac{4}{15} - 1\frac{2}{3} = 2\frac{3}{5}$

❼ $3\frac{2}{9} - 1\frac{5}{18} = 1\frac{17}{18}$

❽ $4\frac{1}{2} - 2\frac{9}{14} = 1\frac{6}{7}$

❾ $2\frac{7}{8} - 1\frac{5}{12} = 1\frac{11}{24}$

앗! 실수

❿ $4\frac{1}{6} - 1\frac{3}{8} = 2\frac{19}{24}$

조심! 가분수로 나타내어 통분할 때 분자가 커져서 실수하기 쉬워요.

⓫ $3\frac{3}{10} - 2\frac{12}{25} = \frac{41}{50}$

47 대분수를 가분수로 나타내어 빼는 연습 한 번 더!

 집중 시간 4분

❀ 대분수를 가분수로 나타내고 계산하여 기약분수로 나타내세요.

❶ $4\frac{3}{8} - 2\frac{1}{4} = \frac{35}{8} - \frac{9}{4} = \frac{35}{8} - \frac{18}{8} = \frac{17}{8} = 2\frac{1}{8}$

❷ $3\frac{1}{5} - 1\frac{1}{2} = 1\frac{7}{10}$

❸ $6\frac{1}{2} - 2\frac{5}{7} = 3\frac{11}{14}$

❹ $2\frac{5}{6} - 1\frac{3}{8} = 1\frac{11}{24}$

❺ $4\frac{5}{14} - 3\frac{1}{7} = 1\frac{3}{14}$

❻ $3\frac{4}{7} - 1\frac{3}{4} = 1\frac{23}{28}$

❼ $2\frac{3}{5} - 1\frac{5}{6} = \frac{23}{30}$

❽ $5\frac{3}{4} - 2\frac{3}{10} = 3\frac{9}{20}$

❾ $3\frac{1}{10} - 1\frac{4}{15} = 1\frac{5}{6}$

❿ $2\frac{4}{27} - 1\frac{2}{3} = \frac{13}{27}$

⓫ $3\frac{7}{11} - 2\frac{1}{4} = 1\frac{17}{44}$

47

 집중 시간 4분

❀ 대분수를 가분수로 나타내고 계산하여 기약분수로 나타내세요.

❶ $3\frac{1}{6} - 1\frac{1}{2} = \frac{19}{6} - \frac{3}{2} = \frac{19}{6} - \frac{9}{6} = \frac{10}{6} = \frac{5}{3} = 1\frac{2}{3}$

계산 결과가 약분이 되면 약분해 줘요.

❷ $5\frac{1}{3} - 2\frac{3}{4} = 2\frac{7}{12}$

❸ $2\frac{2}{5} - 1\frac{2}{3} = \frac{11}{15}$

❹ $3\frac{5}{9} - 1\frac{7}{12} = 1\frac{35}{36}$

❺ $4\frac{11}{18} - 1\frac{5}{6} = 2\frac{7}{9}$

❻ $3\frac{3}{8} - 1\frac{7}{10} = 1\frac{27}{40}$

❼ $4\frac{3}{10} - 1\frac{4}{5} = 2\frac{1}{2}$

❽ $2\frac{5}{7} - 1\frac{7}{8} = \frac{47}{56}$

❾ $6\frac{3}{14} - 4\frac{6}{7} = 1\frac{5}{14}$

❿ $3\frac{3}{8} - 2\frac{5}{12} = \frac{23}{24}$

⓫ $4\frac{1}{6} - 2\frac{5}{16} = 1\frac{41}{48}$

48 받아내림이 있는 분수의 뺄셈 집중 연습 

※ 계산하여 기약분수로 나타내세요.

두 분모를 보고 최소공배수를 바로 떠올리는 연습을 해 보세요. 속도가 빨라질 거예요~

1. $5\frac{2}{3} - 1\frac{3}{4} = 3\frac{11}{12}$

2. $7\frac{2}{5} - 5\frac{9}{10} = 1\frac{1}{2}$

3. $6\frac{1}{2} - 3\frac{5}{7} = 2\frac{11}{14}$

4. $4\frac{5}{8} - 2\frac{2}{3} = 1\frac{23}{24}$

5. $3\frac{1}{4} - 1\frac{5}{16} = 1\frac{15}{16}$

6. $7\frac{3}{5} - 3\frac{7}{10} = 3\frac{9}{10}$

7. $3\frac{5}{6} - 2\frac{8}{9} = \frac{17}{18}$

8. $4\frac{3}{8} - 1\frac{5}{6} = 2\frac{13}{24}$

9. $5\frac{1}{3} - 3\frac{8}{11} = 1\frac{20}{33}$

10. $6\frac{2}{13} - 2\frac{5}{26} = 3\frac{25}{26}$

11. $2\frac{2}{9} - 1\frac{7}{15} = \frac{34}{45}$

12. $6\frac{5}{12} - 3\frac{11}{20} = 2\frac{13}{15}$

48 

※ 계산하여 기약분수로 나타내세요.

1. $3\frac{2}{5} - 1\frac{2}{3} = 1\frac{11}{15}$

2. $6\frac{1}{4} - 3\frac{5}{7} = 2\frac{15}{28}$

3. $8\frac{1}{2} - 5\frac{8}{13} = 2\frac{23}{26}$

4. $7\frac{3}{8} - 1\frac{3}{5} = 5\frac{31}{40}$

5. $3\frac{5}{12} - 2\frac{4}{9} = \frac{35}{36}$

6. $9\frac{3}{10} - 4\frac{7}{8} = 4\frac{17}{40}$

7. $8\frac{4}{9} - 4\frac{7}{15} = 3\frac{44}{45}$

8. $7\frac{3}{8} - 3\frac{9}{14} = 3\frac{41}{56}$

9. $5\frac{5}{12} - 4\frac{7}{10} = \frac{43}{60}$

10. $4\frac{9}{20} - 1\frac{7}{8} = 2\frac{23}{40}$

앗! 실수

11. $6\frac{7}{15} - 2\frac{13}{20} = 3\frac{49}{60}$

12. $8\frac{5}{16} - 3\frac{11}{24} = 4\frac{41}{48}$

49 분모가 다른 분수의 뺄셈 완벽하게 끝내기

※ 계산하여 기약분수로 나타내세요.

1. $\frac{4}{15} - \frac{1}{6} = \frac{1}{10}$

여기까지 오다니 정말 대단해요! 이제 분수의 뺄셈을 모아 풀면서 완벽하게 마무리해요!

2. $\frac{11}{16} - \frac{7}{12} = \frac{5}{48}$

3. $3\frac{17}{21} - 1\frac{2}{3} = 2\frac{1}{7}$

4. $9\frac{1}{6} - 5\frac{3}{20} = 4\frac{1}{60}$

5. $5\frac{9}{14} - 2\frac{3}{4} = 2\frac{25}{28}$

6. $6\frac{13}{15} - 3\frac{7}{10} = 3\frac{1}{6}$

7. $6\frac{3}{10} - 3\frac{9}{25} = 2\frac{47}{50}$

8. $7\frac{9}{14} - 4\frac{16}{21} = 2\frac{37}{42}$

앗! 실수

9. $\frac{9}{20} - \frac{5}{12} = \frac{1}{30}$

10. $5\frac{3}{8} - 1\frac{21}{28} = 3\frac{5}{8}$

11. $8\frac{4}{15} - 4\frac{7}{18} = 3\frac{79}{90}$

49  

※ 빈칸에 알맞은 기약분수를 써넣으세요.

1. 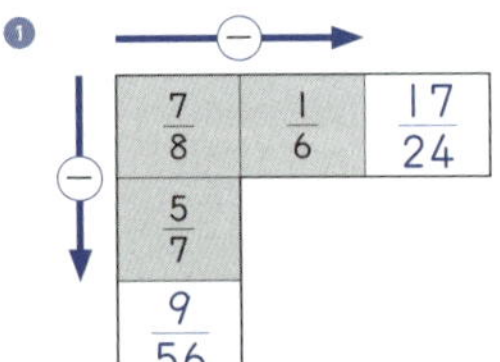

4. 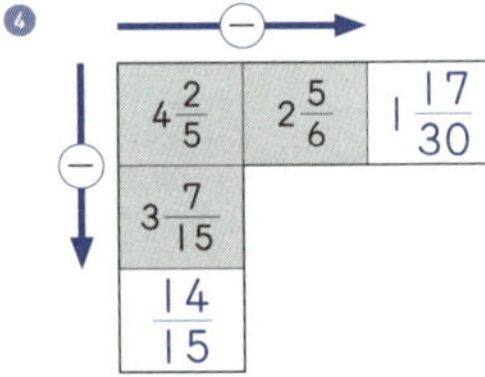

2. 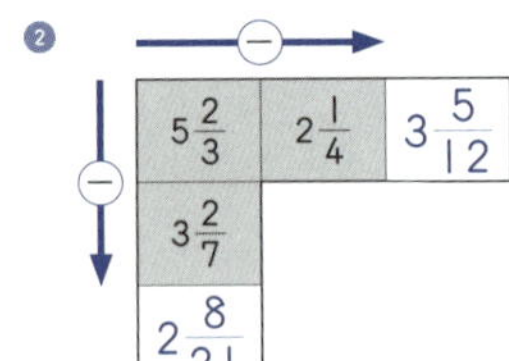

5. 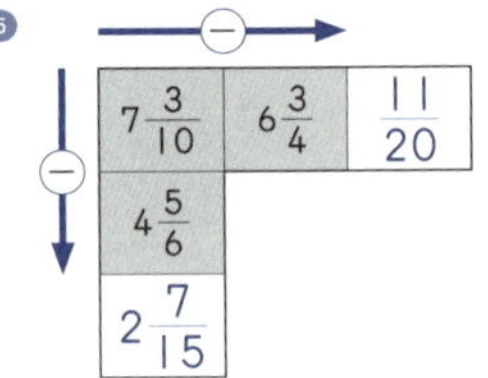

3. 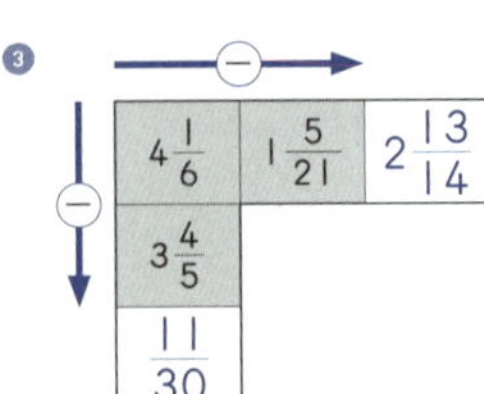

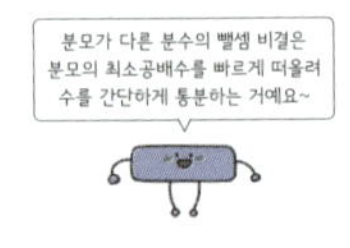

분모가 다른 분수의 뺄셈 비결은 분모의 최소공배수를 빠르게 떠올려 수를 간단하게 통분하는 거예요~

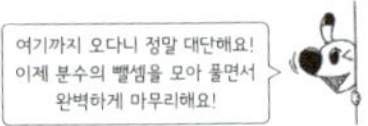

50 생활 속 연산 – 분수의 덧셈과 뺄셈

집중 시간 3분

❊ 그림을 보고 □ 안에 알맞은 분수를 써넣으세요.

① 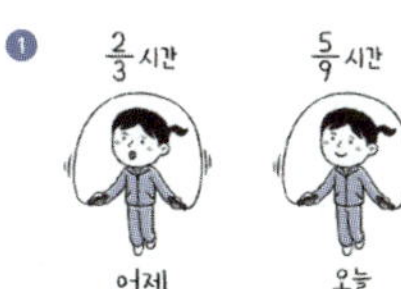
$\frac{2}{3}$시간 (어제)　$\frac{5}{9}$시간 (오늘)

윤서는 줄넘기를 어제는 $\frac{2}{3}$시간, 오늘은 $\frac{5}{9}$시간 했습니다. 윤서가 어제와 오늘 줄넘기를 한 시간은 모두 $1\frac{2}{9}$ 시간입니다.

계산 결과가 가분수이면 대분수로 나타내요.

② 
빵 만드는 재료　밀가루 $4\frac{1}{4}$ kg　설탕 $1\frac{3}{10}$ kg

진우가 빵을 만들고 있습니다. 빵을 만드는 데 사용한 밀가루와 설탕의 무게는 모두 $5\frac{11}{20}$ kg입니다.

③ 
$\frac{7}{8}$ kg (은서)　$\frac{5}{12}$ kg (동생)

딸기 농장에서 딸기를 은서는 $\frac{7}{8}$ kg 땄고, 동생은 $\frac{5}{12}$ kg 땄습니다. 은서는 동생보다 딸기를 $\frac{11}{24}$ kg 더 많이 땄습니다.

④ 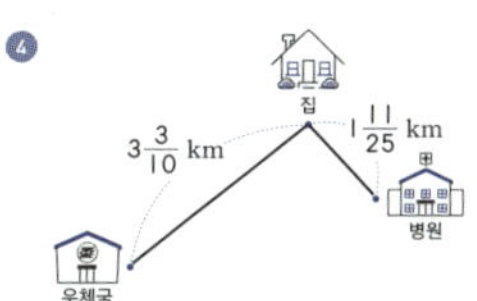
집　$3\frac{3}{10}$ km　$1\frac{11}{25}$ km　병원　우체국

집에서 우체국까지의 거리는 집에서 병원까지의 거리보다 $1\frac{43}{50}$ km 더 멉니다.

---

50 꿀떡! 연산 간식

집중 시간 3분

❊ 친구들이 사다리 타기 게임을 하고 있습니다. 사다리를 타고 내려가서 도착한 곳에 계산 결과를 기약분수로 써넣으세요.

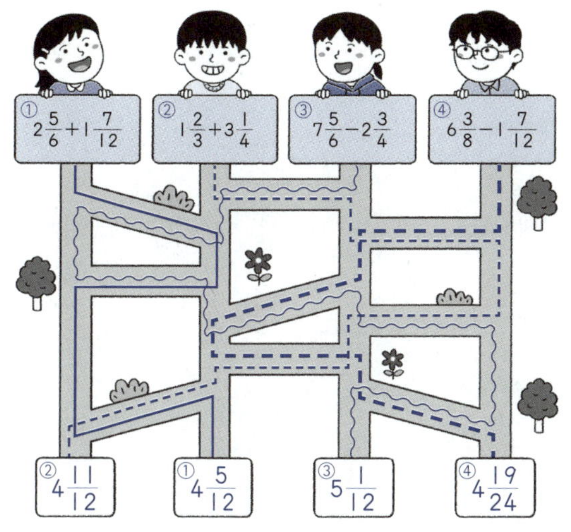

넷째 마당 통과 문제

*틀린 문제는 꼭 다시 확인하고 넘어가요!

❊ □ 안에 알맞은 수 또는 분수를 써넣으세요.

35차시
① $\frac{2}{3}+\frac{1}{5}=\frac{10}{15}+\frac{3}{15}=\frac{13}{15}$

36차시
② $\frac{3}{4}+\frac{5}{6}=1\frac{7}{12}$ (대분수)

37차시
③ $2\frac{1}{6}+1\frac{1}{4}=2\frac{2}{12}+1\frac{3}{12}$
$=(2+1)+\left(\frac{2}{12}+\frac{3}{12}\right)$
$=3\frac{5}{12}$ (대분수)

42차시
④ $2\frac{1}{2}+1\frac{1}{5}=3\frac{7}{10}$ (대분수)

42차시
⑤ $2\frac{1}{2}+4\frac{7}{10}=7\frac{1}{5}$ (대분수)

42차시
⑥ $1\frac{13}{14}+4\frac{10}{21}=6\frac{17}{42}$ (대분수)

43차시
⑦ $\frac{3}{4}-\frac{2}{5}=\frac{15}{20}-\frac{8}{20}=\frac{7}{20}$

45차시
⑧ $4\frac{1}{2}-1\frac{2}{3}=4\frac{3}{6}-1\frac{4}{6}$
$=3\frac{9}{6}-1\frac{4}{6}$
$=(3-1)+\left(\frac{9}{6}-\frac{4}{6}\right)$
$=2\frac{5}{6}$ (대분수)

46차시
⑨ $5\frac{1}{2}-4\frac{1}{3}=\frac{11}{2}-\frac{13}{3}$
$=\frac{33}{6}-\frac{26}{6}$
$=\frac{7}{6}=1\frac{1}{6}$ (대분수)

49차시
⑩ $9\frac{1}{6}-5\frac{7}{20}=3\frac{49}{60}$ (대분수)

50차시
⑪ 우유를 민아는 $\frac{7}{12}$ L, 신우는 $\frac{1}{4}$ L 마셨습니다. 민아는 신우보다 우유를 $\frac{1}{3}$ L 더 많이 마셨습니다. (기약분수)

51 정다각형의 둘레는 한 변의 길이와 변의 수의 곱!
변의 길이와 각의 크기가 모두 같은 다각형이에요.

시작 시간 2분

✻ 정다각형의 둘레를 구하세요.

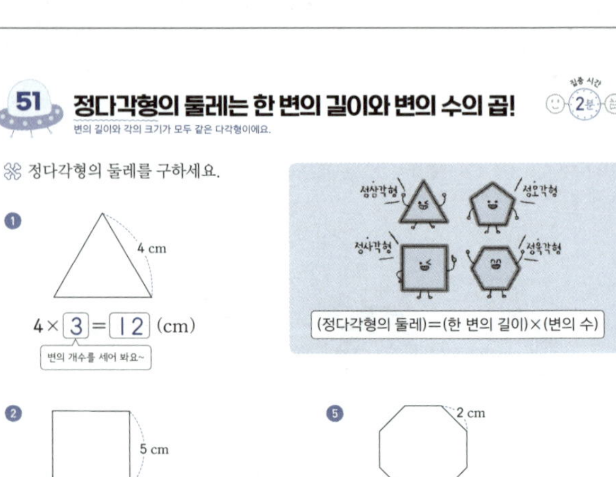

❶ 4 cm

$4 × \boxed{3} = \boxed{12}$ (cm)

변의 개수를 세어 봐요~

❷ 5 cm

$5 × \boxed{4} = \boxed{20}$ (cm)

❺ 2 cm

$\boxed{2} × \boxed{8} = \boxed{16}$ (cm)
또는 8 2

❸ 6 cm

$\boxed{6} × 5 = \boxed{30}$ (cm)

❻ 5 cm

$\boxed{5} × \boxed{7} = \boxed{35}$ (cm)
또는 7 5

❹ 3 cm

$\boxed{3} × \boxed{6} = \boxed{18}$ (cm)
또는 6 3

❼ 4 cm

$\boxed{4} × \boxed{9} = \boxed{36}$ (cm)
또는 9 4

51
시작 시간 2분

✻ 다음은 정다각형의 둘레입니다. 정다각형의 한 변의 길이를 구하세요.

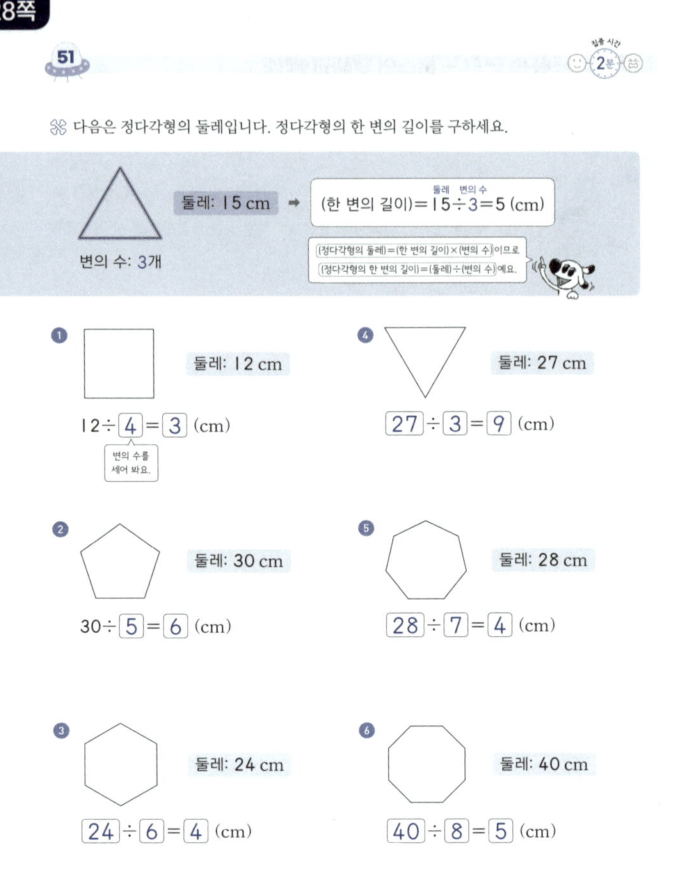

❶ 둘레: 12 cm

$12 ÷ \boxed{4} = \boxed{3}$ (cm)

변의 수를 세어 봐요

❹ 둘레: 27 cm

$\boxed{27} ÷ \boxed{3} = \boxed{9}$ (cm)

❷ 둘레: 30 cm

$30 ÷ \boxed{5} = \boxed{6}$ (cm)

❺ 둘레: 28 cm

$\boxed{28} ÷ \boxed{7} = \boxed{4}$ (cm)

❸ 둘레: 24 cm

$\boxed{24} ÷ \boxed{6} = \boxed{4}$ (cm)

❻ 둘레: 40 cm

$\boxed{40} ÷ \boxed{8} = \boxed{5}$ (cm)

---

52 평행사변형의 둘레는 두 변의 길이의 합의 2배야
시작 시간 2분

✻ 직사각형과 평행사변형의 둘레를 구하세요.
공통점: 마주 보는 변의 길이가 같아요.

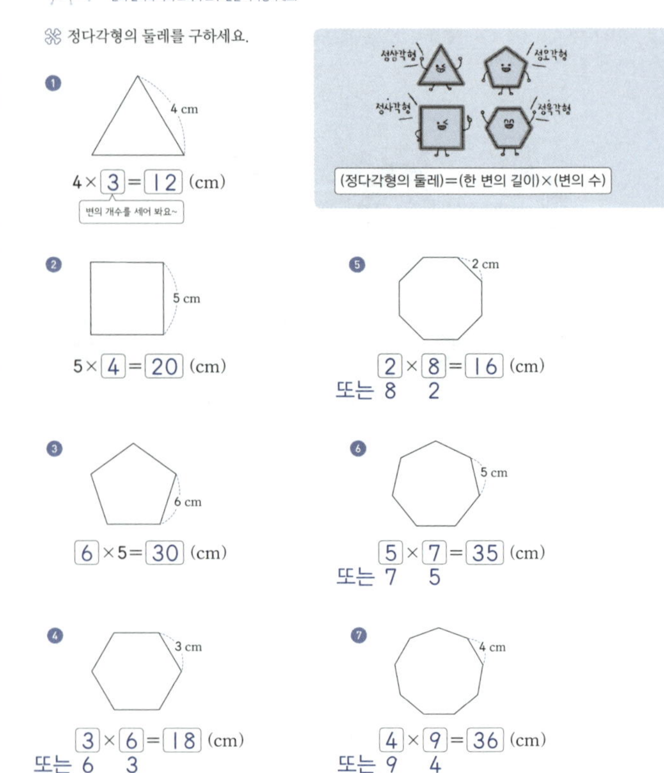

* (직사각형의 둘레)=((가로)+(세로))×2

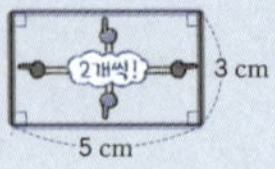

2배씩! 3 cm / 5 cm

(둘레)=$(\boxed{5}+\boxed{3})×2=\boxed{16}$ (cm)

* (평행사변형의 둘레)=((한 변의 길이)+(다른 한 변의 길이))×2

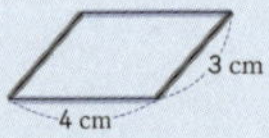

3 cm / 4 cm

(둘레)=$(\boxed{4}+\boxed{3})×2=\boxed{14}$ (cm)

❶ 2 cm / 7 cm

$(7+\boxed{2})×2=\boxed{18}$ (cm)

❹ 6 cm / 4 cm

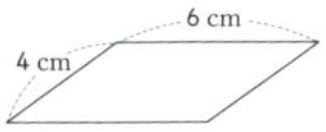

$(6+\boxed{4})×2=\boxed{20}$ (cm)

❷ 6 cm / 4 cm

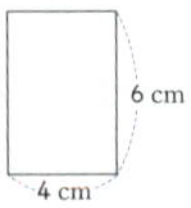

$(\boxed{4}+6)×2=\boxed{20}$ (cm)

❺ 5 cm / 8 cm

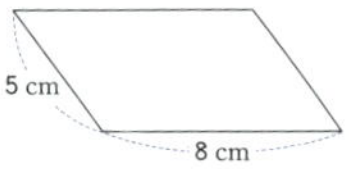

$(\boxed{8}+\boxed{5})×2=\boxed{26}$ (cm)
또는 5 8

❸ 9 cm / 10 cm

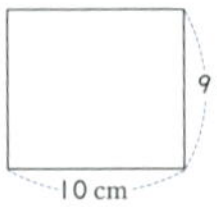

$(\boxed{10}+\boxed{9})×2=\boxed{38}$ (cm)
또는 9 10

❻ 7 cm / 11 cm

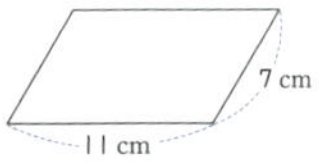

$(\boxed{11}+\boxed{7})×2=\boxed{36}$ (cm)
또는 7 11

52
시작 시간 2분

✻ 정사각형과 마름모의 둘레를 구하세요.
공통점: 네 변의 길이가 모두 같아요.

정사각형과 마름모는 네 변의 길이가 모두 같아요.

* (정사각형의 둘레)=(한 변의 길이)×4

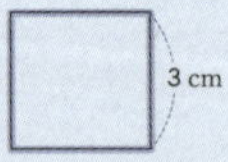

3 cm

(둘레)=$3×4=12$ (cm)

* (마름모의 둘레)=(한 변의 길이)×4

7 cm

(둘레)=$7×4=28$ (cm)

❶ 5 cm

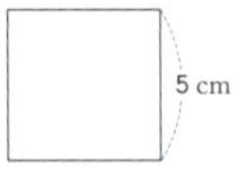

$5×\boxed{4}=\boxed{20}$ (cm)

❹ 4 cm

$4×\boxed{4}=\boxed{16}$ (cm)

❷ 6 cm

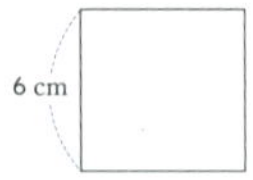

$\boxed{6}×\boxed{4}=\boxed{24}$ (cm)
또는 4 6

❺ 10 cm

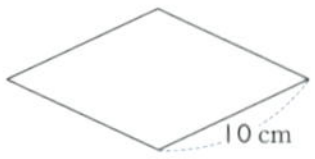

$\boxed{10}×\boxed{4}=\boxed{40}$ (cm)
또는 4 10

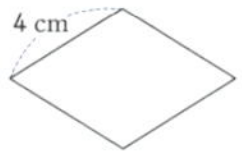

❸ 8 cm

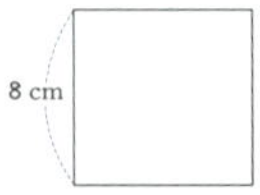

$\boxed{8}×\boxed{4}=\boxed{32}$ (cm)
또는 4 8

❻ 12 cm

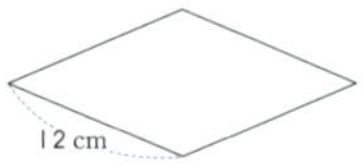

$\boxed{12}×\boxed{4}=\boxed{48}$ (cm)
또는 4 12

53 직사각형의 넓이는 두 변의 길이의 곱!

❊ 직사각형과 정사각형의 넓이를 구하세요.

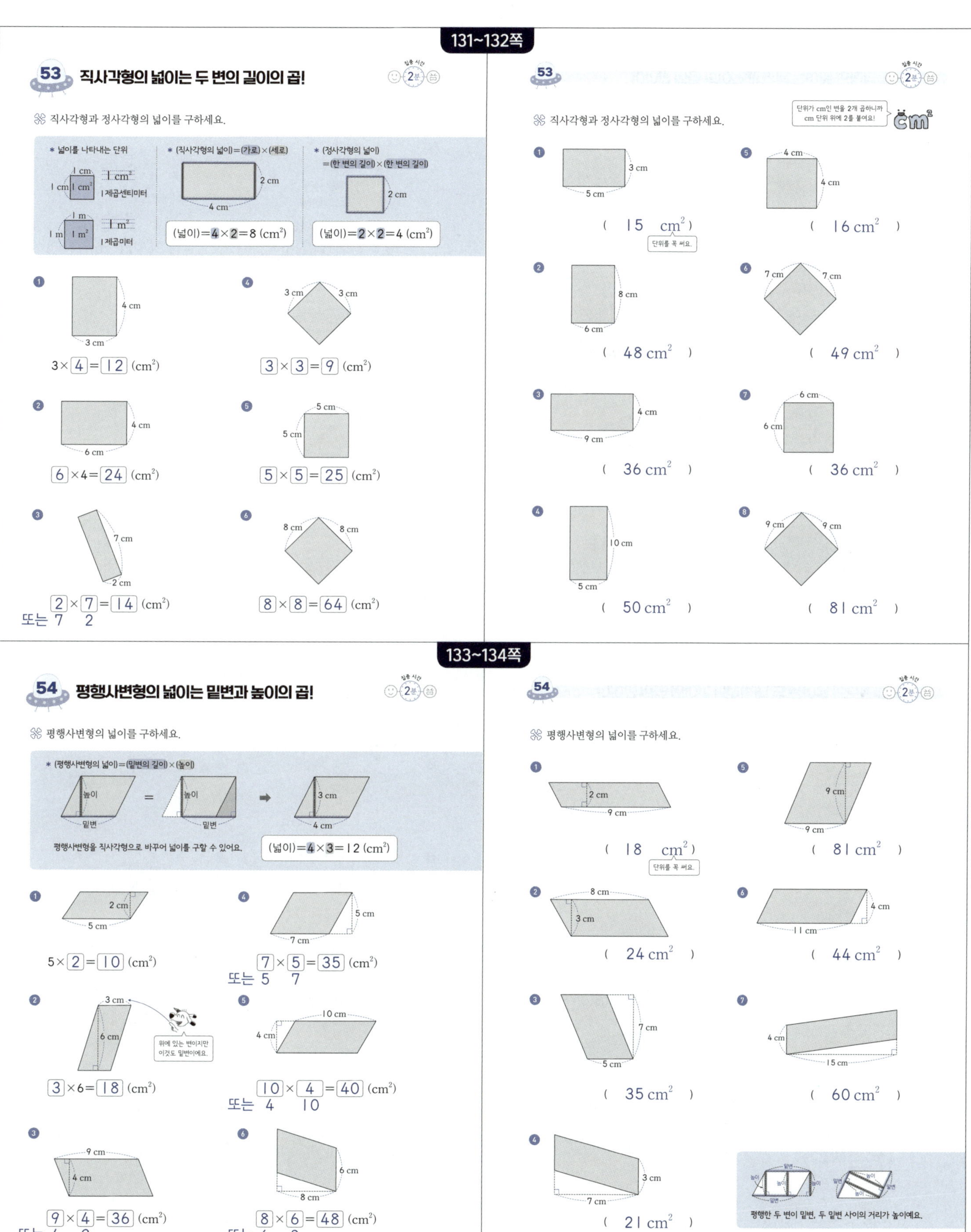

53

❊ 직사각형과 정사각형의 넓이를 구하세요.

단위가 cm인 변을 2개 곱하니까 cm 단위 위에 2를 붙여요! cm²

54 평행사변형의 넓이는 밑변과 높이의 곱!

❊ 평행사변형의 넓이를 구하세요.

54

❊ 평행사변형의 넓이를 구하세요.

55 삼각형의 넓이는 밑변과 높이의 곱의 반이야

※ 삼각형의 넓이를 구하세요.

* (삼각형의 넓이)=(밑변의 길이)×(높이)÷2

삼각형의 넓이는 똑같은 삼각형 2개를 이어 붙여 만든 평행사변형의 넓이의 반이에요.

(넓이)=$5 \times 2 \div 2 = 5$ (cm²)

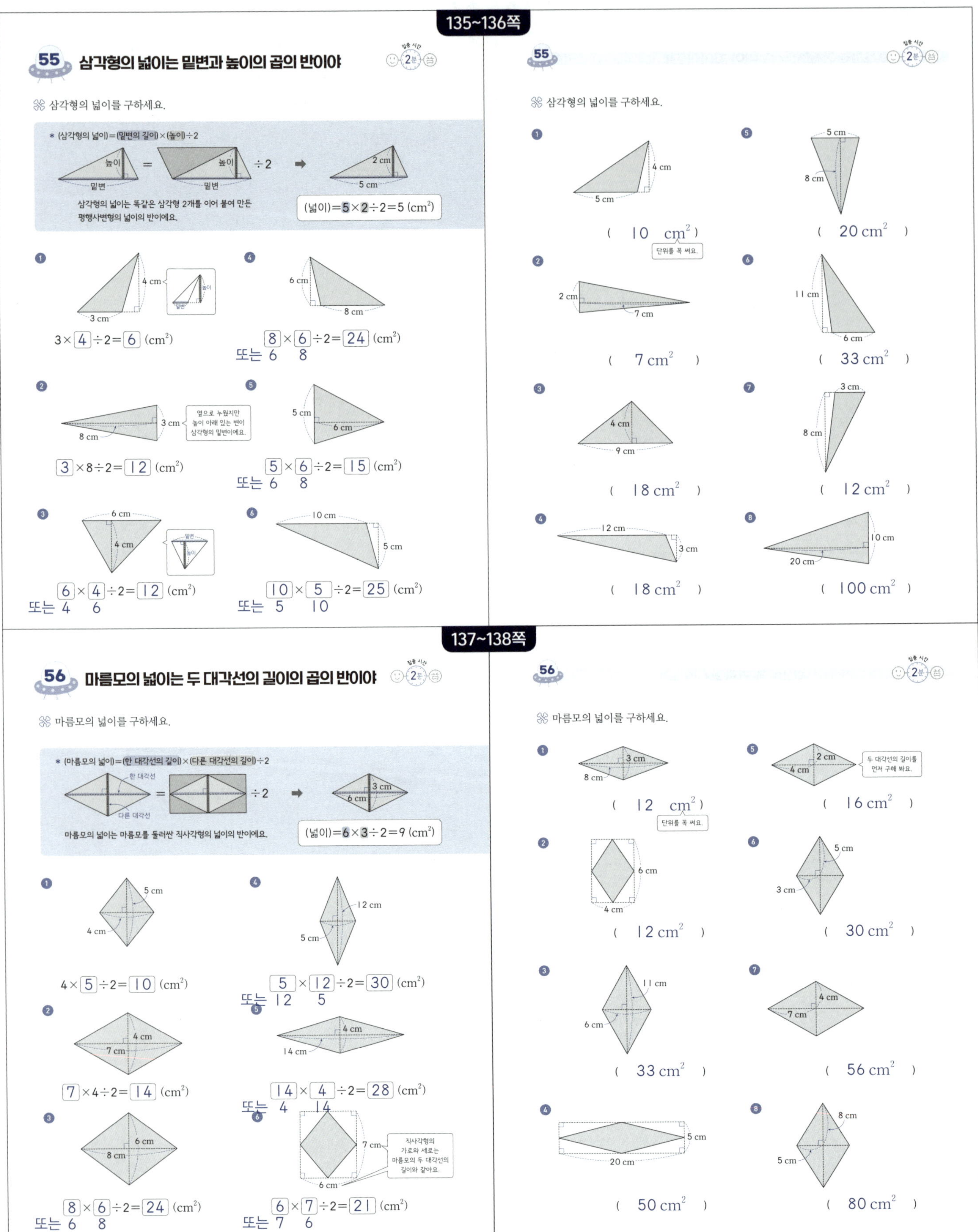

① $3 \times \boxed{4} \div 2 = \boxed{6}$ (cm²)

④ $\boxed{8} \times \boxed{6} \div 2 = \boxed{24}$ (cm²)
또는 6 8

② $\boxed{3} \times 8 \div 2 = \boxed{12}$ (cm²)

⑤ $\boxed{5} \times \boxed{6} \div 2 = \boxed{15}$ (cm²)
또는 6 8

③ $\boxed{6} \times \boxed{4} \div 2 = \boxed{12}$ (cm²)
또는 4 6

⑥ $\boxed{10} \times \boxed{5} \div 2 = \boxed{25}$ (cm²)
또는 5 10

55

※ 삼각형의 넓이를 구하세요.

① (10 cm²)   단위를 꼭 써요

② (7 cm²)

③ (18 cm²)

④ (18 cm²)

⑤ (20 cm²)

⑥ (33 cm²)

⑦ (12 cm²)

⑧ (100 cm²)

56 마름모의 넓이는 두 대각선의 길이의 곱의 반이야

※ 마름모의 넓이를 구하세요.

* (마름모의 넓이)=(한 대각선의 길이)×(다른 대각선의 길이)÷2

마름모의 넓이는 마름모를 둘러싼 직사각형의 넓이의 반이에요.

(넓이)=$6 \times 3 \div 2 = 9$ (cm²)

① $4 \times \boxed{5} \div 2 = \boxed{10}$ (cm²)

④ $\boxed{5} \times \boxed{12} \div 2 = \boxed{30}$ (cm²)
또는 12 5

② $\boxed{7} \times 4 \div 2 = \boxed{14}$ (cm²)

⑤ $\boxed{14} \times \boxed{4} \div 2 = \boxed{28}$ (cm²)
또는 4 14

③ $\boxed{8} \times \boxed{6} \div 2 = \boxed{24}$ (cm²)
또는 6 8

⑥ $\boxed{6} \times \boxed{7} \div 2 = \boxed{21}$ (cm²)
또는 7 6

직사각형의 가로와 세로는 마름모의 두 대각선의 길이와 같아요.

56

※ 마름모의 넓이를 구하세요.

① (12 cm²)   단위를 꼭 써요

② (12 cm²)

③ (33 cm²)

④ (50 cm²)

⑤ (16 cm²)   두 대각선의 길이를 먼저 구해 봐요.

⑥ (30 cm²)

⑦ (56 cm²)

⑧ (80 cm²)

57 사다리꼴의 넓이는 두 변과 높이를 먼저 찾자

⚙ 사다리꼴의 넓이를 구하세요.

* (사다리꼴의 넓이)=((윗변의 길이)+(아랫변의 길이))×(높이)÷2

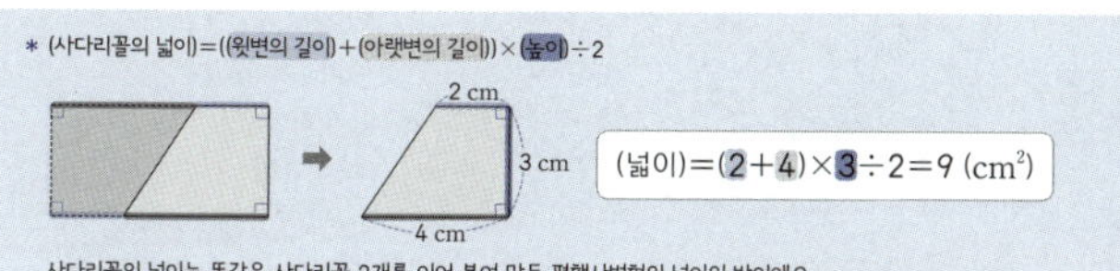

(넓이)=(2+4)×3÷2=9 (cm²)

사다리꼴의 넓이는 똑같은 사다리꼴 2개를 이어 붙여 만든 평행사변형의 넓이의 반이에요.

① 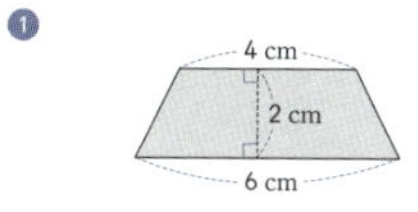
(4+6)×2÷2=10 (cm²)

④
(9+7)×5÷2=40 (cm²)

② 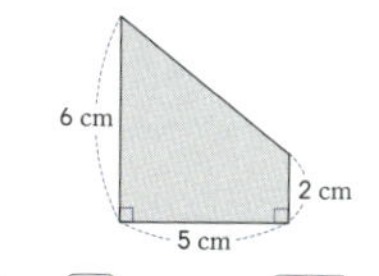
(6+2)×5÷2=20 (cm²)

⑤
(5+12)×4÷2=34 (cm²)

③ 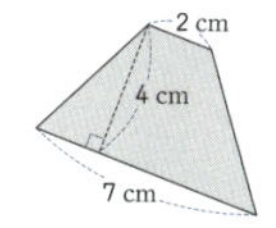
(2+7)×4÷2=18 (cm²)

⑥ 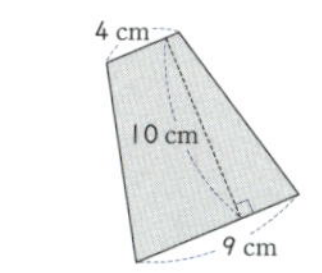
(4+9)×10÷2=65 (cm²)

57 사다리꼴의 넓이를 구하세요.

⚙ 사다리꼴의 넓이를 구하세요.

① 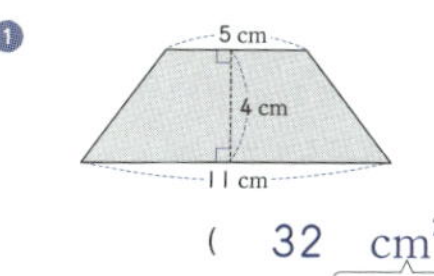
(32 cm²)
단위를 꼭 써요

⑤ 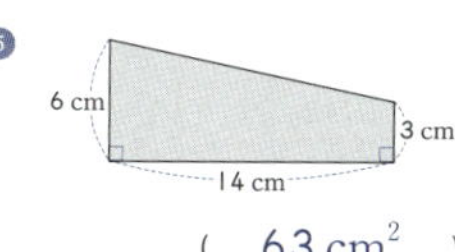
(63 cm²)

② 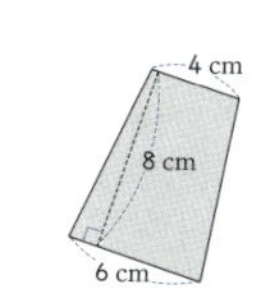
(55 cm²)

⑥ 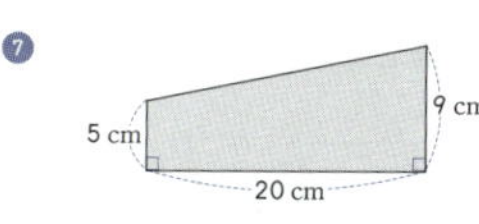
(40 cm²)

③ 
(50 cm²)

⑦
(140 cm²)

④ 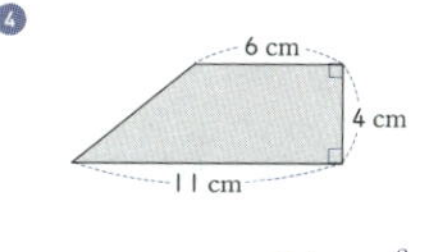
(34 cm²)

* 삼각형 2개로 나누어 사다리꼴의 넓이 구하기

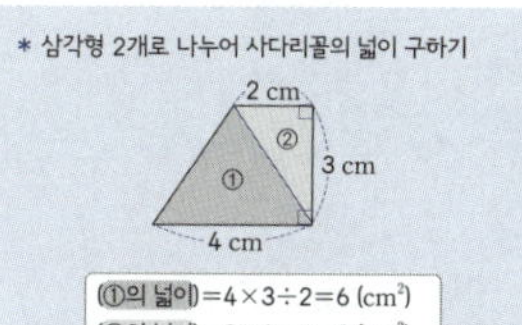

(①의 넓이)=4×3÷2=6 (cm²)
(②의 넓이)=2×3÷2=3 (cm²)
(사다리꼴의 넓이)=6+3=9 (cm²)

---

58 생활 속 연산 – 다각형의 둘레와 넓이

⚙ 그림을 보고 □ 안에 알맞은 수를 써넣으세요.

① 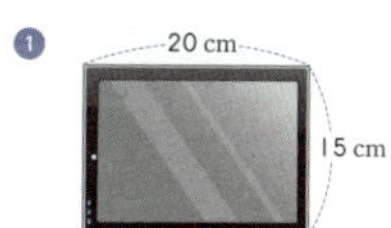
가로가 20 cm, 세로가 15 cm인 직사각형 모양의 태블릿이 있습니다. 이 태블릿의 둘레는 70 cm입니다.

② 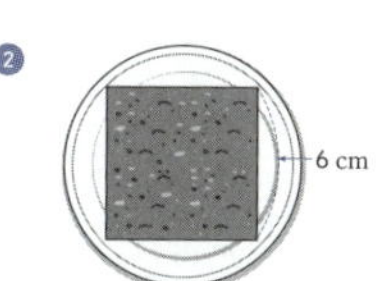
방금 쪄낸 따끈따끈한 시루떡을 한 변의 길이가 6 cm인 정사각형 모양으로 잘라 접시에 담았습니다. 자른 시루떡의 넓이는 36 cm²입니다.

③ 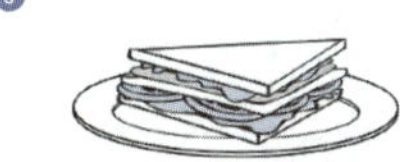
삼각형 모양의 샌드위치를 만들려고 합니다. 식빵을 밑변의 길이가 12 cm, 높이가 5 cm인 삼각형 모양으로 잘랐습니다. 자른 식빵 한 조각의 넓이는 30 cm²입니다.

④ 
학교 동요 대회가 열린 무대는 윗변의 길이가 8 m, 아랫변의 길이가 14 m, 높이가 10 m인 사다리꼴 모양입니다. 이 무대의 넓이는 110 m²입니다.

58 꿀떡 | 연산 간식

⚙ 동물 친구들이 주말농장에서 밭을 가꾸고 있습니다. 각 밭의 넓이를 구하여 □ 안에 써넣고, 가장 넓은 밭을 가꾸는 동물에 ○표 하세요.

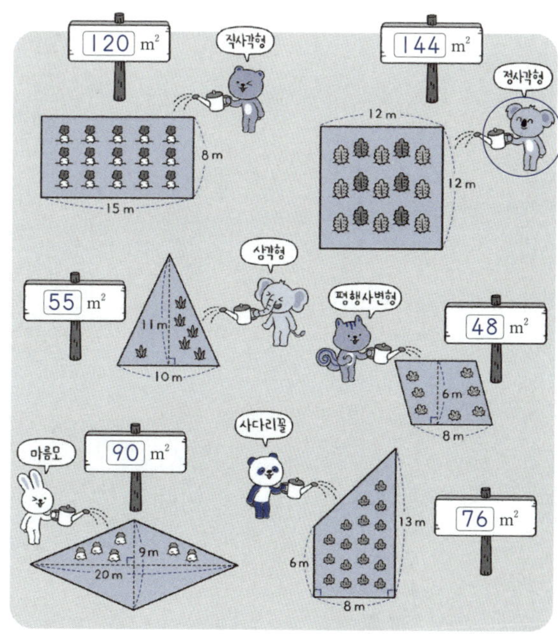

다섯째 마당 통과 문제

*틀린 문제는 꼭 다시 확인하고 넘어가요!

❀ □ 안에 알맞은 수를 써넣으세요.

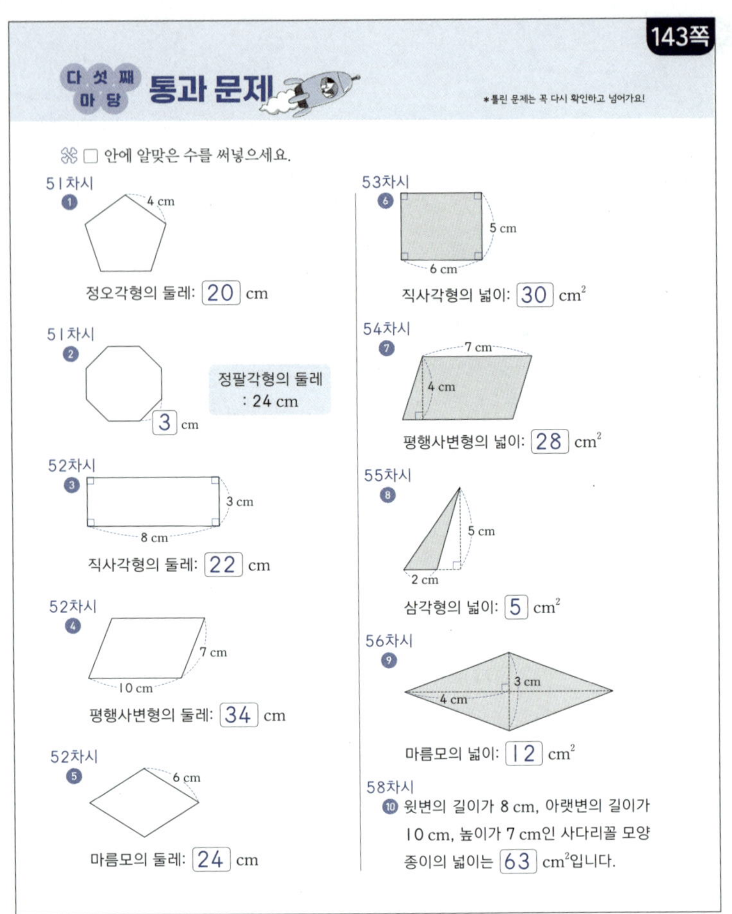

51차시
❶ 정오각형의 둘레: 20 cm

51차시
❷ 정팔각형의 둘레 : 24 cm
3 cm

52차시
❸ 직사각형의 둘레: 22 cm

52차시
❹ 평행사변형의 둘레: 34 cm

52차시
❺ 마름모의 둘레: 24 cm

53차시
❻ 직사각형의 넓이: 30 cm²

54차시
❼ 평행사변형의 넓이: 28 cm²

55차시
❽ 삼각형의 넓이: 5 cm²

56차시
❾ 마름모의 넓이: 12 cm²

58차시
❿ 윗변의 길이가 8 cm, 아랫변의 길이가 10 cm, 높이가 7 cm인 사다리꼴 모양 종이의 넓이는 63 cm²입니다.

고학년 수학의 시작!

최대공약수와 최소공배수 한 번에 끝내기

영역별 연산책 바빠 연산법
방학 때나 학습 결손이 생겼을 때~

- 바쁜 1·2학년을 위한 빠른 덧셈
- 바쁜 1·2학년을 위한 빠른 뺄셈
- 바쁜 초등학생을 위한 빠른 구구단
- 바쁜 초등학생을 위한 빠른 시계와 시간

- 바쁜 초등학생을 위한 빠른 길이와 시간 계산, 19단
- 바쁜 3·4학년을 위한 빠른 덧셈/뺄셈
- 바쁜 3·4학년을 위한 빠른 곱셈
- 바쁜 3·4학년을 위한 빠른 나눗셈
- 바쁜 3·4학년을 위한 빠른 분수
- 바쁜 3·4학년을 위한 빠른 소수
- 바쁜 3·4학년을 위한 빠른 방정식

- 바쁜 5·6학년을 위한 빠른 곱셈
- 바쁜 5·6학년을 위한 빠른 나눗셈
- 바쁜 5·6학년을 위한 빠른 분수
- 바쁜 5·6학년을 위한 빠른 소수
- 바쁜 5·6학년을 위한 빠른 방정식
- 바쁜 초등학생을 위한 빠른 약수와 배수, 평면도형 계산, 입체도형 계산, 자연수의 혼합 계산, 분수와 소수의 혼합 계산, 비와 비례, 확률과 통계

바빠 국어/ 급수한자
초등 교과서 필수 어휘와 문해력 완성!

- 바쁜 초등학생을 위한 빠른 맞춤법 1
- 바빠 초등 8급 한자
- 바쁜 초등학생을 위한 빠른 독해 1, 2

- 바빠 초등 문해력 어휘 100 1, 2
- 바쁜 초등학생을 위한 빠른 독해 3, 4
- 바쁜 초등학생을 위한 빠른 맞춤법 2
- 바빠 초등 7급 한자 1, 2

- 바빠 초등 6급 한자 1, 2, 3
- 보일락 말락~ 바빠 급수한자판 + 6·7·8급 모의시험

- 바빠 급수 시험과 어휘력 잡는 초등 한자 총정리
- 바쁜 초등학생을 위한 빠른 독해 5, 6

바빠 영어
우리 집, 방학 특강 교재로 인기 최고!

- 바쁜 초등학생을 위한 빠른 알파벳 쓰기
- 바쁜 초등학생을 위한 빠른 영단어 스타터 1, 2
- 바쁜 초등학생을 위한 빠른 사이트 워드 1, 2  유튜브 강의 제공
- 바쁜 초등학생을 위한 빠른 파닉스 1, 2
- 바빠 초등 파닉스 리딩 1, 2

- 전 세계 어린이들이 가장 많이 읽는 **영어동화 100편 : 명작/과학/위인동화**
- 바빠 초등 영어 리딩 1, 2, 3
- 짝 단어로 끝내는 바빠 초등 영단어 — 3·4학년용
- 바쁜 3·4학년을 위한 빠른 영문법 1, 2
- 바빠 초등 필수 영단어
- 바빠 초등 필수 영단어 트레이닝
- 바빠 초등 영어 교과서 필수 표현
- 바빠 초등 영어 일기 쓰기

- 바빠 초등 영문법 써먹는 리딩 1, 2, 3
- 짝 단어로 끝내는 바빠 초등 영단어 — 5·6학년용
- 바빠 초등 영문법 — 5·6학년용 1, 2, 3
- 바빠 초등 영어시제 특강 — 5·6학년용
- 바빠 초등 문장의 5형식 영작문
- 바빠 초등 하루 5문장 영어 글쓰기 1, 2
- 바빠 영어 신문 NEWS TIMES - 사회·경제편, 환경·과학편, 세계·문화편